DIE ITERATIONEN

EIN BEITRAG ZUR WAHRSCHEINLICHKEITSTHEORIE

VON

Dr. L. v. BORTKIEWICZ

A. O. PROFESSOR AN DER UNIVERSITÄT BERLIN

BERLIN

VERLAG VON JULIUS SPRINGER

1917

ISBN 978-3-642-51286-5   ISBN 978-3-642-51405-0 (eBook)
DOI 10.1007/978-3-642-51405-0

Vorrede.

Einen wesentlichen Bestandteil der Wahrscheinlichkeitstheorie bildet die Lehre von den Ergebnissen wiederholter Versuche. Mit den Versuchen, sofern die Zahl der in Betracht kommenden Erfolge eine begrenzte ist, wiederholen sich auch diese. Wiederholungen eines bestimmten Erfolges, die ohne Unterbrechung stattfinden, nenne ich Iterationen. Das Interesse für die Iterationen als einen speziellen Gegenstand wahrscheinlichkeitstheoretischer Forschung ist erst neuerdings erwacht, und Heinrich Bruns ist der einzige, der den Iterationen, die er als „Sequenzen" bezeichnet, eine weitergehende mathematische Behandlung hat zuteil werden lassen.

Von den Brunsschen unterscheiden sich meine Darlegungen durch ihren durchaus elementaren Charakter. Während sich Bruns an den Mathematiker von Fach wendet, setze ich beim Leser außer der Beherrschung der niederen Algebra lediglich noch die Vertrautheit mit den Anfangsgründen der Wahrscheinlichkeitsrechnung voraus. Trotzdem hat Bruns mit seinen an den Begriffen der höheren Mathematik orientierten Methoden kein einziges auf die Iterationen sich beziehendes Resultat zutage gefördert, das sich bei mir nicht vorfände. Zieht er zur Gewinnung der in Frage stehenden Resultate die erzeugenden Funktionen heran, so ist es, als wenn man es unternehmen würde, die Gleichung $2x - 3 = 5$ mit Hilfe von Determinanten zu lösen. Daß mit diesem Vergleich eher zu wenig als zu viel gesagt ist, wird, wie ich zuversichtlich erwarte, jeder zugeben, der sich die Mühe nimmt, meine Darstellung mit der Brunsschen in formeller Hinsicht zu vergleichen. Materiell verhalten sich aber die beiden Darstellungen zueinander wie ein Teil zu einem Ganzen, womit ich nicht gesagt haben will, daß die Lehre von den Iterationen, wie ich sie hier biete, keiner weiteren Ausgestaltung fähig wäre. Ich gebe selbst gewisse Anregungen nach dieser Richtung hin, speziell im 4. Kapitel. Ob nicht bei irgendwelchen neuen Problemen der „Iteratorik" die Brunsschen Methoden sich doch noch als zweckmäßig erweisen, ist eine Frage für sich.

Das Problem der Iterationen hat neben der mathematischen eine statistische Seite. Es liegt nämlich nahe, zu prüfen, ob auf diesem oder jenem Gebiet des wirklichen Geschehens Fälle, in denen einer von zwei (oder mehr) möglichen Erfolgen so und so viele Male, sage n Male, nacheinander ununterbrochen eintrifft — solche Fälle bezeichne ich als „Iterationen zu n" und nenne n die „Länge einer Iteration" — annähernd mit der wahrscheinlichkeitstheoretisch vorausbestimmten Häufigkeit oder aber, abweichend davon, seltener bzw. öfter vorkommen. Von diesem Standpunkte aus hat Karl Marbe, zuerst in seinen 1899 erschienenen „Naturphilosophischen Untersuchungen zur Wahrscheinlichkeitslehre", das Problem der Iterationen behandelt. Auf Grund mehrerer Beispiele, insbesondere die Roulette betreffend, für welche er die wirklichen Zahlen der Iterationen von bestimmter Länge den entsprechenden erwartungsmäßigen Zahlen gegenüberstellte, glaubte er zwei allgemeine Thesen aufstellen zu dürfen: 1) daß von einer bestimmten Länge der Iteration an — er bezeichnet diese Länge mit g — die wirklichen Zahlen der Iterationen hinter den erwartungsmäßigen immer mehr zurückbleiben, und 2) daß von einer bestimmten anderen Länge der Iteration an — er bezeichnet diese zweite Länge mit p — die Iterationen in der Wirklichkeit gänzlich aufhören. So schien ihm aus den von ihm für das Roulettespiel zusammengestellten statistischen Ergebnissen zu folgen, daß der Wert von p, sofern die beiden Erfolge rot und schwarz in Betracht kommen, „im allgemeinen gleich 12 ist".

Es ist nur allzu begreiflich, daß diese, vom Standpunkte der Wahrscheinlichkeitstheorie aus gesehen, als ketzerisch erscheinenden — übrigens keineswegs ganz neuen — Ansichten auf energischen Widerstand der Fachmänner gestoßen sind. Überraschenderweise ist aber, wie ich in dem letzten Kapitel der vorliegenden Arbeit zu zeigen versuche, gerade in mathematischer Beziehung verschiedenes gegen Marbe vorgebracht worden, was sich nicht vertreten läßt. Ja, derjenige unter den Mathematikern, der zur Zeit, weit über die Grenzen „Mitteleuropas" hinaus, mit Recht als erster Spezialist auf dem Gebiet der reinen und angewandten Wahrscheinlichkeitstheorie gilt — ich meine natürlich Czuber — hat sich einen von anderer Seite gegen Marbe erhobenen Einwand zu eigen gemacht, der als völlig unbegründet bezeichnet werden muß — unbegründet deshalb, weil er auf einer groben Verwechslung des Begriffs des wahrscheinlichsten Wertes mit dem Begriff der mathematischen Erwartung beruht. Das Nähere darüber findet sich im 6. Kapitel dieser Schrift.

Der Umstand, daß der Begriff der mathematischen Erwartung, der zu den Kardinalbegriffen der Wahrscheinlichkeitstheorie gehört, wie sichs zeigt, einem Czuber nicht in dem Maße geläufig ist, daß er ihn in allen Fällen korrekt anzuwenden vermöchte, hat mich mit dazu veranlaßt, diesem Begriff eine spezielle Erörterung zu widmen. Sie findet sich in dem 2. Kapitel, welches in die Schrift nur zu dem Zweck eingeschoben worden ist, um dem Leser das Verständnis für die Darlegungen der folgenden Kapitel zu erleichtern.

Im 2. Kapitel behandle ich noch einen anderen Kardinalbegriff der Wahrscheinlichkeitstheorie, den Begriff des mittleren Fehlers und nehme in diesem Zusammenhang auf die sog. Tschebyscheffsche Ungleichung Bezug, die von Markoff und auch von Czuber gleichsam als Glanzleistung eines hervorragenden Mathematikers hingestellt wird. Dieser Ungleichung, deren praktische Bedeutung dadurch beeinträchtigt wird, daß sie einen unverhältnismäßig weiten Spielraum für die noch als zulässig anzusehenden zufälligen Abweichungen ergibt, kommt ein nicht abzustreitender theoretischer Wert namentlich insofern zu, als sich aus ihr das Bernoullische Theorem als Spezialfall unmittelbar herleitet. Aber um für eine große wissenschaftliche Tat gehalten und einem Mathematiker von Fach als eminentes Verdienst angerechnet zu werden, ist der Tschebyscheffsche Lehrsatz wirklich zu simpel. Ruft der Satz in der Darstellung seines Urhebers — und nicht minder in der von Czuber akzeptierten Darstellung Markoffs — diesen Eindruck nicht hervor, so liegt es daran, daß er da in einer durch die Natur der Sache keineswegs gebotenen Verquickung mit zwei anderen Sätzen vorgeführt wird, die sich übrigens ebenfalls spielend beweisen lassen und die lange vor Tschebyscheff Allgemeingut der Wissenschaft waren. Der eine dieser beiden Sätze besagt, daß der mittlere Fehler einer Summe voneinander unabhängiger Größen gleich der Quadratwurzel aus der Summe ihrer zum Quadrat erhobenen mittleren Fehler ist, und der andere, daß der mittlere Fehler einer mit einem konstanten Koeffizienten multiplizierten Größe gleich ihrem mit diesem Koeffizienten multiplizierten mittleren Fehler ist. Wenn ein Mathematiker von dem Range Markoffs die Sachlage nicht durchschaut hat, so mag das eine psychologische Erklärung haben: der Schüler hat sich in pietätvoller Verehrung für den Lehrer gleichsam gescheut, an einer von diesem überlieferten Konstruktion zu rütteln und den Kern von der Schale zu trennen. Dies hat nachgeholt werden müssen.

Die Berücksichtigung des mittleren Fehlers der empirischen

Größen, die man mit ihren mathematischen Erwartungen vergleicht, empfiehlt sich auch in dem besonderen Fall der Iterationen, und wenn Marbe in seinen „Naturphilosophischen Untersuchungen zur Wahrscheinlichkeitslehre" von der Berechnung des
mittleren Fehlers der festgestellten Zahlen der Iterationen Abstand genommen hat, so kann man es nicht gutheißen. Fast
ebensowenig kann es befriedigen, wenn er in seinem neuerdings
erschienenen großen Werk „Die Gleichförmigkeit in der Welt",
worin er auf das Problem der Iterationen zurückkommt und die
erste seiner beiden Thesen (das g betreffend) aufrechterhält, die
zweite hingegen (das p betreffend) preisgibt, den mittleren Fehler
der Zahlen der Iterationen von bestimmter Länge zwar berechnet,
aber nach einer unzulässigen Methode.

In mathematischer Hinsicht ist Marbe auch sonst von einer,
man möchte beinahe sagen, rührenden Unbeholfenheit. So beschäftigt er sich z. B. mit der Frage, wie groß bei einer gegebenen
Zahl (N) von Versuchen die erwartungsmäßige Zahl der Fälle ist,
in denen der eine von zwei möglichen Erfolgen (z. B. Kopf und
Schrift beim Aufwerfen einer Münze), denen bestimmte Wahrscheinlichkeiten (p und q) entsprechen, durch den anderen abgelöst wird. Diese Frage beantwortet sich wie folgt. Die Wahrscheinlichkeit einer „Ablösung" nach einem Versuch (mit un-
bestimmtem Erfolg) ist offenbar $p\,q + q\,p$ oder $2\,p\,q$. Liegen
N Versuche vor, und bricht die Versuchsreihe mit dem letzten
der N Versuche ab, so hat man es mit $N-1$ „Gelegenheiten"
zu einer Ablösung zu tun. Folglich ist die gesuchte erwartungsmäßige Zahl der Ablösungen $2\,(N-1)\,p\,q$. Marbe erörtert diese
Frage an der Hand von zwei Beispielen. In beiden Beispielen ist
$N = 12$, und was p und q betrifft, so hat man in dem einen
$p = q = \frac{1}{2}$, in dem andern $p = 0{,}5111$, $q = 0{,}4889$. Daher ergibt sich das eine Mal $2\,(N-1)\,p\,q = 5{,}5$, das andere Mal
$2\,(N-1)\,p\,q = 5{,}497$. Beide Zahlenwerte gibt auch Marbe an.
Aber zur Berechnung von 5,5 führt er 12 Multiplikationen und
eine Division aus; zur Berechnung von 5,497 genügt das lange
nicht: da werden zwei Größen je 10 Mal in verschiedene Potenzen (von der 2-ten bis zur 11-ten) erhoben, sodann werden
11 Produkte aus je drei Größen gebildet, und schließlich ergibt
die Addition dieser 11 Produkte das erwünschte Resultat!

Solch eine „Umständlichkeit" ist indessen nicht das Schlimmste.
Marbe operiert zum Teil mit falschen Formeln. Ja, seine grundlegende Formel, nämlich diejenige, welche zur Bestimmung der
erwartungsmäßigen Zahlen der (vollständigen) Iterationen dient,
erweist sich als unrichtig. Sie stellt sich unter Anwendung der

soeben gebrauchten Bezeichnungen in der Form

$$\frac{p^2\, q^2(p^{n-1} + q^{n-1})\,N}{p^2 + q^2}$$

dar, während die korrekte Formel, sofern $n < N - 1$, sich als

$$(N - n)\, p^2\, q^2(p^{n-2} + q^{n-2}) + p^n + q^n - (p^{n+2} + q^{n+2})$$

oder auch, wenn N groß und n klein im Verhältnis zu N ist, als

$$p^2\, q^2(p^{n-2} + q^{n-2})\,N$$

schreiben läßt. Zieht man letzteren (approximativen) Ausdruck von dem Marbeschen ab, so erhält man

$$\frac{p^3\, q^3(p - q)(p^{n-3} - q^{n-3})\,N}{p^2 + q^2}\,.$$

Marbes erwartungsmäßige Zahlen der Iterationen fallen also, sofern $n < 3$, stets zu niedrig und, sofern $n > 3$, stets zu hoch aus, es sei denn, daß $p = q = \frac{1}{2}$. Es ist ihm daher sehr zugute gekommen, daß in seinen Beispielen die Differenz zwischen p und q entweder 0 oder in anderen Fällen nahezu gleich 0 ist, da es sich bei diesen Fällen um das sog. Geschlechtsverhältnis der Geborenen handelt, wobei p und q sich als Wahrscheinlichkeiten darstellen, daß der Geborene ein Knabe bzw. ein Mädchen ist. Die vorhin angeführten Werte von p und q ergeben: $p - q = 0{,}0222$. Hätte Marbe andere Beispiele gewählt, in denen p und q in erheblicherem Maße voneinander abweichen, so wäre mit seinen Zahlenergebnissen überhaupt nichts anzufangen gewesen. Ihm, der in seinen — wie er meint, statistisch begründeten — Konstruktionen den „Zufall“, wie dieser von der Wahrscheinlichkeitstheorie aufgefaßt wird, nicht gelten lassen will, ist der Zufall gnädig gewesen. Wenn ich ihm aber in meinem letzten Kapitel, wo ich zu den Leistungen meiner Vorgänger Stellung nehme, weniger „gnädig“ bin, so glaube ich darum doch nicht, bei dieser Auseinandersetzung die Grenzen einer objektiven Kritik überschritten zu haben[1]).

---

[1]) Die Entstehung meiner Schrift hängt mit dem Erscheinen von Marbes „Gleichförmigkeit in der Welt“ aufs engste zusammen. Herr Prof. Marbe hat die Freundlichkeit gehabt, mir ein Exemplar seines Werkes (am 10. März d. J.) zuzusenden und sprach bei dieser Gelegenheit die Erwartung aus, daß ich zu dem Buch öffentlich Stellung nehmen würde, wie ich das bereits seinen „Naturphilosophischen Untersuchungen zur Wahrscheinlichkeitslehre“ gegenüber seinerzeit getan hätte (in dem Aufsatz „Wahrscheinlichkeitstheorie und Erfahrung“, Zeitschrift für Philosophie und philosophische Kritik, Bd. 121, 1903, S. 71 ff.). Ich beabsichtigte denn auch ursprünglich, auf die mathematischen Irrtümer, die mir

Marbe bedankt sich in dem Vorwort zu seinem Werk für die Hilfe, die ihm einige unter seinen Kollegen, in erster Linie der o. ö. Professor der Mathematik und Astronomie an der Universität Würzburg G. Rost, haben angedeihen lassen. Es zeigt sich hier wieder einmal, daß von den einzelnen Formen der Arbeitsteilung, wie sie Karl Bücher am genauesten unterscheidet, die „Arbeitszerlegung" unter anderem dadurch gekennzeichnet ist, daß ihr auf dem Gebiet der geistigen Produktion viel engere Grenzen als auf dem der materiellen gesteckt sind, während die „Spezialisation" auch für das geistige Gebiet mit dem allgemeinen Fortschritt an Bedeutung gewinnt. „Universalmathematiker" gibt es heute nicht mehr. Die Zeiten von Gauß und Laplace sind für immer dahin. Diese Großen haben auch die Wahrscheinlichkeitsrechnung, Gauß namentlich die Fehlertheorie, die einen Bestandteil der Wahrscheinlichkeitsrechnung bildet, intensiv gepflegt. Unter den heutigen Mathematikern, die bedeutendsten nicht ausgenommen, sind es nur wenige, die sich mit der Wahrscheinlichkeitsrechnung näher befaßt haben.

Diese Worte waren längst geschrieben, als mir (am 27. Juni d. J.) Herr Prof. Marbe eine Broschüre unter dem Titel „Mathematische Bemerkungen zu meinem Buch ‚Die Gleichförmigkeit in der Welt‘, München 1916" zugehen ließ[2]), die er wie folgt einleitet: „Unmittelbar nach dem Erscheinen meines Buches ‚Die Gleichförmigkeit in der Welt‘ fanden zwischen meinen mathematischen Kollegen Rost und v. Weber höchst interessante Diskussionen über gewisse in dem Buch enthaltene mathematische Darlegungen statt, an denen auch ich teilnehmen durfte. Hierdurch sah ich mich veranlaßt, eine Reihe meiner Ausführungen von neuem zu prüfen, nochmals durchzudenken und teilweise zu verbessern. Da das Ergebnis dieser Arbeit von allgemeinem Interesse sein dürfte, und da es mir geeignet erscheint, meine mir sehr am Herzen liegende Lehre vom statistischen Ausgleich gegen alle bisher noch möglichen Einwände zu sichern, habe ich mich zur Abfassung der vorliegenden (zunächst für die Leser meines Buches bestimmten) Schrift entschlossen."

bei der Lektüre des Marbeschen Buches sofort aufstießen, in einer Besprechung aufmerksam zu machen. Aber ich wurde bald gewahr, daß man da ziemlich weit ausholen müßte, und so entschloß ich mich, das Problem der Iterationen ex professo zu behandeln.

[2]) Ich hatte meine Vorrede, bis auf die Stelle, welche sich auf Marbes „Mathematische Bemerkungen" bezieht, bereits in der ersten Hälfte des Mai d. J. abgefaßt, um eine Abschrift dieser Vorrede der Verlagsfirma Julius Springer zur Informierung über den Inhalt meiner damals erst in Angriff genommenen Arbeit vorzulegen.

Die wichtigste der von Marbe vorgenommenen Änderungen bezieht sich gerade auf den von mir bemängelten Ausdruck der erwartungsmäßigen Zahl der Iterationen von bestimmter Länge. In dieser Hinsicht haben Marbe und seine mathematischen Ratgeber nachträglich das Richtige getroffen. Es ist nichtsdestoweniger auffallend, daß es zur Lösung einer so einfachen Aufgabe der Mitwirkung mehrerer Personen bedurft hat. Was aber den anderen von mir im vorstehenden ebenfalls erwähnten Mißgriff Marbes anbelangt, den er bei Bestimmung des mittleren Fehlers der Zahl der Iterationen von gegebener Länge begangen hat, so ist zwar auch hier die betreffende Formel umgeändert worden, ohne jedoch, daß hierdurch die Sache in Ordnung gebracht worden wäre. Denn die neue Formel ist, wie ich es im kritischen Teil meiner Schrift (6. Kapitel, § 2) nachweise und wie es übrigens schon aus meinen positiven Darlegungen (3. Kapitel, § 3) hervorgeht, nicht minder anfechtbar wie die alte, obschon beide Formeln, abgesehen von dem Fall der Iterationen zu 1, als Näherungsformeln allerdings brauchbar sind. Marbe ist sich indessen des approximativen Charakters auch seiner neuen Formel gar nicht bewußt und wendet sie auf den Fall der Iterationen zu 1 mit an, wo sie gerade wenn, wie in seinen Beispielen, p und q wenig voneinander abweichen, einen numerischen Wert des mittleren Fehlers liefert, der hinter seinem wahren Wert erheblich zurückbleibt. Bei dieser etwas subtileren Frage hat also die Zuziehung des zweiten Würzburger Ordinarius der Mathematik wenig genützt.

Auf die mehr philosophische Seite des Problems der Iterationen gehe ich in dieser Schrift nicht näher ein. Das bleibt einem besonderen Aufsatz von mir vorbehalten, der demnächst in den „Jahrbüchern für Nationalökonomie und Statistik" unter dem Titel „Die Kontingenztheorie und die Kontingentierungstheorie in der Statistik" erscheinen soll.

Zum Schluß sei über die in dieser Schrift gebrauchten Ausdrücke „Sylleptik", „Syntagmatik" und „Stochastik", die etwas ungewöhnlich klingen mögen, folgendes bemerkt. Ich verstehe unter Sylleptik solch eine Betrachtung der (statistischen) Vielheiten, die sich lediglich auf das bezüglich der betreffenden Vielheiten begrifflich Gegebene stützt. Von „sylleptischer Methode" spricht gelegentlich Gustav Rümelin (im Artikel „Statistik" in Schönbergs Handbuch der Politischen Ökonomie, 2. Bd. 1882, S. 474) und meint damit die statistische Methode, das Wort „statistisch" im weitesten Sinne genommen. Bei mir bedeutet Sylleptik nicht schon Statistik, sondern erst die Vorbereitung auf eine wissenschaftliche Behandlung statistischer Daten. Die Lehrsätze der Sylleptik sind „praecognita der Statistik“ oder, wie man mit Rücksicht darauf, daß diese Lehrsätze von den meisten Statistikern ignoriert zu werden pflegen, woraus unter Umständen mehr oder weniger erhebliche Irrtümer entstehen, vielleicht mit mehr Recht sagen könnte: „praecognoscenda der Statistik“. Rümelins terminologische Anregung blieb unbeachtet, und so stand das Wort Sylleptik für einen beliebigen Gebrauch zur Verfügung da. Daher dürfte ich durch Rezeption dieses Wortes niemands Besitzrechte verletzt haben. Zur Syntagmatik — es ist mir nicht bekannt, daß sich sonst jemand dieses Ausdrucks bedient hätte — wird die Sylleptik dadurch, daß man die der Betrachtung unterliegenden Vielheiten als geordnete Vielheiten denkt. Meinen Bezeichnungen entsprechen, wie man sieht, Begriffe, für welche es keine geläufigen Namen gibt. Was aber den Ausdruck „Stochastik“ anlangt, so bedarf er keiner Rechtfertigung. Denn er findet sich — und zwar in dem ihm von mir beigelegten Sinne — schon in Jakob Bernoullis „Ars conjectandi“.

Berlin-Halensee, den 18. Oktober 1916.

L. v. Bortkiewicz.

Berichtigungen.

S. 99.   In Formel (80) ist statt $\sum\limits_{1}^{\frac{1}{2}V}$ zu lesen: $\sum\limits_{1}^{\frac{1}{2}V} h$.

S. 102.   In Formel (22) fehlt rechter Hand der Faktor V.

S. 112.   In Formel (77) ist statt $\mathfrak{E}(i_n' \, i_{n+1}')$ zu lesen: $\mathfrak{E}(i_{n+1}' \, i_{n+1}')$.

S. 125.   In Tabelle 1, Spalte 10 ist statt $\genfrac{}{\}{0pt}{}{1}{2}2$ zu lesen: $\genfrac{}{\}{0pt}{}{1}{1}2$.

Inhaltsverzeichnis.

Seite

Einleitung 1

1. Kapitel: Syntagmatik.
    § 1. Die Massen 5
    § 2. Die Gruppen 8
    § 3. Die Sequenzen 12
    § 4. Die Iterationen 21

2. Kapitel: Grundsätzliches aus der Wahrscheinlichkeitstheorie.
    § 1. Die mathematische Erwartung und der mittlere Fehler 30
    § 2. Das Bernoullische Theorem und das Gesetz der großen Zahlen 42
    § 3. Reihenvergleichung 58

3. Kapitel: Die Stochastik der Iterationen.
    § 1. Die Zahlen der Iterationen von gegebener Länge 70
    § 2. Die Zahlen der einreihigen Iterationen von gegebener Länge . 77
    § 3. Die Zahlen der vollständigen Iterationen von gegebener Länge 80
    § 4. Die mittlere Länge der vollständigen Iterationen 87
    § 5. Das V-Verfahren (als Gegensatz zum N-Verfahren) 91
    § 6. Die Zahlen der eine gegebene Länge überschreitenden vollstän-
        digen Iterationen 100

4. Kapitel: Komplikationen.
    § 1. Der Fall von mehr als zwei Arten von Elementen oder von mehr
        als zwei Erfolgen (das Roulettespiel) 104
    § 2. Der Fall verbundener Elemente (die Zwillingsgeburten) 113

5. Kapitel: Beispiele.
    § 1. Statistische und mathematische Ziffernreihen 125
    § 2. Die Geborenen männlichen und weiblichen Geschlechts 137

6. Kapitel: Kritik.
    § 1. Marbes „Naturphilosophische Untersuchungen zur Wahrschein-
        lichkeitslehre" und die durch diese Schrift hervorgerufenen Er-
        örterungen und Forschungen über Iterationen (Lexis, Czuber,
        Bruns u. a.) 145
    § 2. Marbes „Gleichförmigkeit in der Welt", vorzugsweise vom
        Standpunkte der Iteratorik aus betrachtet 168

Verzeichnis der beim Zitieren gebrauchten Abkürzungen.

Bernoulli = J. Bernoulli. Ars conjectandi, Basileae 1713.

Bruns = Heinrich Bruns. Wahrscheinlichkeitsrechnung und Kollektivmaßlehre, Leipzig und Berlin 1906.

Bruns, Gruppenschema = Heinrich Bruns. Das Gruppenschema für zufällige
Ereignisse (Abhandlungen der mathematisch-physischen Klasse der Königl.
Sächsischen Gesellschaft der Wissenschaften, Bd. XXIX, Nr. VIII), Leipzig
1906.

Czuber I = Emanuel Czuber. Wahrscheinlichkeitsrechnung und ihre Anwendungen auf Fehlerausgleichung, Statistik und Lebensversicherung,
1. Band, 3. Auflage, Leipzig und Berlin 1914.

Czuber II = Dasselbe Werk, 2. Band, 2. Auflage, 1910.

Czuber, Entwicklung = Emanuel Czuber. Die Entwicklung der Wahrscheinlichkeitstheorie und ihrer Anwendungen (Jahresbericht der Deutschen
Mathematiker-Vereinigung VII, 2), Leipzig 1899.

Marbe, Untersuchungen = Karl Marbe. Naturphilosophische Untersuchungen
zur Wahrscheinlichkeitslehre, Leipzig 1899.

Marbe, Gleichförmigkeit = Karl Marbe. Die Gleichförmigkeit in der Welt.
Untersuchungen zur Philosophie und positiven Wissenschaft, München 1916.

Marbe, Bemerkungen = Karl Marbe. Mathematische Bemerkungen zu meinem
Buch „Die Gleichförmigkeit in der Welt“, München 1916.

Markoff = A. A. Markoff. Wahrscheinlichkeitsrechnung, nach der 2. Auflage
des russischen Werkes übersetzt von Heinrich Liebmann, Leipzig und
Berlin 1912.

Poisson = S. D. Poisson. Recherches sur la probabilité des jugements en
matière criminelle et en matière civile, précédées des règles générales du
calcul des probabilités, Paris 1837.

Tschuprow = A. A. Tschuprow. Studien zur Theorie der Statistik. 2. Auflage, St. Petersburg 1910 (russisch).

Einleitung.

Faßt man beliebige Erscheinungen, die unter einen gemeinsamen Begriff fallen und sei es nur in bezug auf die räumlichen Grenzen, zwischen denen sie eingeschlossen sind, und in bezug auf den Zeitpunkt oder den Zeitabschnitt, in dem sie beobachtet werden, sei es außerdem noch in irgendwelcher Hinsicht miteinander übereinstimmen, gedanklich zusammen, so kommt ein Ganzes zustande, das man als eine empirische Vielheit bezeichnen kann. Dadurch, daß man die Elemente (Einzelfälle), aus denen sich eine empirische Vielheit zusammensetzt, als solche der Beobachtung unterwirft und die so gewonnenen Beobachtungsresultate summiert, macht man die betreffende empirische Vielheit zum Gegenstand der Statistik. Denn Statistik ist nichts anderes als eine auf „Massenbeobachtung" und Summierung ihrer Ergebnisse beruhende Erkenntnis empirischer Vielheiten.

Die in Frage stehende Summierung weist zwei verschiedene Formen auf: die des Zählens und die des Addierens, je nachdem die Beobachtung darauf gerichtet war, das Vorhandensein der betreffenden Elemente bzw. irgendwelcher ihnen zukommender Eigenschaften festzustellen, oder aber darauf, die Elemente in dieser oder jener Beziehung quantitativ, d. h. durch Angabe bestimmter Maßzahlen, zu charakterisieren. Diese beiden Modalitäten der Summierung von Beobachtungsresultaten verbinden sich meist mit einer Gruppierung der Elemente nach diesen oder jenen Merkmalen und Merkmalkomplexen. Es werden demnach neben Totalsummen in der Regel Partialsummen gebildet und der weiteren rechnerischen Verarbeitung zugrunde gelegt.

Jede Statistik stützt sich auf die Massenbeobachtung. Aber nur eine als „Selbstzweck" betriebene, somit im Zeichen der Problemlosigkeit stehende Statistik geht voraussetzungslos an die Massenbeobachtung heran. Eine Statistik hingegen, die sich ihrer wissenschaftlichen Aufgaben bewußt ist, sucht schon die Massenbeobachtung nach Gesichtspunkten zu gestalten, die dem Wesen der jeweils zu lösenden Aufgabe entsprechen. Solche Gesichtspunkte stellen den Ergebnissen der Massenbeobachtung gegenüber ein „prius" dar und können daher als apriorisch (im relativen Sinne des Wortes) bezeichnet werden.

Ein weiteres apriorisches Element wird in die Statistik dadurch hineingetragen, daß sie sich oft veranlaßt sieht, bei der rechnerischen Verarbeitung ihrer als Total- und Partialsummen sich darstellenden Daten gewisse Hilfssätze heranzuziehen, die eine von diesen Daten, d. h. von den Ergebnissen der Massenbeobachtung schlechterdings unabhängige Geltung haben und sich vielmehr aus dem herleiten lassen, was hinsichtlich der betreffenden empirischen Vielheit und ihrer Elemente vor der Beobachtung, somit „begrifflich", feststand. Ein einfaches Beispiel hierfür bietet der in der Bevölkerungsstatistik vielfach zur Anwendung kommende Satz, daß die Einwohnerzahl eines Gebiets am Ende eines gegebenen Zeitraums gleich ist der Einwohnerzahl desselben Gebiets am Anfang des betreffenden Zeitraumes, vermehrt um die Zahl der inzwischen Geborenen und Zugewanderten und vermindert um die Zahl der inzwischen Gestorbenen und Abgewanderten.

Derartige Hilfssätze sind an sich keine Statistik, weil sie nicht auf Massenbeobachtung beruhen. Aber sie kommen für die Statistik in Betracht und sagen unzweifelhaft etwas über das Verhalten von empirischen Vielheiten aus. Es handelt sich also auch hierbei um eine Erkenntnis empirischer Vielheiten. Diese „apriorische", d. h. aus dem jeweils begrifflich Gegebenen hergeleitete Erkenntnis empirischer Vielheiten soll, im Unterschied von der Statistik, als Sylleptik (von $\sigma\upsilon\lambda\lambda\alpha\mu\beta\acute{\alpha}\nu\epsilon\iota\nu$ = zusammenfassen) bezeichnet werden.

Obwohl die Sylleptik der Statistik gegenüber eine dienende Stellung einnimmt, so ist darum ihre Bedeutung nicht gering zu schätzen: sollen die statistischen Daten in korrekter und zweckmäßiger Weise gesammelt, geordnet und verarbeitet werden, so darf hierbei die Sylleptik nicht zu kurz kommen, namentlich wenn es sich um kompliziertere Tatbestände handelt[1]).

Empirische Vielheiten, sofern sie Gegenstand der Statistik und der Sylleptik sind, brauchen nicht unbedingt aus großen Zahlen von Elementen zu bestehen oder selbst in größerer Zahl aufzutreten. Wohl

---

[1]) Das einzige Gebiet der Statistik, dem eine sich als System darstellende Sylleptik gegenübersteht, ist die Bevölkerungsstatistik. Als erster Systematiker der „Bevölkerungssylleptik" tritt G. F. Knapp in seiner Schrift „Über die Ermittlung der Sterblichkeit aus den Aufzeichnungen der Bevölkerungsstatistik", Leipzig 1868, auf. Im Sinne von Bevölkerungssylleptik habe ich früher die Bezeichnungen „Formale Bevölkerungslehre" (Mittlere Lebensdauer, Jena 1893, S. 30) und „Formale Bevölkerungstheorie" (Enzyklopädie der mathematischen Wissenschaften, Bd. I, S. 839) gebraucht. Letztere Bezeichnung hat Czuber (Wahrscheinlichkeitsrechnung II, S. 90) von mir übernommen, während er früher (Entwicklung, S. 227) hierfür „Bevölkerungslehre" schlechthin gesagt hat, was sich schon aus dem Grunde verbietet, weil darunter sonst etwas total Verschiedenes verstanden wird: nämlich die Lehre von der Einwohnerzahl in ihrem Zusammenhang mit der Volkswirtschaft und dem Staat. Siehe L. Elster im Handwörterbuch der Staatswissenschaften, 3. Aufl., II, S. 926.

aber ist beides oder mindestens eines von beidem erforderlich, wenn es gilt, über das Verhalten irgendwelcher empirischer Vielheiten vom Standpunkte der Wahrscheinlichkeitstheorie aus etwas auszusagen. Diesem Standpunkte zufolge werden nämlich die Elemente, aus denen sich die betreffenden empirischen Vielheiten zusammensetzen, unter die Herrschaft des „Zufalls" gestellt und wird die dadurch bedingte Unbestimmtheit und Unberechenbarkeit des Verhaltens der empirischen Vielheiten auf die Weise überwunden, daß man sie aus hinreichend zahlreichen Elementen bestehen oder in hinreichend großer Zahl auftreten läßt.

Die an der Wahrscheinlichkeitstheorie orientierte, somit auf „das Gesetz der großen Zahlen" sich gründende Betrachtung empirischer Vielheiten möge als Stochastik (von $\sigma\tau o\chi\acute{\alpha}\zeta\varepsilon\sigma\vartheta\alpha\iota$ = zielen, mutmaßen) bezeichnet werden[2]). Die Stochastik ist nicht sowohl Wahrscheinlichkeitstheorie schlechthin, als vielmehr Wahrscheinlichkeitstheorie in ihrer Anwendung, sei es auf empirische Vielheiten überhaupt, sei es auf empirische Vielheiten einer bestimmten Art.

Die Stochastik geht jeweils von gewissen Ansätzen aus, die apriorisch (im relativen Sinne des Wortes) sein können, aber nicht apriorisch zu sein brauchen. Diese Ansätze stützen sich vielmehr nicht selten auf ein empirisches, namentlich auf ein statistisches Wissen über die betreffenden empirischen Vielheiten. Es ist hier nicht der Ort, auf die verschiedenen Modalitäten solch einer Verbindung von Stochastik und Statistik näher einzugehen[3]). Nur so viel möge hierzu bemerkt werden, daß erst die Durchdringung der Statistik mit der stochastischen Auffassungsweise ihr nicht nur einen höheren theoretischen Wert, sondern auch eine größere praktische Bedeutung verleiht.

Zu der Sylleptik steht die Stochastik ebenso nahe wie die Statistik: die zwischen den empirischen Vielheiten, welche jeweils zum Gegenstand der stochastischen Betrachtung gemacht werden, obwaltenden sylleptischen Beziehungen bleiben auch für diese Betrachtung bestehen und dürfen auch hier keinesfalls ignoriert werden.

---

[2]) Bernoulli, S. 213. Hier heißt es: „Conjicere rem aliquam est metiri illius probabilitatem: ideoque Ars Conjectandi sive Stochastice nobis definitur ars metiendi quam fieri potest exactissime probabilitates rerum, eo fine, ut in judiciis et actionibus nostris semper eligere vel sequi possumus id, quod melius, satius, tutius aut consultius fuerit deprehensum; in quo solo omnis Philosophi sapientia et Politici prudentia versatur." Somit bedeutet „Stochastik" auch für Bernoulli soviel wie angewandte Wahrscheinlichkeitstheorie; nur daß er in bezug auf die in Betracht kommenden Anwendungen einen antiquierten Standpunkt vertritt.

[3]) Manche Untersuchungen fallen gleichzeitig in das Gebiet der (angewandten) Wahrscheinlichkeitstheorie und in dasjenige der (mathematischen, d. h. in diesem Falle der wahrscheinlichkeitstheoretisch fundierten) Statistik.

Wenn aber nach dem Vorstehenden die Statistik, die Sylleptik und die Stochastik zur Erforschung empirischer Vielheiten gleichzeitig beitragen, so muß nichtsdestoweniger zwischen diesen drei Betrachtungsarten scharf unterschieden werden. Darin liegt die Grundbedingung eines bewußten und sachgemäßen Verhaltens des Forschers zu seinem Material[4]). Dies gilt insbesondere auch für das Problem der Iterationen.

An die Spitze einer systematischen Untersuchung über Iterationen gehört eine Sylleptik der Iterationen. Iterationen sind empirische Vielheiten besonderer Art. Sie setzen voraus, daß der Vorrat von Elementen, aus welchem Vielheiten gebildet werden, erstens ein geordneter und zweitens ein gegliederter ist. Das bedeutet, daß die in dem gegebenen Vorrat enthaltenen Elemente in einer bestimmten Weise aufeinanderfolgen und daß sie sich nach bestimmten Merkmalen oder Merkmalkomplexen in soundso viele Arten einteilen lassen. Werden nun aus einem so charakterisierten Vorrat Elemente entnommen, die nach Maßgabe der vorgegebenen Anordnung ununterbrochen aufeinanderfolgen und erweisen sich diese Elemente als gleichartig, d. h. als zu ein und derselben Art gehörig, so stellen sie, als empirische Vielheit betrachtet, eine Iteration dar.

Dem Begriff der Iteration ist der Begriff der Sequenz übergeordnet. Als solche erscheint eine empirische Vielheit, deren Elemente, wie im Fall einer Iteration, die vorgegebene Anordnung aufweisen, aber auch verschiedenartig sein können. Schon mit Rücksicht darauf, daß es mit zum Problem der Iterationen gehört, zu fragen, wie sich die Zahl der Iterationen zu der Zahl der Sequenzen stellt, ist es unbedingt erforderlich, die Sylleptik der Iterationen zu einer Sylleptik der Sequenzen zu erweitern.

Manches von dem, was sich über die Sequenzen in sylleptischer Hinsicht aussagen läßt, findet aber auch auf solche empirische Vielheiten Anwendung, die keine Sequenzen sind, aber es mit letzteren gemeinsam haben, daß sie aus einem geordneten Vorrat von Elementen gebildet sind. Durch diesen Umstand wird man dazu veranlaßt, noch über die Grenzen einer Sylleptik der Sequenzen hinauszugehen und die sylleptische Betrachtung auf empirische Vielheiten auszudehnen, die über-

---

[4]) Die Statistiker geben sich oft keine Rechenschaft darüber, daß sie bei dieser oder jener Gelegenheit, wenn auch in unmethodischer Weise, von der Stochastik Gebrauch machen. Die Physiker aber identifizieren mitunter die stochastische mit der statistischen Betrachtungsweise, indem sie von letzterer ohne Rücksicht auf ein wirkliches Zählen der Elemente, aus denen die betreffenden empirischen Vielheiten bestehen, sprechen und dabei eigentlich nur die Anwendung wahrscheinlichkeitstheoretischer Begriffe und Konstruktionen auf diese Vielheiten im Auge haben. Siehe z. B. M. Planck, Dynamische und statistische Gesetzmäßigkeit (Rektoratsrede), Berlin 1914.

haupt, d. h. ob mit oder ohne Einhaltung der vorgegebenen Anordnung aus einem geordneten Vorrat von Elementen gebildet werden können. Eine Sylleptik solcher Vielheiten kann als Syntagmatik (von $\sigma\acute{v}v\tau\alpha\gamma\mu\alpha$ = das Geordnete) bezeichnet werden.

Die Syntagmatik steht in einem gewissen Gegensatz zu der in der Sylleptik sonst üblichen Betrachtungsweise. Letztere nimmt nämlich auf die Anordnung der betreffenden Elemente keine Rücksicht und richtet ihr Augenmerk ausschließlich auf die Abgrenzung analoger Vielheiten bzw. so oder anders charakterisierter Teile einer Vielheit gegeneinander. Man möge daher eine so verfahrende Sylleptik als Horistik (von $\delta\varrho\acute{\iota}\zeta\varepsilon\iota\nu$ = abgrenzen) bezeichnen[5]).

Der syntagmatische Standpunkt kann entweder in reiner Form auftreten, was noch bei den Sequenzen der Fall ist, oder aber sich mit dem horistischen verbinden, was sich schon bei den Iterationen zeigt.

Im 1. Kapitel dieser Schrift, das die Überschrift „Syntagmatik" trägt, wird in der Hauptsache nur soviel geboten, als für das Problem der Iterationen in Betracht kommt. Und was insbesondere den letzten Paragraphen dieses Kapitels anlangt, der speziell den Iterationen gewidmet ist, so wird darin nur der einfachste Fall erörtert, bei welchem zwei Arten von Elementen unterschieden werden. In dieser Beziehung werden die Darlegungen des 1. und auch des 3. Kapitels bis zu einem gewissen Grade durch die Betrachtungen in § 1 des 4. Kapitels ergänzt.

Erstes Kapitel.

Syntagmatik.

§ 1. Die Massen.

Es sei eine endliche Zahl N irgendwelcher Elemente gegeben, die mit den Nummern 1, 2 ... N versehen sind. Man ordne die Elemente so, daß auf ein beliebiges Element Nr. h, sofern h kleiner als N ist, das Element Nr. $\overline{h+1}$ und, sofern $h = N$, auf das Element Nr. N das Element Nr. 1 folgt. Auf diese Weise sind, wenn N nicht kleiner als 3 ist, was hier angenommen wird, jedem unter den N Elementen zwei Nachbarelemente zugeordnet, von denen das eine das vorgeordnete und das andere das nachgeordnete heißen soll. Ist h größer als 1 und kleiner als N, so sind das die Elemente Nr. $\overline{h-1}$ und Nr. $\overline{h+1}$. Bei $h = 1$ ist das vorgeordnete Element das Element Nr. N

----

[5]) Im Griechischen bedeutet $\delta\varrho\iota\sigma\tau\iota\varkappa\acute{\eta}$ (lat. horistice) den definierenden oder theoretischen Teil der Grammatik. Siehe R. Klotz, Handwörterbuch der lateinischen Sprache, Braunschweig 1879, I, S. 1705.

und das nachgeordnete Element das Element Nr. 2. Bei $h = N$ ist das
vorgeordnete Element das Element Nr. $\overline{N-1}$ und das nachgeordnete
Element das Element Nr. 1.

Beliebige U durch ihre Nummern kenntlich gemachten Elemente
aus der Zahl der N Elemente sollen, als Ganzes betrachtet, eine Masse
zu U genannt werden. Dabei wird der besondere Fall, in welchem
$U = 1$, mitberücksichtigt, so daß auch von Massen zu 1 gesprochen werden wird. Sofern aber U größer als 1 ist, gehört es nicht zum Begriff der
Masse, daß sie aus verschiedenen Elementen besteht. Die einzelnen
Elemente dürfen vielmehr auch mehrfach in derselben Masse vertreten sein.

Man kann eine Masse symbolisch in der Weise darstellen, daß man
die Nummern aller in ihr enthaltenen Elemente in natürlicher Reihenfolge hinschreibt und die so gebildete Zahlenreihe in (eckige) Klammern
einschließt. Demnach bedeutet z. B. [2, 3, 3, 5, 6] eine Masse, be-
stehend aus den einfach genommenen Elementen Nr. 2, 5, 6 und dem
zweifach genommenen Element Nr. 3. Die durch ihre Nummern bezeichneten, jedes soundso viele Male in einer Masse vorkommenden Elemente bilden ihren Inhalt. Die Zahl (U) der in einer Masse enthaltenen und dabei entsprechend der Häufigkeit ihres Vorkommens in Ansatz gebrachten Elemente gibt den Umfang der betreffenden Masse
an. Massen, die keine Elemente miteinander gemeinsam haben, mögen
als inhaltsfremd, Massen, die mindestens ein Element miteinander
gemeinsam haben, als inhaltsverwandt bezeichnet werden. Massen,
die in bezug auf ihren Inhalt miteinander vollständig übereinstimmen,
sollen identische Massen heißen[1]).

Ist eine Masse so beschaffen, daß darin n verschiedene Elemente
aus der Zahl der N Elemente je g Male, und die übrigen $N - n$ Elemente je $\overline{g-1}$ Male enthalten sind, so soll sie eine qualifizierte
Masse, und zwar eine qualifizierte Masse g-ten Grades, heißen. Bezeichnet man den Umfang solch einer Masse mit $U_{g,n}$, so hat man:

(1) $$U_{g,n} = g\,n + (g-1)\,(N-n)$$

oder auch

(2) $$U_{g,n} = (g-1)\,N + n\,.$$

Die n Elemente, die je g-fach in die Masse eingehen, mögen bevor-
zugte Elemente, die $N - n$ Elemente, die je $\overline{g-1}$ - fach in die Masse
eingehen, mögen benachteiligte Elemente heißen. Trifft man die
Bestimmung, daß n nicht Null sein darf und dementsprechend $N - n$
immer kleiner als N ist, so erhält man als Grenzfall den Fall, in welchem

---

[1]) Es dürfte sich von selbst verstehen, daß wenn weiter unten im Text von
der Zahl irgendwie näher determinierter Massen die Rede ist, damit stets nicht-
identische Massen gemeint sind.

$n = N$, $N - n = 0$ und dementsprechend $U_{g,n} = g N$. Somit hat man es, wenn N in $U_{g,n}$ aufgeht und die Division g ergibt, mit einer Masse g-ten Grades zu tun. Solch eine Masse, deren Eigentümlichkeit darin besteht, daß sie keine benachteiligten Elemente enthält, soll eine vollkommene qualifizierte Masse g-ten Grades heißen.

Der Umfang einer qualifizierten Masse g-ten Grades ($U_{g,n}$) kann, der Formel (2) zufolge, nicht kleiner als $(g - 1) N + 1$ und nicht größer als $g N$ sein. Was aber die Zahl der qualifizierten Massen g-ten Grades, die aus N Elementen gebildet werden können, anlangt, so ist es klar, daß sie von g nicht abhängt. Die in Frage stehende Zahl, die mit M bezeichnet werden möge, richtet sich vielmehr danach, wie viele verschiedene Werte die Größe n annehmen kann und wie viele Kombinationen (ohne Wiederholung) sich aus N Elementen zur n-ten Klasse bilden lassen. Zerlegt man daher M in N Summanden m_n nach der Zahl der Werte die n annehmen kann, so findet man:

$$(3) \qquad M = \sum_{1}^{N} {}_n\, m_n ,$$

$$(4) \qquad m_n = \binom{N}{n} ,$$

mithin

$$(5) \qquad M = 2^N - 1 .$$

Beispiel. Es sei $N = 3$, $g = 1$. Nach Formel (5) ist $M = 7$. Die betreffenden qualifizierten Massen sind: [1], [2], [3], [1, 2], [1, 3], [2, 3], [1, 2, 3]. Die letzte unter diesen 7 Massen ist eine vollkommene qualifizierte Masse ersten Grades.

Als Zusammenmischung von zwei Massen soll die Zusammenfassung von zwei Massen zu einem neuen Ganzen verstanden werden, in welches alle in den beiden Massen enthaltenen Elemente eingehen, und zwar jedes so viele Male, als es in den beiden Massen zusammengenommen vorkommt. Durch Zusammenmischung von zwei Massen entsteht immer eine neue Masse. Durch Zusammenmischung von zwei qualifizierten Massen desselben Grades und gleichen Umfangs entsteht eine neue qualifizierte Masse nur in dem besonderen Fall, wenn sich von den bevorzugten Elementen der einen Masse kein einziges unter den bevorzugten Elementen der anderen Masse vorfindet. Ergänzen sich dabei die bevorzugten Elemente der beiden Massen gegenseitig zu einer vollkommenen qualifizierten Masse (ersten Grades), was an die Bedingung geknüpft ist, daß N eine gerade Zahl ist, so kommt durch Zusammenmischung der beiden Massen eine vollkommene qualifizierte Masse zustande.

§ 2. Die Gruppen.

Eine qualifizierte Masse ersten Grades soll Gruppe heißen.
Setzt man in Formel (2) des § 1 $g = 1$, so reduziert sich der Umfang
der Masse bzw. der Gruppe auf n. Diese n Elemente, die sonst, d. h.
im Fall einer Masse beliebigen Grades die bevorzugten waren, erscheinen im Fall einer Gruppe als die vorhandenen, während die $N - n$
Elemente, die sonst die benachteiligten waren, jetzt die fehlenden
sind. Es folgt aus obiger Definition, daß eine Gruppe aus lauter verschiedenen Elementen besteht, ferner daß eine Masse zu 1 eine
Gruppe ist, und schließlich, daß der Inbegriff aller N Elemente, da er
sich als vollkommene qualifizierte Masse ersten Grades darstellt, ebenfalls eine Gruppe darstellt. Diese Gruppe möge als Totalgruppe, alle
übrigen Gruppen als Partialgruppen bezeichnet werden[1]). Unter

---

[1]) Die von mir zwischen „Masse" und „Gruppe" gemachte Unterscheidung
derzufolge eine „mehrfache Besetzung" bei der Masse möglich und bei der Gruppe
ausgeschlossen ist, ist nicht üblich. Insbesondere werden in der Statistik die beiden
in Frage stehenden Ausdrücke als Synonyma angesehen. Dazu kommt, daß,
während meine Begriffe „Masse" und „Gruppe" auf die Beschaffenheit der Fälle,
die in eine Masse oder Gruppe eingehen, nicht Bezug zu nehmen brauchen, sonst
unter Masse (oder Gruppe) stets eine Vielheit von Einzelfällen (z. B. von Indi-
viduen) verstanden wird, die sich durch irgendein Merkmal oder einen Merkmal-
komplex von anderen ähnlichen Einzelfällen unterscheiden. Siehe A. Meitzen,
Geschichte, Theorie und Technik der Statistik, Berlin 1886, S. 77—79, und Georg
von Mayr, Statistik und Gesellschaftslehre, 1. Bd., 2. Aufl., Tübingen 1914, S. 3.
Gleicherweise bedeutet der von G. F. Knapp in die mathematische Statistik
eingeführte Ausdruck „Gesamtheit" (Ermittlung der Sterblichkeit, S. 5—6), daß
eine Abgrenzung der in Frage stehenden Vielheit nach außen (z. B. durch Angabe
von Zeitkoordinaten) stattfindet. Vgl. mein Referat über „Die Deckungsmethoden
der Sozialversicherung" (Gutachten usw. des VI. Internationalen Kongresses
für Versicherungs-Wissenschaft, Wien 1909, 1. Bd., S. 476), wo ich „Gruppen
von Versicherten" und „Gruppen von Versicherungsabschnitten" bilde, wobei
das Wort „Gruppe" im gewöhnlichen Sinne bzw. im Sinne des Knappschen
Terminus „Gesamtheit" gebraucht wird. Ich beabsichtige auch nicht, diesen
Gebrauch des Wortes „Gruppe" (bzw. „Masse") in Zukunft zu vermeiden. Nur
bei Problemen, die in dieser Schrift behandelt werden und wohl auch bei einigen
anderen empfiehlt sich meines Erachtens die hier gemachte Unterscheidung
zwischen Masse und Gruppe. Diese Unterscheidung läßt sich z. B. dazu verwerten,
um in der Wahrscheinlichkeitsrechnung den „Fall der nicht zurückgelegten
Kugel", der sonst etwas stiefmütterlich behandelt zu werden pflegt und ohne
ausreichende Motivierung auf den Plan tritt (nämlich als eines unter vielen Beispielen, so bei Czuber, I, S. 183, als das 92ste, bei Markoff, S. 113, deutsch
S. 92, als das erste im Kapitel 4, welches lauter „Beispiele "enthält), ins rechte
Licht zu setzen. Denkt man sich nämlich, daß es unter den N Elementen P Elemente einer Art und Q Elemente einer anderen Art gibt ($P + Q = N$) und
daß aus der Zahl dieser Elemente einige auf „zufälligem" Wege zusammengefaßt
werden, wobei sich unter s zusammengefaßten Elemente x Elemente der einen
und $s - x$ Elemente der anderen Art befinden, so entsteht die Frage nach dem
Maß der zu erwartenden Abweichung des Verhältnisses $x : s$ von dem Verhältnis $P : N$. Je nachdem nun die s Elemente nach dem Prinzip der „Masse" oder

den Elementen einer Gruppe soll dasjenige Element, welches die höchste Nummer trägt, das höchste, dasjenige, welches die niedrigste Nummer trägt, das niedrigste genannt werden.

Die Frage nach der Zahl der Gruppen zu n sowie aller Gruppen, die sich aus N Elementen bilden lassen, ist bereits im § 1 erledigt.

Durch Zusammenmischung von zwei inhaltsfremden Gruppen entsteht immer eine neue Gruppe, durch Zusammenmischung von zwei inhaltsverwandten Gruppen kann keine neue Gruppe entstehen, sondern es ergibt sich bei vorliegender Inhaltsverwandtschaft stets eine Masse, die keine Gruppe ist. Handelt es sich dabei um zwei inhaltsverwandte Gruppen zu n, so kommt eine qualifizierte Masse (zweiten Grades) nur dann zustande, wenn es kein Element unter den N Elementen gibt, welches nicht in einer der beiden Gruppen enthalten wäre, oder, kürzer ausgedrückt, nur dann, wenn die beiden in Frage stehenden Gruppen zusammen den Vorrat N erschöpfen. Ist m die Zahl der den beiden Gruppen gemeinsamen Elemente, so findet die soeben formulierte Bedingung ihren algebraischen Ausdruck darin, daß $2\,n - m = N$, oder daß

$$(1) \qquad n = \frac{N + m}{2}.$$

In diesem Fall enthält die durch Zusammenmischung entstehende Masse m Elemente je zweimal und $N - m$ oder $2\,(n - m)$ Elemente je einmal. Wenn aber die Ungleichung

$$(2) \qquad n < \frac{N + m}{2}$$

nach dem Prinzip der „Gruppe" zusammengefaßt werden, handelt es sich eben um einen der beiden Fälle der zurückgelegten und der nicht zurückgelegten Kugel („Massenschema" und „Gruppenschema"). So wird letzterem Fall der ihm gebührende Platz im System der Wahrscheinlichkeitsrechnung (die mir in systematologischer Hinsicht einstweilen, so bei Czuber, Markoff, Bruns, noch als teilweise unfertig erscheint) zugewiesen, und er hört auf ein bloßes „Beispiel" zu sein. Mein Gruppenbegriff deckt sich mit dem Begriff des „Kollektivgegenstandes", wie ihn G. Th. Fechner (Kollektivmaßlehre, Leipzig 1897, S. 3) und, nicht ganz mit ihm und unter sich übereinstimmend, seine Anhänger (G. Fr. Lipps, Die Theorie der Kollektivgegenstände, Leipzig 1902, S. 46—47, und Bruns, Wahrscheinlichkeitsrechnung, S. 96) definieren, aus dem Grunde nicht, weil es für den Kollektivgegenstand, möge man dem Wort eine etwas engere oder eine etwas weitere Deutung geben, wesentlich ist, daß die ihn bildenden Exemplare nach gewissen Unterscheidungsmerkmalen eingeteilt sind, was mein Begriff der Gruppe nicht ausschließt, aber nicht erfordert. So kann man denn sagen, daß es sich bei dem üblichen Begriff der Masse, Gruppe, Gesamtheit um eine abgegrenzte, bei dem Begriff des Kollektivgegenstandes um eine gegliederte, bei meinem Massen- und Gruppenbegriff um eine geordnete Vielheit handelt. Den Ausdruck „Menge" habe ich vermieden, um eine Beziehung (zur Mengenlehre), die so gut wie gar nicht vorhanden ist, dem Leser nicht vorzutäuschen.

statt hat, so ergibt die Zusammenmischung eine Masse, in welcher einige der N Elemente, und zwar wiederum m Elemente je zweimal, weitere $2\,(n-m)$ Elemente je einmal und die übrigen $N-2\,n+m$ kein einziges Mal enthalten sind. Der Fall $n > \dfrac{N+m}{2}$ ist ausgeschlossen, weil die Zahl der in den beiden Gruppen enthaltenen verschiedenen Elemente, die durch $2\,n-m$ ausgedrückt wird, offenbar nicht größer als N sein kann.

Eine von der Zusammenmischung abweichende Art der Zusammenfassung von Gruppen ist die Zusammenlegung. Es soll mit diesem Ausdruck eine Operation bezeichnet werden, die darin besteht, daß aus zwei Gruppen ein neues Ganzes gebildet wird, welches sämtliche in beiden zugleich oder nur in einer der beiden Gruppen vorkommenden Elemente je einmal enthält. Hiernach kann durch Zusammenlegung zweier inhaltsverwandten Gruppen offenbar nichts anderes als eine neue Gruppe entstehen, und zwar ist diese neue Gruppe die Totalgruppe oder eine Partialgruppe, je nachdem die beiden Gruppen, aus denen sie gebildet wird, den Vorrat N erschöpfen oder nicht erschöpfen.

Jedes in einer Gruppe enthaltene Element ist entweder 1. Binnenelement, oder 2. Grenzelement, oder 3. Einzelelement.

Zu 1. Ein Binnenelement ist dadurch charakterisiert, daß die beiden ihm zugeordneten Nachbarelemente in der betreffenden Gruppe mitenthalten sind.

Zu 2. Ein Grenzelement ist dadurch charakterisiert, daß von den beiden ihm zugeordneten Nachbarelementen das eine in der betreffenden Gruppe mitenthalten ist und das andere nicht. Je nachdem das fehlende Element das vorgeordnete oder das nachgeordnete Element ist, soll das Grenzelement als Anfangselement oder als Endelement bezeichnet werden.

Zu 3. Ein Einzelelement ist dadurch charakterisiert, daß sich keines der beiden ihm zugeordneten Nachbarelemente unter den übrigen in der betreffenden Gruppe mitenthaltenen Elementen vorfindet.

Beispiele.

1. Es sei $N = 5$, $n = 5$. Die Gruppe besteht aus den Elementen Nr. 1, 2, 3, 4, 5. Das sind lauter Binnenelemente.

2. Es sei $N = 7$, $n = 4$. Die Gruppe besteht aus den Elementen Nr. 2, 3, 5, 6. Das sind lauter Grenzelemente, und zwar sind die Nr. 2 und 5 Anfangselemente, die Nr. 3 und 6 Endelemente.

3. Es sei $N = 10$, $n = 3$. Die Gruppe besteht aus den Elementen Nr. 1, 4, 8. Das sind lauter Einzelelemente.

4. Es sei $N = 9$, $n = 6$. Die Gruppe besteht aus den Elementen Nr. 1, 3, 4, 7, 8, 9. Die Nr. 8 und 9 sind Binnenelemente, die Nr. 1, 3,

4, 7 Grenzelemente, und zwar sind die Nr. 3 und 7 Anfangselemente, die Nr. 1 und 4 Endelemente.

5. Es sei $N = 10$, $n = 5$. Die Gruppe besteht aus den Elementen Nr. 2, 3, 5, 8, 10. Die Nr. 2 und 3 sind Grenzelemente, und zwar Nr. 2 Anfangselement, Nr. 3 Endelement, die Nr. 5, 8 und 10 sind Einzelelemente.

6. Es sei $N = 20$, $n = 11$. Die Gruppe besteht aus den Elementen Nr. 1, 2, 5, 6, 7, 10, 11, 14, 16, 19, 20. Die Nr. 1, 6, 20 sind Binnenelemente; die Nr. 2, 5, 7, 10, 11, 19 Grenzelemente, und zwar die Nr. 5, 10, 19 Anfangselemente, die Nr. 2, 7, 11 Endelemente; die Nr. 14 und 16 sind Einzelelemente.

Abgesehen von den beiden Grenzfällen, in denen $n = 1$ oder $n = N$, enthält eine Gruppe mindestens zwei Elemente, die keine Binnenelemente sind. Dies kann wie folgt bewiesen werden. Es sei k das niedrigste und K das höchste Element der Gruppe. Da $k \geqq 1$ und $K \leqq N$, so kommen die vier folgenden Fälle in Betracht:

$$1. \quad k = 1, \quad K < N.$$
$$2. \quad k = 1, \quad K = N.$$
$$3. \quad k > 1, \quad K < N.$$
$$4. \quad k > 1, \quad K = N.$$

Im 1. Fall ist Nr. N in der Gruppe nicht enthalten. Dem Element Nr. 1, das in der Gruppe mitenthalten ist, ist aber Nr. N vorgeordnet. Folglich ist Nr. 1 entweder Grenzelement oder Einzelelement. Das dem Element Nr. K nachgeordnete Element Nr. $\overline{K + 1}$ (es kann nicht Nr. 1 sein, weil $K < N$, aber es kann Nr. N sein) ist aber in der Gruppe nicht enthalten, weil sonst Nr. K nicht das höchste Element wäre. Folglich ist Nr. K entweder Grenzelement oder Einzelelement.

Im 2. Fall sei Nr. l das niedrigste (d. h. das mit der niedrigsten Nummer versehene) und Nr. L das höchste (d. h. das mit der höchsten Nummer versehene) Element unter denjenigen aus der Zahl der N Elemente, die in der Gruppe nicht enthalten sind, wobei es nicht ausgeschlossen sein soll, daß $l = L$. Man hat offenbar $l > 1$ und $L < N$. Keines der Elemente Nr. $\overline{l - 1}$ und Nr. $\overline{L + 1}$, die beide in der Gruppe enthalten sind, ist Binnenelement.

Im 3. Fall sind die Elemente Nr. $\overline{k - 1}$ und Nr. $\overline{K + 1}$ in der Gruppe nicht enthalten. Folglich ist weder das Element Nr. k, noch das Element Nr. K Binnenelement.

Im 4. Fall fehlt das dem Element Nr. N nachgeordnete Element Nr. 1, und das dem Element Nr. k vorgeordnete Element Nr. $\overline{k - 1}$ (welches auch Nr. 1 sein kann). Folglich ist weder das Element Nr. k, noch das Element Nr. N Binnenelement.

Somit lassen sich in der Tat in jedem der vier möglichen Fälle zwei Elemente nachweisen, die keine Binnenelemente sind.

§ 3. Die Sequenzen.

Enthält eine Gruppe an Elementen, die keine Binnenelemente sind, höchstens ein Einzelelement oder zwei Grenzelemente, so soll sie als Sequenz bezeichnet werden.

Hieraus folgt, daß die Totalgruppe, da sie aus lauter Binnenelementen besteht, eine Sequenz ist. Ebenso fällt jede Gruppe zu 1, da sie nur ein Einzelelement enthält, unter den Begriff der Sequenz.

Was aber eine Partialgruppe zu 2 oder mehr Elementen anlangt, so muß sie von Einzelelementen frei sein, wenn sie eine Sequenz sein soll. Denn jede Partialgruppe zu 2 oder mehr Elementen enthält, wie am Schluß des § 2 gezeigt worden ist, mindestens zwei Elemente, die keine Binnenelemente sind.

Eine Sequenz, die der Bedingung $1 < n < N$ Genüge leistet, — eine solche Sequenz möge als eine reguläre, dagegen eine Sequenz zu 1 oder zu N als eine irreguläre bezeichnet werden — setzt sich demnach aus einer bestimmten Zahl von Binnenelementen (die auch Null sein kann) und aus zwei Grenzelementen zusammen, von denen in den Fällen 1, 3 und 4 des § 2 Nr. k Anfangselement und Nr. K Endelement und im Fall 2 des § 2 Nr. $\overline{L+1}$ Anfangselement und Nr. $\overline{l-1}$ Endelement ist.

Es lassen sich somit zwei Klassen von regulären Sequenzen unterscheiden: einreihige reguläre Sequenzen, deren Elemente, nach der natürlichen Folge ihrer Nummern geordnet, eine Reihe, nämlich die Reihe

$$(1) \qquad k, \ \overline{k+1}, \ \overline{k+2}, \ldots K$$

bilden, und zweireihige reguläre Sequenzen, deren Elemente nach der natürlichen Folge ihrer Nummern geordnet, zwei Reihen, nämlich die Reihe

$$(2) \qquad 1, \ 2, \ldots \overline{l-1}$$

und die Reihe

$$(3) \qquad \overline{L+1}, \ \overline{L+2}, \ldots N$$

bilden. Daß in den Reihen (1), (2) und (3) keine Nummer „übersprungen" werden darf, ist klar; dadurch würden sich nämlich Binnenelemente in Grenz- oder Einzelelemente und gegebenen Falles Grenzelemente in Einzelelemente umwandeln, womit die betreffende Gruppe ihren Charakter als Sequenz einbüßen würde.

Die Einteilung der regulären Sequenzen in einreihige und zweireihige deckt sich nach dem Vorstehenden vollständig mit der Einteilung in solche reguläre Sequenzen, welche die beiden Elemente Nr. 1 und N nicht gleichzeitig enthalten, und in solche, welche diese beiden Elemente gleichzeitig enthalten.

Bezeichnet man das Anfangselement einer regulären Sequenz mit Nr. a, deren Endelement mit Nr. z und die Zahl der in ihr enthaltenen Elemente oder ihre Länge, nach wie vor, mit n, so findet man bei einreihigen regulären Sequenzen, mit Rücksicht auf (1): $a = k$, $z = K$, $n = K - k + 1$ und folglich $n = z - a + 1$, oder auch

$$(4) \qquad z = a + n - 1$$

und bei zweireihigen Sequenzen, mit Rücksicht auf (2) und (3):

$$a = L + 1, \; z = l - 1, \; n = l - 1 + N - L$$

und folglich

$$n = z + N - a + 1,$$

oder auch

$$(5) \qquad z = a + n - 1 - N.$$

Dementsprechend erscheint, da $1 \leq z \leq N$, die Ungleichung bzw. Gleichung

$$(6) \qquad a + n - 1 \leq N$$

als Kriterium einer einreihigen, und die Ungleichung

$$(7) \qquad a + n - 1 > N$$

als Kriterium einer zweireihigen regulären Sequenz.

Somit ist bei einem gegebenen N der Inhalt einer regulären Sequenz durch Angabe der Nummer ihres Anfangselements (a) und ihrer Länge (n) eindeutig bestimmt. Ist (6) erfüllt, so besteht die betreffende (einreihige) Sequenz aus den Elementen Nr.

$$(8) \qquad a, \; \overline{a+1}, \ldots \overline{a+n-1}.$$

Ist (7) erfüllt, so besteht die betreffende (zweireihige) Sequenz aus den Elementen Nr.

$$(9) \qquad 1, \, 2, \ldots \overline{a+n-1-N}$$

und

$$(10) \qquad a, \; \overline{a+1}, \ldots N.$$

In folgendem soll die Reihe (9) als untere, die Reihe (10) als obere Reihe bezeichnet werden.

Es soll ferner eine reguläre Sequenz, deren Anfangselement Nr. a und deren Länge n ist, durch das Symbol (a, n) dargestellt werden. Was aber die irregulären Sequenzen, nämlich die aus sämtlichen N Elementen bestehende Sequenz (die Totalgruppe) und eine beliebig aus einem Element (Nr. h) bestehende Sequenz anlangt, so möge erstere durch $(1, N)$ und letztere durch $(h, 1)$ dargestellt werden. Das Symbol (a, n) läßt sich hiernach dahin deuten, daß darin a die Nummer des Anfangselements und in Ermangelung eines Anfangselements die Nummer des niedrigsten Elements bzw. des (einzigen) Einzelelements der Sequenz und n jeweils die Länge der Sequenz angibt.

Die Beziehung des Symbols $(a,\, n)$ zu dem im § 1 (zur Bezeichnung von Massen) benützten Symbol läßt sich wie folgt klarmachen. Man hat:

1. in dem Fall einer einreihigen regulären Sequenz

$$(11) \qquad (a,\, n) = [a,\, \overline{a+1},\, \ldots \overline{a+n-1}]\,,$$

2. in dem Fall einer zweireihigen regulären Sequenz

$$(12) \qquad (a,\, n) = [1,\, 2,\, \ldots \overline{a+n-1-N},\, a, \overline{a+1} \ldots N]\,,$$

3. in dem Fall der Totalgruppe

$$(13) \qquad (1,\, N) = [1,\, 2,\, \ldots N]$$

und 4. in dem Fall einer Gruppe bzw. Sequenz zu 1

$$(14) \qquad (h,\, 1) = [h]\,.$$

Den Formeln (13) und (14) zufolge stellen sich die irregulären Sequenzen stets als eine Reihe, niemals aber als zwei Reihen dar. Es ergibt sich daher, wenn man die Sequenzen überhaupt in die beiden Klassen der einreihigen und der zweireihigen einteilt, daß zu der ersten Klasse die irregulären Sequenzen und von den regulären diejenigen, welche die beiden Elemente Nr. 1 und N nicht gleichzeitig enthalten, zu der zweiten Klasse aber diejenigen regulären Sequenzen gehören, welche diese beiden Elemente gleichzeitig enthalten.

Es sei (bei einem gegebenen Vorrat von N Elementen) die Zahl der Sequenzen zu n, die sich überhaupt bilden lassen, mit s_n und die Zahl der einreihigen darunter mit t_n bezeichnet. Man hat offenbar, soweit $n < N$,

$$(15) \qquad s_n = N\,,$$

weil bei den regulären Sequenzen die Nummer des Anfangselements a, bei den Sequenzen zu 1 die Nummer des Einzelelements h N verschiedene Werte annehmen kann, und in dem Fall, wo $n = N$,

$$(16) \qquad s_N = 1\,.$$

Was aber t_n anlangt, so erhält man, da mit Rücksicht auf (6) hier nicht jeweils N, sondern bloß $N - n + 1$ verschiedene Werte von a in Betracht kommen:

$$(17) \qquad t_n = N - n + 1\,.$$

Bezeichnet man ferner mit S die Gesamtzahl der Sequenzen, die sich überhaupt bilden lassen, und mit T die Zahl der einreihigen darunter, so findet man unter Berücksichtigung der Formeln (15), (16) und (17):

$$(18) \qquad S = N\,(N - 1) + 1$$

und

$$(19) \qquad T = 1 + \sum_{1}^{N-1} {}_{n}\,(N - n + 1) = \frac{N\,(N + 1)}{2}$$

Dementsprechend ist die Zahl aller zweireihigen Sequenzen durch

$$(20) \qquad S - T = \frac{(N-1)(N-2)}{2}$$

gegeben.

Wenn $1 < n < N$, d. h. wenn es sich um reguläre Sequenzen handelt, befinden sich unter den N Sequenzen zu n auch inhaltsverwandte Sequenzen, d. h. solche, die sich zum Teil aus gleichen Elementen zusammensetzen. Man betrachte zwei inhaltsverwandte Sequenzen gleicher Länge (a, n) und (b, n), wobei $b > a$ und die Zahl der den beiden Sequenzen gemeinsam angehörenden Elemente gleich m gesetzt werden soll. Es empfiehlt sich bei der anzustellenden Betrachtung, die drei folgenden allein möglichen Fälle auseinanderzuhalten: A. Die beiden Sequenzen sind einreihig. B. Die Sequenz (a, n) ist einreihig, die Sequenz (b, n) zweireihig. C. Die beiden Sequenzen sind zweireihig. Es ist, mit Rücksicht auf Formel (7) und die Ungleichung $b > a$, ausgeschlossen, daß die Sequenz (a, n) zweireihig und gleichzeitig die Sequenz (b, n) einreihig ist.

Fall A.

Hier hat man

$$(21) \qquad b + n - 1 \leqq N,$$

und damit sich die beiden Sequenzen (a, n) und (b, n) als inhaltsverwandt erweisen, muß die Bedingung

$$(22) \qquad a + n - 1 \geqq b$$

erfüllt sein. Sollen aber die Sequenzen (a, n) und (b, n) m Elemente miteinander gemeinsam haben, so muß das Endelement der Sequenz (a, n) als m-tes Element der Sequenz (b, n) auftreten. Daher denn

$$a + n - 1 = b + m - 1$$

und folglich

$$(23) \qquad m = n - (b - a).$$

Die m gemeinsamen Elemente, für sich betrachtet, bilden eine Sequenz, nämlich die Sequenz (b, m).

Durch Zusammenlegung der beiden Sequenzen (a, n) und (b, n) entsteht eine neue Sequenz, die aus den Elementen Nr. $a, a + 1 \ldots$ $b + n - 1$ besteht. Die Zahl der in dieser Sequenz enthaltenen Elemente ist durch $b + n - a$ oder laut Formel (23) durch $2n - m$ gegeben. Der Ausdruck $2n - m$ leuchtet übrigens auch unmittelbar ein. Die betreffende durch Zusammenlegung entstehende Sequenz ist also die Sequenz $(a, 2n - m)$, die eine reguläre Sequenz ist, es sei denn, daß $a = 1$ und $b + n - 1 = N$ bzw. $b = 1 + N - n$, wo durch Zusammenlegung die Sequenz $(1, N)$, d. h. die Totalgruppe zustande kommt.

Fall B.

Es bestehen die Ungleichungen bzw. Gleichungen

$$(24) \qquad a + n - 1 \leqq N$$

und

$$(25) \qquad b + n - 1 > N.$$

Eine Inhaltsverwandtschaft zwischen den Sequenzen $(a,\,n)$ und $(b,\,n)$ kann nicht nur durch die Ungleichung bzw. Gleichung (22), sondern auch durch die Ungleichung bzw. Gleichung

$$(26) \qquad b + n - 1 - N \geqq a$$

herbeigeführt werden. Es kommen somit die folgenden drei Möglichkeiten in Betracht:

$$1. \quad a + n - 1 \geqq b \quad \text{und} \quad b + n - 1 - N < a$$
$$2. \quad a + n - 1 < b \quad \text{und} \quad b + n - 1 - N \geqq a$$
$$3. \quad a + n - 1 \geqq b \quad \text{und} \quad b + n - 1 - N \geqq a.$$

Zu 1. Die m gemeinsamen Elemente, für sich betrachtet, bilden wiederum die (einreihige) Sequenz $(b,\,m)$,

Zu 2. Die m gemeinsamen Elemente, für sich betrachtet, bilden die (einreihige) Sequenz $(a,\,m)$.

Zu 3. Die m gemeinsamen Elemente, für sich betrachtet, bilden zwei getrennte Sequenzen, und zwar, wenn man

$$(27) \qquad a + n - b = d$$

setzt, einerseits die Sequenz $(b,\,d)$ und andererseits die Sequenz $(a,\,m - d)$.

Was die Zahl der gemeinsamen Elemente (m) anlangt, so gilt im Fall B 1 Formel (23). Im Fall B 2 erhält man:

$$m = (b + n - 1 - N) - a + 1$$

oder

$$(28) \qquad m = b - a - (N - n)$$

und im Fall B 3

$$m = (a + n - 1) - b + 1 + (b + n - 1 - N) - a + 1$$

oder

$$(29) \qquad m = 2\,n - N.$$

Bezüglich der Zusammenlegung der beiden Sequenzen $(a,\,n)$ und $(b,\,n)$ ergibt sich folgendes:

Im Fall B 1 ist die durch Zusammenlegung von $(a,\,n)$ und $(b,\,n)$ entstehende Sequenz durch die beiden Nummernreihen

$$1,\,2 \ldots \overline{b + n - 1 - N}$$
$$\overline{a,\,a + 1 \ldots N}$$

dargestellt, und sie ist eine reguläre Sequenz, es sei denn, daß $(b + n - 1 - N) + 1 = a$, oder daß $b = a + N - n$, wo sich die Sequenz $(1, N)$ ergibt.

Im Fall B 2 ist die durch Zusammenlegung von (a, n) und (b, n) entstehende Sequenz durch die beiden Nummernreihen

$$1, 2 \ldots \overline{a + n - 1}$$
$$b, \overline{b + 1} \ldots N$$

dargestellt, und sie ist eine reguläre Sequenz, es sei denn, daß $(a + n - 1) + 1 = b$ oder daß $b = a + n$, wo sich die Sequenz $(1, N)$ ergibt.

Im Fall B 3 entsteht durch Zusammenlegung von (a, n) und (b, n) stets die Sequenz $(1, N)$, wie dies auch aus Formel (29) hervorgeht, weil ja die Zahl der Elemente, welche die durch Zusammenlegung entstehende Sequenz enthält, stets durch $2n - m$, somit in diesem Fall, laut Formel (29), durch N gegeben ist.

Fall C.

Es besteht neben der Ungleichung (25) die Ungleichung
$$(30) \qquad a + n - 1 > N,$$
und dementsprechend ist die Sequenz (a, n) durch die beiden Nummernreihen

$$1, 2 \ldots \overline{a + n - 1 - N}$$
$$a, \overline{a + 1} \ldots N$$

und die Sequenz (b, n) durch die beiden Nummernreihen

$$1, 2 \ldots \overline{b + n - 1 - N}$$
$$b, \overline{b + 1} \ldots N$$

dargestellt. Die den beiden Sequenzen gemeinsam angehörenden Elemente sind Nr. $1, 2 \ldots \overline{a + n - 1 - N}$ und $b, \overline{b + 1} \ldots N$. Sie bilden eine Sequenz, nämlich die Sequenz (b, m). Man erhält ferner: $m = a + n - 1 - N + N - b + 1$ oder in Übereinstimmung mit Formel (23): $m = n - (b - a)$. Schließlich ergibt hier die Zusammenlegung von (a, n) und (b, n) die durch die beiden Nummernreihen

$$1, 2 \ldots \overline{b + n - 1 - N}$$
$$a, \overline{a + 1} \ldots N$$

dargestellte zweireihige Sequenz, welche eine reguläre ist, es sei denn, daß $(b + n - 1 - N) + 1 = a$ oder daß $b = a + N - n$, wo sich die Sequenz $(1, N)$ ergibt.

Auf obige Betrachtungen über die Fälle A, B und C Bezug nehmend, kann man zwischen einseitiger und doppelseitiger Inhaltsverwandtschaft unterscheiden, je nachdem die den beiden Sequenzen (a, n) und (b, n) gemeinsam angehörenden m Elemente eine Sequenz oder zwei getrennte Sequenzen bilden. Eine doppelseitige Inhaltsverwandtschaft kommt nach dem Vorstehenden nur im Fall B 3 zustande, d. h. wenn die Sequenz (a, n) eine einreihige und die Sequenz (b, n) eine zweireihige ist und wenn gleichzeitig die beiden Formeln (22) und (26) zutreffen, d. h. wenn einerseits $b - a \leqq n - 1$ und andererseits $b - a \geqq N - n + 1$. Dies setzt voraus, daß $n - 1 \geqq N - n + 1$, oder daß

$$(31) \qquad\qquad N \leqq 2(n - 1)$$

bzw.

$$(32) \qquad\qquad n \geqq \tfrac{1}{2}(N + 2) \, .$$

Wenn also umgekehrt

$$(33) \qquad\qquad N > 2(n - 1)$$

bzw.

$$(34) \qquad\qquad n < \tfrac{1}{2}(N + 2) \, ,$$

so ist doppelseitige Inhaltsverwandtschaft ausgeschlossen. Man gelangt übrigens zu den Formeln (31) bis (34), auch wenn man von (29) ausgeht. Es liegt nämlich im Begriff der doppelseitigen Inhaltsverwandtschaft, daß $m \geqq 2$, woraus dann auf der Grundlage der Formel (29) und in Übereinstimmung mit der Formel (31) $2n - N \geqq 2$ folgt.

Es hat sich zugleich gezeigt, daß die Zusammenlegung einseitig inhaltsverwandter Sequenzen, abgesehen von den besonderen Fällen, die durch die Bedingungsgleichungen $b = 1 + N - n$, $b = a + N - n$ und $b = a + n$ charakterisiert sind, reguläre Sequenzen ergibt, während durch Zusammenlegung doppelseitig inhaltsverwandter Sequenzen stets die Sequenz $(1, N)$, d. h. die Totalgruppe zustande kommt.

Besteht zwischen den beiden Sequenzen (a, n) und (b, n) einseitige Inhaltsverwandtschaft, so gehört zu den m ihnen gemeinsamen Elementen nur je eines der Grenzelemente jeder Sequenz, und zwar sind das: in den Fällen A, B 1 und C das Endelement von (a, n) und das Anfangselement von (b, n) und im Fall B 2 das Anfangselement von (a, n) und das Endelement von (b, n). Man verabrede sich, diejenige der beiden Sequenzen (a, n) und (b, n), deren Endelement zu den gemeinsamen Elementen gehört, als vorgeordnete, und diejenige Sequenz, deren Anfangselement zu den gemeinsamen Elementen gehört, als nachgeordnete Sequenz zu bezeichnen. Demnach ist in den Fällen A, B 1 und C die Sequenz (a, n) die vorgeordnete, (b, n) die nachgeordnete, im Fall B 2 hingegen (b, n) die vorgeordnete und (a, n) die nachgeordnete.

Soweit eine doppelseitige Inhaltsverwandtschaft ausgeschlossen ist, kommen für eine Sequenz (a, n), deren Endelement, wie früher, mit Nr. z bezeichnet werden soll, $2(n-1)$ inhaltsverwandte Sequenzen in Betracht, von denen $n-1$ vorgeordnete und $n-1$ nachgeordnete sind. Denn was die vorgeordneten Sequenzen anlangt, so enthalten sie sämtlich das Element Nr. a, welches als zweites, drittes ... n-tes Element in der betreffenden Sequenz auftritt, während in allen nachgeordneten Sequenzen das Element Nr. z vorkommt, und zwar als erstes, zweites ... $n-1$-tes Element der betreffenden Sequenz. Dementsprechend gibt es unter den zugehörigen $2(n-1)$ inhaltsverwandten Sequenzen zu n je 2, für welche m (die Zahl der den beiden Sequenzen gemeinsamen Elemente) die Werte 1, 2 usw. bis $n-1$ annimmt.

Sind nun aber die Sequenzen (a, n) und (b, n) doppelseitig inhaltsverwandt, so gehören sowohl das Anfangs- wie das Endelement jeder dieser beiden Sequenzen zu den ihnen gemeinsamen Elementen. Hier fällt also die Einteilung der inhaltsverwandten Sequenzen in vorgeordnete und nachgeordnete weg. Was aber die Zahl der jeweils in Betracht kommenden doppelseitig inhaltsverwandten Sequenzen anlangt, so läßt sie sich aus den beiden Ungleichungen herleiten, die im obigen für den Fall B 3, d. h. für denjenigen Fall, der als einziger zur Entstehung einer doppelseitigen Inhaltsverwandtschaft Anlaß gibt, aufgestellt worden sind. Diesen Ungleichungen zufolge hat man:

$$N - n + a + 1 \leqq b \leqq a + n - 1,$$

so daß die Zahl der verschiedenen Werte, die b annehmen kann, durch

$$a + n - 1 - (N - n + a + 1) + 1,$$

somit durch $2n - N - 1$ ausgedrückt wird. Es gehören demnach hier zu jeder Sequenz (a, n) $2n - N - 1$ mit ihr doppelseitig inhaltsverwandte Sequenzen, die mit ihr laut Formel (29) die gleiche Zahl, nämlich $2n - N$ Elemente gemeinsam haben. Mit den übrigen Sequenzen, deren Zahl sich aus

$$N - 1 - (2n - N - 1)$$

zu $2(N - n)$ bestimmt, ist aber die Sequenz (a, n) einseitig inhaltsverwandt. Da man notwendigerweise $2n - m \leqq N$ hat, so ergibt sich die untere Grenze für m aus $m \geqq 2n - N$, während die obere Grenze $n - 1$ ist. Es kommen daher $n - 1 - (2n - N) + 1$, somit $N - n$ verschiedene Werte von m in Betracht, denen je zwei Sequenzen entsprechen. Daß es in dem Fall, wo die Bedingungen für die Entstehung einer doppelseitigen Inhaltsverwandtschaft zwischen Sequenzen zu n erfüllt sind, keine inhaltsfremden Sequenzen zu n geben kann, folgt aus Formel (31), derzufolge $2n \geqq N + 2$, somit $2n > N$, was soviel bedeutet, daß in diesem Fall zwei Sequenzen zu n nicht aus lauter verschiedenen Elementen bestehen können.

Die vorstehenden Ausführungen lassen sich wie folgt zusammenfassen. Solange die Bedingung $1 < n < \frac{1}{2}(N + 2)$ erfüllt ist, besteht zwischen einer beliebigen Sequenz (a, n) und $2(n - 1)$ Sequenzen aus der Zahl der anderen Sequenzen zu n einseitige Inhaltsverwandtschaft, wobei je 2 unter diesen $2(n - 1)$ Sequenzen 1 Element, $2, 3 \ldots n - 1$ Elemente mit der Sequenz (a, n) gemeinsam haben, während die übrigen $N - 2n + 1$ Sequenzen zu n mit der Sequenz (a, n) nicht inhaltsverwandt sind. Hat aber n einen Wert erreicht, welcher der Bedingung $N > n \geqq \frac{1}{2}(N + 2)$ entspricht, so ist eine beliebige Sequenz (a, n) mit $2n - N - 1$ Sequenzen aus der Zahl der anderen Sequenzen zu n doppelseitig und mit den übrigen $2(N - n)$ Sequenzen aus derselben Zahl einseitig inhaltsverwandt, wobei die Zahl der gemeinsamen Elemente im Falle der doppelseitigen Inhaltsverwandtschaft stets $2n - N$ beträgt, während es im Fall der einseitigen Inhaltsverwandtschaft je zwei unter den $2(N - n)$ Sequenzen gibt, die $2n - N, 2n - N + 1 \ldots n - 1$ Elemente mit der Sequenz (a, n) gemeinsam haben.

Betrachtet man für sich die einreihigen Sequenzen, welche ja nie doppelseitig miteinander inhaltsverwandt sein können, so findet man, daß für eine beliebige Sequenz (a, n) nur dann $n - 1$ vorgeordnete und $n - 1$ nachgeordnete (einseitig) inhaltsverwandte Sequenzen in Betracht kommen, wenn die beiden Bedingungen

$$(35) \qquad\qquad a - n + 1 \geqq 1$$

und

$$(36) \qquad\qquad a + 2n - 2 \leqq N$$

erfüllt sind. Ist hingegen

$$(37) \qquad\qquad a - n + 1 < 1$$

bzw.

$$(38) \qquad\qquad a + 2n - 2 > N,$$

so bleibt die Zahl der vorgeordneten bzw. der nachgeordneten inhaltsverwandten Sequenzen hinter $n - 1$ zurück.

Aus (37) folgt: $a < n$. Bei $a = 1$ kommen die vorgeordneten inhaltsverwandten Sequenzen ganz in Wegfall. Bei $1 < a < n$ ist ihre Zahl durch $a - 1$ gegeben. Davon haben je eine $n - a + 1, n - a + 2 \ldots n - 1$ Elemente mit der Sequenz (a, n) gemeinsam.

Aus (38) folgt: $a > N - 2n + 2$. Bei $a = N - n + 1$ kommen die nachgeordneten inhaltsverwandten Sequenzen ganz in Wegfall. Bei $N - n + 1 > a > N - 2n + 2$ ist ihre Zahl durch $N - n + 1 - a$ gegeben. Davon haben je eine $a + 2n - N - 1, a + 2n - N \ldots n - 1$ Elemente mit der Sequenz (a, n) gemeinsam.

§ 4. Die Iterationen.

Man nehme an, daß die gegebenen N Elemente von zweierlei Art sein können und bezeichne die Elemente der einen Art als A-Elemente, die der anderen als B-Elemente. Dementsprechend lassen sich unter den Sequenzen diejenigen, die aus gleichartigen Elementen, d. h. entweder ausschließlich aus A-Elementen oder ausschließlich aus B-Elementen bestehen, denjenigen, die aus verschiedenartigen Elementen, d. h. teilweise aus A-Elementen und teilweise aus B-Elementen bestehen, gegenüberstellen. Sequenzen, die lauter gleichartige Elemente enthalten, sollen Iterationen heißen, und je nachdem die betreffenden Elemente A- oder B-Elemente sind, möge von einer A-Iteration und einer B-Iteration die Rede sein. Die Zahl der Iterationen zu n (bei einem gegebenen Vorrat von N Elementen) sei mit i_n bezeichnet.

Eine Iteration, die mit keiner anderen Iteration von größerer Länge als sie selbst inhaltsverwandt ist, soll vollständige Iteration heißen. Somit ist die Sequenz $(1, N)$, wenn sie aus lauter gleichartigen Elementen besteht, eine vollständige Iteration. Eine Sequenz zu 1, die immer eine Iteration ist, erscheint der gegebenen Definition gemäß als vollständige Iteration in dem Fall, wenn die beiden Nachbarelemente, die dem sie bildenden Element zugeordnet sind, von anderer Art sind, als dieses Element. Was aber eine Iteration zu n bei $1 < n < N$ betrifft, so folgt aus obiger Definition, daß sie sich als vollständige Iteration dann charakterisieren läßt, wenn das ihrem Anfangselement vorgeordnete und das ihrem Endelement nachgeordnete Element von anderer Art sind, als sie selbst (wobei in dem besonderen Fall, wo $n = N - 1$, jenes vorgeordnete sich mit diesem nachgeordneten Element deckt). Eine Iteration, die keine vollständige ist, möge als unvollständige Iteration bezeichnet werden. Die Zahl der vollständigen Iterationen zu n sei v_n.

Beispiel. Es sei $N = 14$ und es seien die Elemente Nr. 1, 4, 5, 6, 8, 12, 13, 14 A-Elemente und die Elemente Nr. 2, 3, 7, 9, 10, 11 B-Elemente. Es ergibt sich demnach folgendes Schema:

Nr.	1	2	3	4	5	6	7	8	9	10	11	12	13	14
Art	A	B	B	A	A	A	B	A	B	B	B	A	A	A

Iterationen zu 1 gibt es 14, oder es ist $i_1 = 14$. Iterationen zu 2 sind: $[1, 14]$, $[2, 3]$, $[4, 5]$, $[5, 6]$, $[9, 10]$, $[10, 11]$, $[12, 13]$ und $[13, 14]$, somit $i_2 = 8$. Iterationen zu 3 sind: $[1, 13, 14]$, $[4, 5, 6]$, $[9, 10, 11]$ und $[12, 13, 14]$, somit $i_3 = 4$. Eine Iteration zu 4 ist $[1, 12, 13, 14]$, somit $i_4 = 1$.

Vollständige Iterationen zu 1 sind $[7]$ und $[8]$, somit $v_1 = 2$. Eine vollständige Iteration zu 2 ist $[2, 3]$, somit $v_2 = 1$. Vollständige Iterationen zu 3 sind [4, 5, 6] und [9, 10, 11], somit $v_3 = 2$. Eine vollständige Iteration zu 4 ist [1, 12, 13, 14], somit $v_4 = 1$.

Man bezeichne die Gesamtzahl der Iterationen mit I und die Gesamtzahl der vollständigen Iterationen mit V, so daß

$$(1) \qquad I = \sum_{1}^{N} {}_n\, i_n$$

und

$$(2) \qquad V = \sum_{1}^{N} {}_n\, v_n \, .$$

Sofern man von dem besonderen Fall, wo $v_N = 1$ und dementsprechend $V = 1$, absieht, ist nach dem Vorstehenden das Anfangselement bzw. das (einzige) Einzelelement jeder vollständigen Iteration aus der Zahl der V vollständigen Iterationen stets von anderer Art als das ihm vorgeordnete Element. Das Anfangs- bzw. Einzelelement einer vollständigen Iteration löst gewissermaßen die eine Art durch die andere ab und soll daher als ablösendes Element bezeichnet werden. Die Zahl der ablösenden Elemente unter den N Elementen oder die mit ihr identische Zahl der Ablösungen, d. h. der Fälle, in denen eine Art durch die andere abgelöst wird, sei A. Bei $v_N = 0$ hat man $A = V$ und bei $v_N = 1$ bzw. $V = 1$ ist $A = 0$. Daher gilt allgemein die Beziehung:

$$(3) \qquad A = V - v_N \, .$$

Wird nach der Zahl der Iterationen von bestimmter Länge oder der Iterationen überhaupt gefragt, so sind stets alle Iterationen der betreffenden Länge oder alle Iterationen überhaupt gemeint, die sich aus dem gegebenen Vorrat von N Elementen bilden lassen. Somit wird jedes der N Elemente zur Iterationenbildung verwendet, und zwar entweder ein einziges Mal, wenn es von anderer Art ist als die beiden ihm zugeordneten Nachbarelemente, wie auch in dem Fall, wo alle N Elemente von derselben Art sind, oder aber mehrere Male, wenn es von derselben Art ist wie eines der ihm zugeordneten Nachbarelemente bzw. wie diese beiden Elemente, aber der Art nach nicht mit den sämtlichen anderen $N - 1$ Elementen übereinstimmt. Bei einmaliger Verwendung ist die Iteration, in welche das betreffende Element eingeht, eine vollständige. Bei mehrmaliger Verwendung aber gibt es unter den verschiedenen Iterationen, in welche das betreffende Element eingeht, jeweils nur eine vollständige, weil ja diese verschiedenen Iterationen, da sie sämtlich das betreffende Element enthalten, miteinander inhaltsverwandt sind und nach der Definition des Begriffs einer vollständigen Iteration diejenige unter diesen inhaltsverwandten Iterationen als eine vollständige erscheint, welche durch die größte Länge ausgezeichnet ist, mithin als entstanden durch Zusammenlegung aller anderen inhaltsverwandten Iterationen, in die das betreffende Element eingeht, angesehen werden kann. Zwei inhaltsverwandte Iterationen von größter Länge kann es nicht geben. Denn durch deren Zusammenlegung würde eine neue Iteration von größerer Länge zustande kommen. Also nimmt jedes der N Elemente, ob es einmalig oder mehrmalig zur Iterationenbildung verwendet wird, stets an irgendeiner, und zwar nur an einer vollständigen Iteration teil. Hieraus folgt, daß die summierte Länge aller vollständigen Iterationen sich mit der Zahl der gegebenen Elemente (N) deckt. Dies findet seinen algebraischen Ausdruck in der identischen Gleichung:

$$(4) \qquad v_1 + 2\,v_2 + 3\,v_3 + \ldots + (N-1)\,v_{N-1} + N\,v_N = N \ .$$

Was aber die algebraische Beziehung zwischen den Zahlen i_n und v_n betrifft, so ergibt sie sich aus der Erwägung heraus, daß aus jeder vollständigen Iteration zu n, sofern $n < N$, sich 2 unvollständige Iterationen zu $n-1$, 3 zu $n-2$, 4 zu $n-3$ usw. bilden lassen und daß eine vollständige Iteration zu N je N unvollständige Iterationen zu $N-1$, zu $N-2$ usw. liefert. Man hat also, sofern $n < N$:

$$(5) \qquad i_n = v_n + 2\,v_{n+1} + 3\,v_{n+2} + \ldots + (N-n)\,v_{N-1} + N\,v_N \ .$$

Ersetzt man hierin n durch $n+1$, so findet man, sofern $n < N-1$:

$$(6) \quad i_{n+1} = v_{n+1} + 2\,v_{n+2} + 3\,v_{n+3} + \ldots + (N-n-1)\,v_{N-1} + N\,v_N \ ,$$

und zieht man (6) von (5) ab, so ergibt sich:

$$(7) \qquad i_n - i_{n+1} = v_n + v_{n+1} + v_{n+2} + \ldots + v_{N-1} \ .$$

Dadurch, daß man nunmehr in (7) n durch $n+1$ ersetzt, erhält man, sofern $n < N-2$:

$$(8) \qquad i_{n+1} - i_{n+2} = v_{n+1} + v_{n+2} + v_{n+3} + \ldots + v_{N-1} \ ,$$

und zieht man (8) von (7) ab, so kommt man auf die Beziehung

$$(9) \qquad v_n = i_n - 2\,i_{n+1} + i_{n+2} \ .$$

Diese Beziehung gilt jedoch, der Art ihrer Ableitung zufolge, nur bei $n+2 < N$ bzw. bei $n < N-2$. Für den Fall, wo $n \geqq N-2$, findet man leicht:

$$(10) \qquad v_{N-2} = i_{N-2} - 2\,i_{N-1} + N\,i_N \ ,$$

$$(11) \qquad v_{N-1} = i_{N-1} - N\,i_N \ ,$$

$$(12) \qquad v_N = i_N \ .$$

Formel (5) ergibt bei $n = 2$

$$(13) \qquad i_2 = v_2 + 2\,v_3 + 3\,v_4 + \ldots + (N-2)\,v_{N-1} + N\,v_N \ .$$

Zieht man (13) von (4) ab, so erhält man:

$$N - i_2 = v_1 + v_2 + v_3 + \ldots + v_{N-1} \ ,$$

woraus mit Rücksicht auf (2):

$$(14) \qquad V = N - i_2 + v_N$$

folgt. Je nachdem $v_N = 0$ oder $v_N = 1$, geht (14) in

$$(15) \qquad V = N - i_2$$

oder in

$$(16) \qquad V = 1$$

über, weil nämlich in dem Fall, wo $v_N = 1$, d. h. wo alle N Elemente von derselben Art sind, sämtliche Sequenzen zu 2, deren Zahl nach Formel (15) des § 3 gleich N ist, Iterationen sind.

Auf der Grundlage der Formeln (5) und (12) findet man:

$$i_1 = v_1 + 2\,v_2 + 3\,v_3 + \ldots + (N-1)\,v_{N-1} + N\,v_N$$
$$i_2 = v_2 + 2\,v_3 + 3\,v_4 + \ldots + (N-2)\,v_{N-1} + N\,v_N$$
$$i_3 = v_3 + 2\,v_4 + 3\,v_5 + \ldots + (N-3)\,v_{N-1} + N\,v_N$$
$$\cdots\cdots\cdots\cdots\cdots\cdots\cdots\cdots\cdots$$
$$i_{N-1} = v_{N-1} + N\,v_N$$
$$i_N = v_N\,,$$

woraus durch Summierung, mit Rücksicht auf (1), die Formel

$$(17) \quad I = v_1 + 3\,v_2 + 6\,v_3 + \ldots + \frac{N(N-1)}{2}\,v_{N-1} + (N^2 - N + 1)\,v_N$$

oder, anders geschrieben,

$$(18) \qquad I = (N^2 - N + 1)\,v_N + \sum_{1}^{N-1} n\binom{n+1}{2}\,v_n$$

entsteht. Letztere Formel geht, je nachdem $v_N = 0$ oder $v_N = 1$, in

$$(19) \qquad I = \sum_{1}^{N-1} n\binom{n+1}{2}\,v_n$$

oder, in Übereinstimmung mit Formel (18) des § 3, in

$$(20) \qquad I = N^2 - N + 1$$

über.

Die Iterationen zerfallen, wie die Sequenzen, in die beiden Klassen der einreihigen und der zweireihigen. Man wolle nunmehr die einreihigen Iterationen für sich betrachten. Es sei die Zahl der einreihigen Iterationen zu n mit j_n bezeichnet.

Eine einreihige Iteration, die mit keiner anderen einreihigen Iteration von größerer Länge als sie selbst inhaltsverwandt ist, soll einreihig-vollständige Iteration heißen. Im Gegensatz hierzu möge eine einreihige Iteration, die keine einreihig-vollständige Iteration ist, als **einreihig-unvollständige Iteration** bezeichnet werden. Die Zahl der einreihig-vollständigen Iterationen zu n sei w_n.

Eine Iteration zu N ist nach der gegebenen Definition eine einreihig-vollständige Iteration. Im übrigen, d. h. bei $n < N$, ist, dieser Definition entsprechend, eine einreihige Iteration als einreihig-vollständige Iteration anzusehen, wenn das ihrem Anfangs- bzw. Einzelelement vorgeordnete Element, sofern es niedriger ist als jenes, und das ihrem End- bzw. Einzelelement nachgeordnete Element, sofern es höher ist als jenes, von anderer Art sind als die Iteration selbst. Demnach liegt im Fall einer einreihigen Iteration mit dem Anfangs- bzw. Einzelelement Nr. 1 sowie im Fall einer einreihigen Iteration mit dem End- bzw. Einzelelement Nr. N eine einreihig-vollständige Iteration auch dann vor, wenn die beiden Elemente Nr. 1 und N von derselben Art sind, sofern nur im ersten Fall das dem End- bzw. Einzelelement der Iteration nachgeordnete und im zweiten Fall das ihrem Anfangs- bzw. Einzelelement vorgeordnete Element von anderer Art ist als die Iteration selbst.

Während also der Begriff der einreihigen Iteration enger ist als der Begriff der Iteration schlechthin und sich dementsprechend $j_n \leqq i_n$ ergeben muß, erweist sich der Begriff der einreihig-vollständigen Iteration teils als enger, teils als weiter (laxer) im Vergleich zu dem Begriff der vollständigen Iteration schlechthin, so daß sich sowohl $v_n < w_n$, wie $v_n = w_n$ wie auch $v_n > w_n$ herausstellen kann.

Im obigen Beispiel findet man $j_2 = 7$, $j_3 = 3$, $j_4 = 0$; $w_1 = 3$, weil [1] hinzukommt, $w_2 = 1$, $w_3 = 3$, weil [12, 13, 14] hinzukommt, und $w_4 = 0$, weil [1, 12, 13, 14] wegfällt.

Im allgemeinen läßt sich aber über die Beziehungen zwischen i_n und j_n sowie zwischen v_n und w_n folgendes aussagen.

Da es keine zweireihigen Iterationen zu 1 und zu N geben kann, so hat man zunächst in jedem Fall

$$(21) \qquad\qquad j_1 = i_1 \,,$$

und

$$(22) \qquad\qquad j_N = i_N \,.$$

Sodann findet man

$$(23) \qquad\qquad w_N = v_N \,,$$

weil es jeweils nur eine Iteration zu N geben kann und diese Iteration eine vollständige bzw. einreihig-vollständige ist. Liegt nun eine solche Iteration vor, so hat man $v_N = w_N = 1$ und im übrigen, d. h. für alle Werte von n, die kleiner als N sind, $v_n = w_n = 0$. Für i_n und j_n gelten aber hier die im § 3 für s_n und t_n angegebenen Formeln, nämlich die Formeln (15) und (17), so daß $j_n = i_n - n + 1$. Es soll nunmehr von diesem Sonderfall abgesehen, somit angenommen werden, daß $v_N = w_N = 0$.

Es ist klar, daß wenn die beiden Elemente Nr. 1 und N von verschiedener Art sind, zweireihige Iterationen ausgeschlossen sind und daß demnach in diesem Fall

$$(24) \qquad\qquad j_n = i_n$$

und

$$(25) \qquad\qquad w_n = v_n \,.$$

Sind hingegen die Elemente Nr. 1 und N von gleicher Art, so kommt es für die in Frage stehenden Beziehungen zwischen i_n und j_n sowie zwischen v_n und w_n auf die Länge und die Lage der vollständigen Iteration an, welche die beiden Elemente Nr. 1 und N enthält. Es sei die Länge dieser Iteration, die als **kritische Iteration** bezeichnet werden kann, λ, und es sei α die Zahl der in ihrer unteren und β die Zahl der in ihrer oberen Reihe enthaltenen Elemente, so daß

$$(26) \qquad\qquad \alpha + \beta = \lambda \,.$$

Diese beiden Reihen sind hiernach:

$$1, \ 2 \ldots \alpha$$
$$\overline{N - \beta + 1}, \quad \overline{N - \beta + 2} \ldots N \,,$$

und das auf die kritische Iteration hinweisende Symbol ist $(\overline{N - \beta + 1}, \lambda)$.

Die beiden Iterationen $(1, \alpha)$ und $(\overline{N - \beta + 1}, \beta)$ sind den obigen Definitionen gemäß keine vollständigen, wohl aber einreihig-vollständige Iterationen. Daher denn, sofern $\alpha \gtrless \beta$:

$$(27) \qquad\qquad w_\alpha = v_\alpha + 1 \,,$$

$$(28) \qquad\qquad w_\beta = v_\beta + 1 \,,$$

sofern $\alpha = \beta$:

$$(29) \qquad\qquad w_\alpha = v_\alpha + 2$$

und zugleich in jedem Fall:

$$(30) \qquad\qquad w_\lambda = v_\lambda - 1 \,,$$

während sich für alle Werte von n, die nicht α, β, λ sind,

$$(31) \qquad\qquad w_n = v_n$$

ergibt.

Um ferner über die Beziehungen, die bei Gleichartigkeit der Elemente Nr. 1 und N und bei $n < 1 < N$ zwischen i_n und j_n bestehen, ins klare zu kommen, empfiehlt es sich, die Formel

$$(32) \quad j_n = w_n + 2\,w_{n+1} + 3\,w_{n+2} + \ldots + (N - n)\,w_{N-1} + (N - n + 1)\,w_N$$

heranzuziehen, welche, bis auf den Koeffizienten beim letzten unter den Summanden auf der rechten Seite, der Formel (5) genau nachgebildet ist. Da der Fall, in welchem sämtliche N Elemente von derselben Art sind, jetzt von der Betrachtung ausgeschlossen ist (in diesem Fall käme keine zweireihige vollständige Iteration zustande), so ist in der Formel (5) $v_N = 0$ und in der Formel (32) $w_N = 0$ zu setzen, und man findet nach Maßgabe der beiden Formeln (5) und (32) sowie der Formeln (27) bis (31) in den hier zu unterscheidenden Fällen folgendes:

$$\text{I. } \alpha > \beta \, .$$

$$1. \quad n \leqq \beta \begin{cases} j_n = i_n + (\alpha - n + 1) + (\beta - n + 1) - (\lambda - n + 1) \\ j_n = i_n - n + 1 \, . \end{cases}$$

$$2. \quad \beta < n \leqq \alpha \begin{cases} j_n = i_n + (\alpha - n + 1) - (\lambda - n + 1) \\ j_n = i_n - \beta \, . \end{cases}$$

$$3. \quad \lambda \geqq n > \alpha \quad j_n = i_n - \lambda + n + 1 \, .$$

$$4. \quad n > \lambda \qquad j_n = i_n \, .$$

$$\text{II. } \alpha < \beta \, .$$

$$1. \quad n \leqq \alpha \qquad j_n = i_n - n + 1 \, .$$

$$2. \quad \alpha < n \leqq \beta \quad j_n = i_n - \alpha \, .$$

$$3. \quad \lambda \geqq n > \beta \quad j_n = i_n - \lambda + n - 1 \, .$$

$$4. \quad n > \lambda \qquad j_n = i_n \, .$$

$$\text{III. } \alpha = \beta \, .$$

$$1. \quad n \leqq \alpha \qquad j_n = i_n - n + 1 \, .$$

$$2. \quad \lambda \geqq n > \alpha \quad j_n = i_n - \alpha \, .$$

$$3. \quad n > \lambda \qquad j_n = i_n \, .$$

Man bezeichne die Gesamtzahl der einreihigen Iterationen mit J und die Gesamtzahl der einreihig-vollständigen Iterationen mit W, so daß

$$(33) \qquad J = \sum_{1}^{N} {}_n j_n \, ,$$

$$(34) \qquad W = \sum_{1}^{N} {}_n w_n \, .$$

In dem soeben unter I betrachteten Fall erhält man durch entsprechende Summierungen:

$$J = I - \frac{\beta (1 + \beta)}{2} + \beta - (\alpha - \beta) \beta - \frac{(\lambda - \alpha)(\lambda - \alpha + 1)}{2} \, ,$$

woraus sich vermöge der Substitution $\lambda - \alpha = \beta$

$$(35) \qquad J = I - \alpha \beta$$

ergibt. Dasselbe Ergebnis findet man im Fall II sowie im Fall III, wobei im letzteren Fall das Produkt $\alpha \beta$ sich als α^2 darstellen läßt. Formel (35) hat also allgemeine Gültigkeit, und sie hätte auch unmittelbar aus der Erwägung heraus gewonnen werden können, daß für die zweireihigen Iterationen, welche die kritische Iteration $(\overline{N-1+\beta},\ \lambda)$ liefert, diese selbst eingeschlossen, als Anfangselemente die β Elemente ihrer oberen Reihe und als Endelemente die α Elemente ihrer unteren Reihe in Betracht kommen und daß somit die Zahl dieser zweireihigen Iterationen durch das Produkt $\alpha\,\beta$ ausgedrückt wird.

Formel (35) bezieht sich auf den Fall, wo die beiden Elemente Nr. 1 und N von gleicher Art sind. Im entgegengesetzten Fall, d. h. bei Verschiedenartigkeit der beiden Elemente Nr. 1 und N erhält man der Formel (24) zufolge:

$$(36) \qquad J = I\ .$$

Um in diesem Zusammenhang auf den besonderen Fall, wo sämtliche N Elemente von derselben Art sind, zurückzukommen, so findet man hier in Übereinstimmung mit Formel (20) des § 3:

$$(37) \qquad J = I - \frac{(N-1)\,(N-2)}{2}\ .$$

Was ferner die Beziehung zwischen W und V anlangt, so besteht sie auf Grund der Formeln (25) und (27) bis (31) darin, daß bei Gleichartigkeit der beiden Elemente Nr. 1 und N

$$(38) \qquad W = V + 1\ ,$$

es sei denn, daß sämtliche N Elemente von derselben Art sind und sich dementsprechend $W = V = 1$ ergibt, und bei Verschiedenartigkeit der beiden Elemente Nr. 1 und N

$$(39) \qquad W = V\ .$$

Es entspricht einer Betrachtungsweise, die sich auf die einreihigen Iterationen beschränkt, ein Element erst dann als ablösendes anzusehen, wenn es, der Art nach von dem ihm vorgeordneten verschieden, eine höhere Nummer trägt als dieses. Hiernach hat, dieser Betrachtungsweise gemäß, das Element Nr. 1 in keinem Fall als ablösendes Element zu gelten. Die auf diese Weise sich ergebende Zahl der ablösenden Elemente oder die mit ihr identische Zahl der Ablösungen, die jetzt mit B bezeichnet werden mag, ist offenbar stets um 1 kleiner als die Zahl der einreihig-vollständigen Iterationen, was durch die Formel

$$(40) \qquad B = W - 1$$

ausgedrückt wird.

Es läßt sich weiterhin für die einreihig-vollständigen Iterationen die der Formel (4) analoge Formel

$$(41) \qquad w_1 + 2\,w_2 + 3\,w_3 + \ldots + (N-1)\,w_{N-1} + N\,w_N = N$$

aufstellen. Man findet zugleich, wenn man in (32) n durch $n + 1$ ersetzt:

$$(42) \quad j_{n+1} = w_{n+1} + 2w_{n+2} + 3w_{n+3} + \ldots + (N - n - 1)w_{N-1} + (N - n)w_N$$

Formel (32) gilt bei $n \leq N$ und Formel (42) bei $n \leq N - 1$. Zieht man (42) von (32) ab, so ergibt sich:

$$(43) \quad j_n - j_{n+1} = w_n + w_{n+1} + w_{n+2} + \ldots + w_{N-1} + w_N \,.$$

Dadurch, daß man nunmehr in (43) n durch $n + 1$ ersetzt, erhält man, sofern $n \leq N - 2$:

$$(44) \quad j_{n+1} - j_{n+2} = w_{n+1} + w_{n+2} + w_{n+3} + \ldots + w_{N-1} + w_N \,,$$

und zieht man (44) von (43) ab, so findet man:

$$(45) \quad w_n = j_n - 2\,j_{n+1} + j_{n+2} \,.$$

Diese Beziehung gilt bei $n \leq N - 2$. Für die beiden Fälle $n = N - 1$ und $n = N$ erhält man aber:

$$(46) \quad w_{N-1} = j_{N-1} - 2\,j_N \,,$$

$$(47) \quad w_N = j_N \,.$$

Bei $n = 2$ ergibt Formel (32):

$$(48) \quad j_2 = w_2 + 2\,w_3 + 3\,w_4 + \ldots + (N - 2)w_{N-1} + (N - 1)w_N \,.$$

Zieht man (48) von (41) ab, so erhält man:

$$N - j_2 = w_1 + w_2 + w_3 + \ldots + w_{N-1} + w_N \,,$$

woraus mit Rücksicht auf (34)

$$(49) \quad W = N - j_2$$

folgt. Letztere Formel führt in Verbindung mit Formel (14) zu der identischen Gleichung

$$(50) \quad W = V + i_2 - j_2 - v_N \,,$$

die, wie man sich leicht überzeugen kann, mit den früher gewonnenen Ergebnissen hinsichtlich der Beziehungen zwischen i_n und j_n und zwischen V und W im Einklang steht.

Es erübrigt noch, für J die den Formeln (17) bzw. (18) entsprechende Formel abzuleiten. Auf der Grundlage von (32) erhält man:

$$\begin{aligned}
j_1 \;\; &= w_1 + 2\,w_2 + 3\,w_3 + \ldots + (N - 1)\,w_{N-1} + N\,w_N \\
j_2 \;\; &= w_2 + 2\,w_3 + 3\,w_4 + \ldots + (N - 2)\,w_{N-1} + (N - 1)\,w_N \\
j_3 \;\; &= w_3 + 2\,w_4 + 3\,w_5 + \ldots + (N - 3)\,w_{N-1} + (N - 2)\,w_N \\
&\;\;\cdot\;\cdot\;\cdot\;\cdot\;\cdot\;\cdot\;\cdot\;\cdot\;\cdot\;\cdot\;\cdot\;\cdot\;\cdot\;\cdot\;\cdot\;\cdot\;\cdot\;\cdot \\
&\;\;\cdot\;\cdot\;\cdot\;\cdot\;\cdot\;\cdot\;\cdot\;\cdot\;\cdot\;\cdot\;\cdot\;\cdot\;\cdot\;\cdot\;\cdot\;\cdot\;\cdot\;\cdot \\
j_{N-1} &= w_{N-1} + 2\,w_N \\
j_N \;\; &= w_N \,.
\end{aligned}$$

Hieraus ergibt sich durch Summierung:

$$(51) \quad J = w_1 + 3\,w_2 + 6\,w_3 + \ldots + \frac{N(N-1)}{2}\,w_{N-1} + \frac{N(N+1)}{2}\,w_N$$

oder, anders geschrieben,

$$(52) \qquad J = \sum_{n=1}^{N} \binom{n+1}{2}\,w_n\,.$$

In dem besonderen Fall, wo sämtliche N Elemente von derselben Art sind und demgemäß $w_1 = w_2 = \ldots = w_{N-1} = 0$, $w_N = 1$, deckt sich Formel (51) bzw. (52) mit Formel (19) des § 3.

Zweites Kapitel.

Grundsätzliches aus der Wahrscheinlichkeitstheorie.

§ 1. Die mathematische Erwartung und der mittlere Fehler.

Allen Vergleichen zwischen den Vorausberechnungen der Wahrscheinlichkeitstheorie und den Ergebnissen der Erfahrung liegt der Begriff der mathematischen Erwartung zugrunde, und ergänzend kommt hierbei der Begriff des mittleren Fehlers hinzu. Diese beiden Begriffe beziehen sich auf zufällige Größen, d. h. auf solche Größen, die unter dem Einfluß des Zufalls verschiedene Werte annehmen können, und zwar derart, daß jedem möglichen Wert eine bestimmte Wahrscheinlichkeit zukommt.

Als mathematische Erwartung einer zufälligen Größe wird die Summe aller aus ihren möglichen Werten und den zugehörigen Wahrscheinlichkeiten gebildeten Produkte bezeichnet. Ist x eine zufällige Größe, $\mathfrak{E}(x)$ ihre mathematische Erwartung, m die Zahl ihrer möglichen Werte, a_i ein beliebiger dieser Werte und π_i die ihm zukommende Wahrscheinlichkeit, so besteht der gegebenen Definition gemäß die Beziehung

$$(1) \qquad \mathfrak{E}(x) = \sum_{i=1}^{m} \pi_i\,a_i\,.$$

Man hat zugleich, da x keine anderen als die m Werte a_i annehmen kann:

$$(2) \qquad \sum_{i=1}^{m} \pi_i = 1\,.$$

Es sei c eine im wahrscheinlichkeitstheoretischen Sinne konstante, d. h. vom Zufall unabhängige Größe. Da die aus x und c additiv zusammengesetzte Größe $x + c$ einen der m verschiedenen Werte $a_i + c$, jeweils mit der Wahrscheinlichkeit π_i, annimmt, so ist

$$\mathfrak{E}(x + c) = \sum_1^m {}^i \pi_i (a_i + c),$$

woraus sich, mit Rücksicht auf (1) und (2)

(3) $$\mathfrak{E}(x + c) = \mathfrak{E}(x) + c$$

ergibt. Man findet auch:

(4) $$\mathfrak{E}(c\, x) = c\, \mathfrak{E}(x).$$

Ist aber neben x eine andere Größe y gegeben, die n verschiedene Werte b_j annehmen kann, wobei einem Wert b_j die Wahrscheinlichkeit ϱ_j entspricht, so ist

(5) $$\mathfrak{E}(y) = \sum_1^n {}^j \varrho_j\, b_j ,$$

und es läßt sich beweisen, daß

(6) $$\mathfrak{E}(x + y) = \mathfrak{E}(x) + \mathfrak{E}(y).$$

Zum Zweck des Beweises führe man eine neue Größe $\omega_{i,j}$ ein, welche die Wahrscheinlichkeit des Zusammentreffens der beiden Werte a_i und b_j ausdrücken soll. Demgemäß hat man:

$$\mathfrak{E}(x + y) = \sum_1^m {}^i \sum_1^n {}^j \omega_{i,j} (a_i + b_j),$$

oder auch, da es für das Resultat der Summierung gleichgültig ist, in welcher Reihenfolge sie vorgenommen wird:

(7) $$\mathfrak{E}(x + y) = \sum_1^m {}^i \sum_1^n {}^j \omega_{i,j}\, a_i + \sum_1^n {}^j \sum_1^m {}^i \omega_{i,j}\, b_j .$$

Aber nach dem Satz von der Addition der Wahrscheinlichkeiten bestehen die Beziehungen:

$$\sum_1^n {}^j \omega_{i,j} = \pi_i , \qquad \sum_1^m {}^i \omega_{i,j} = \varrho_j .$$

Daher geht (7) in

$$\mathfrak{E}(x + y) = \sum_1^m {}^j \pi_i\, a_i + \sum_1^n {}^i \varrho_j\, b_j$$

(6) über, woraus mit Rücksicht auf (1) und (5) die zu beweisende Formel folgt.

Es ist von Wichtigkeit, daß Formel (6), wie es obige Beweisführung klar hervortreten läßt, auch dann gilt, wenn die beiden Größen x und y nicht unabhängig voneinander sind, d. h. wenn die Wahrscheinlichkeit der einen der beiden Größen, einen bestimmten Wert anzunehmen, durch den Umstand beeinflußt wird, welchen Wert die andere annimmt[1]).

Der durch Formel (6) ausgedrückte Satz läßt sich leicht auf den Fall einer beliebigen Anzahl von Größen ausdehnen. Tritt nämlich zu den beiden Größen x und y eine dritte Größe z hinzu und wird nach der mathematischen Erwartung der Summe $x + y + z$ gefragt, so findet man sie in der Weise, daß man $x + y$ zunächst als eine Größe behandelt und demgemäß der Formel (6) zufolge

$$\mathfrak{E}(x + y + z) = \mathfrak{E}(x + y) + \mathfrak{E}(z)$$

setzt, um alsdann unter abermaliger Anwendung der Formel (6) zu

$$(8) \qquad \mathfrak{E}(x + y + z) = \mathfrak{E}(x) + \mathfrak{E}(y) + \mathfrak{E}(z)$$

zu gelangen. Dieses Verfahren kann offenbar beliebig fortgesetzt werden, und so gilt denn ganz allgemein der Satz: Die mathematische Erwartung einer Summe zufälliger Größen ist gleich der Summe der mathematischen Erwartungen dieser Größen[2]). Dabei kann unter „Summe" nicht bloß eine arithmetische, sondern ganz allgemein eine algebraische Summe verstanden werden, weil ja Formel (6), der Art ihrer Ableitung zufolge, an die Voraussetzung nicht gebunden ist, daß a_i und b_j positiv seien.

----

[1]) Czuber (I, S. 75) macht hierauf mit Recht aufmerksam. Er beweist aber den in Frage stehenden Additionssatz nur für den Fall von unabhängigen Größen. Dabei spricht Czuber, wie es auch sonst häufig geschieht, nicht von mathematischen Erwartungen, sondern von „Mittelwerten". Es dürfte sich meines Erachtens empfehlen, dem Ausdruck „Mittelwert" seinen rein-arithmetischen bzw. statistischen Sinn zu belassen und ihn nicht zur Bezeichnung des wahrscheinlichkeitstheoretischen bzw. stochastischen Begriffs der mathematischen Erwartung mitzuverwenden. Von Mittelwerten (valeurs moyennes) spricht in demselben Sinne wie Czuber auch L. Bachelier (Calcul des probabilités, Tome I, Paris 1912, S. 8ff.). Dabei betrachtet er den durch Formel (6) ausgedrückten Satz als „eine unmittelbare Folge der Definition" (S. 12), somit als eines Beweises nicht bedürftig (!). Vgl. Bachelier, Le jeu, la chance et le hasard, Paris 1914, S. 58.

[2]) Markoff (S. 50—51, russisch S. 56—58) leitet diesen Satz direkt für eine beliebige Anzahl von Summanden ab, und zwar, im Unterschied von Czuber, ohne den Fall der gegenseitigen Abhängigkeit zwischen den Summanden auszuschließen. Nebenbei bemerkt, lautet der in Frage stehende Satz in der deutschen Übersetzung des Markoffschen Lehrbuchs: „Die mathematische Hoffnung der Summe ist gleich der Summe der addierten mathematischen Hoffnungen." Es müßte aber heißen: „Die mathematische Hoffnung der Summe ist gleich der Summe der mathematischen Hoffnungen der Addenden." Auch sonst bietet die deutsche Ausgabe Beispiele dafür, daß der Übersetzer das Russische nur unvollkommen beherrscht. Die Unzweideutigkeit der Formulierungen, die einen wesentlichen Vorzug des Originals bildet, geht der deutschen Ausgabe zum Teil ab.

Als mathematische Erwartung des Produkts $x\,y$ erhält man

$$\mathfrak{E}(x\,y) = \sum_{1}^{m}{}^{i} \sum_{1}^{n}{}^{j}\, \omega_{i,j}\, a_i\, b_j\,,$$

und man sieht sofort ein, daß nur in dem Fall, wo die beiden Größen x und y unabhängig voneinander sind, die Beziehung

$$(9) \qquad\qquad \mathfrak{E}(x\,y) = \mathfrak{E}(x)\,\mathfrak{E}(y)$$

notwendig besteht, weil man nämlich in diesem Fall

$$(10) \qquad\qquad \omega_{i,j} = \pi_i\,\varrho_j$$

hat und dementsprechend

$$\sum_{1}^{m}{}^{i} \sum_{1}^{n}{}^{j}\, \omega_{i,j}\, a_i\, b_j = \sum_{1}^{m}{}^{i} \sum_{1}^{n}{}^{j}\, \pi_i\, a_i\, \varrho_j\, b_j = \sum_{1}^{m}{}^{i}\, \pi_i\, a_i \cdot \sum_{1}^{n}{}^{j}\, \varrho_j\, b_j$$

erhält. Demnach ist die mathematische Erwartung des Produkts zweier voneinander unabhängigen zufälligen Größen gleich dem Produkt ihrer mathematischen Erwartungen. Auch dieser Satz kann auf den Fall beliebig vieler Größen ausgedehnt werden.

Die Differenz zwischen einer zufälligen Größe x und ihrer mathematischen Erwartung $\mathfrak{E}(x)$ soll im folgenden die zufällige Abweichung der betreffenden Größe genannt und mit u bezeichnet werden. Führt man noch die abkürzende Bezeichnung

$$(11) \qquad\qquad \mathfrak{E}(x^r) = \alpha_r$$

ein, so ist:

$$(12) \qquad\qquad u = x - \alpha_1.$$

Unter dem mittleren Fehler einer zufälligen Größe wird die positiv genommene Quadratwurzel aus der mathematischen Erwartung des Quadrats ihrer zufälligen Abweichung verstanden. Bezeichnet man den mittleren Fehler von x mit $\mathfrak{M}(x)$, so hat man der gegebenen Definition gemäß:

$$(13) \qquad\qquad \mathfrak{M}(x) = \sqrt{\mathfrak{E}(u^2)}$$

oder

$$(14) \qquad\qquad \mathfrak{M}^2(x) = \mathfrak{E}(u^2).$$

Aus (12) erhält man:

$$u^2 = x^2 - 2\,x\,\alpha_1 + \alpha_1^2\,,$$

somit den Formeln (3), (4) und (6) zufolge:

$$\mathfrak{E}(u^2) = \mathfrak{E}(x^2) - 2\,\alpha_1\,\mathfrak{E}(x) + \alpha_1^2\,,$$

oder mit Rücksicht auf (11) und (14):

$$(15) \qquad\qquad \mathfrak{M}^2(x) = \mathfrak{E}(x^2) - \mathfrak{E}^2(x)$$

bzw.

$$16) \qquad\qquad \mathfrak{M}^2(x) = \alpha_2 - \alpha_1^2\,.$$

Zu demselben Ergebnis gelangt man, wenn man von

$$\mathfrak{M}(x) = \sqrt{\sum_1^m \pi_i (a_i - \alpha_1)^2}$$

ausgeht und von der Zerlegung

$$\pi_i (a_i - \alpha_1)^2 = \pi_i a_i^2 - 2 \alpha_1 \pi_i a_i + \pi_i \alpha_1^2$$

Gebrauch macht.

Der mittlere Fehler einer Größe $x + c$, wo $c = \mathrm{const.}$, ist mit dem mittleren Fehler der Größe x identisch. Denn aus

$$\mathfrak{M}^2(x + c) = \mathfrak{E}\left[\{(x + c) - (\alpha_1 + c)\}^2\right]$$

folgt

$$(17) \qquad \mathfrak{M}^2(x + c) = \mathfrak{M}^2(x).$$

Der mittlere Fehler einer Größe $c\,x$, wo $c = \mathrm{const.}$, beträgt das c-fache des mittleren Fehlers der Größe x. Denn aus

$$\mathfrak{M}^2(c\,x) = \mathfrak{E}\{(c\,x - c\,\alpha_1)^2\}$$

folgt

$$(18) \qquad \mathfrak{M}^2(c\,x) = c^2 \mathfrak{M}^2(x).$$

Der mittlere Fehler der Summe einer beliebigen Anzahl zufälliger Größen $x, y, z \ldots$ bestimmt sich in der Voraussetzung, daß diese Größen unabhängig voneinander sind, wie folgt. Man setze nach Analogie mit (11) und (12):

$$\mathfrak{E}(y^r) = \beta_r, \qquad \mathfrak{E}(z^r) = \gamma_r \ldots$$
$$y - \beta_1 = v, \qquad z - \gamma_1 = w \ldots$$

Dementsprechend hat man:

$$(19) \qquad \mathfrak{E}(x + y + z + \ldots) = \alpha_1 + \beta_1 + \gamma_1 + \ldots$$

und zugleich

$$(20) \qquad \mathfrak{E}(u) = \mathfrak{E}(v) = \mathfrak{E}(w) = \ldots = 0.$$

Es läßt sich leicht zeigen, daß auch

$$(21) \qquad \mathfrak{E}(u\,v) = \mathfrak{E}(u\,w) = \mathfrak{E}(v\,w) = \ldots = 0.$$

Aus

$$u\,v = (x - \alpha_1)(y - \beta_1) = x\,y - \alpha_1 y - \beta_1 x + \alpha_1 \beta_1$$

erhält man nämlich auf Grund der Formeln (3), (4), (8) und (9):

$$\mathfrak{E}(u\,v) = \alpha_1 \beta_1 - \alpha_1 \beta_1 - \alpha_1 \beta_1 + \alpha_1 \beta_1 = 0,$$

und man gelangt zu demselben Ergebnis auch für die Produkte $u\,w$, $v\,w \ldots$ Nun hat man aber der Definition des mittleren Fehlers zufolge:

$$\mathfrak{M}^2(x + y + z + \ldots) = \mathfrak{E}\{(x + y + z + \ldots - \alpha_1 - \beta_1 - \gamma_1 - \ldots)^2\}.$$

Hieraus ergibt sich zunächst:

$$\mathfrak{M}^2(x + y + z + \ldots) = \mathfrak{E}\{(u + v + w + \ldots)^2\},$$

sodann:

$$\mathfrak{M}^2(x + y + z + \ldots) = \mathfrak{E}(u^2 + v^2 + w^2 + \ldots + 2uv + 2uw + 2vw + \ldots)$$

und schließlich wegen (21):

$$\mathfrak{M}^2(x + y + z + \ldots) = \mathfrak{E}(u^2) + \mathfrak{E}(v^2) + \mathfrak{E}(w^2) + \ldots$$

oder, anders geschrieben:

$$(22) \qquad \mathfrak{M}^2(x + y + z + \ldots) = \mathfrak{M}^2(x) + \mathfrak{M}^2(y) + \mathfrak{M}^2(z) + \ldots$$

Der mittlere Fehler einer Summe zufälliger Größen, die voneinander unabhängig sind, ist also gleich der Quadratwurzel aus der Summe der zum Quadrat erhobenen mittleren Fehler dieser Größen.

Dieser Satz findet auch auf den Spezialfall Anwendung, wo $x, y, z \ldots$ (von einander unabhängige) Einzelwerte irgend einer statistischen Größe sind. Bezeichnet man einen beliebigen dieser Werte mit ξ_h und ihre Anzahl mit s, so hat man:

$$(23) \qquad x + y + z + \ldots = \sum_{1}^{s} {}_{h}\, \xi_h \, ;$$

nimmt man ferner an, daß die mathematische Erwartung und der mittlere Fehler aller Werte ξ_h die gleichen sind und setzt man

$$(24) \qquad \mathfrak{E}(\xi_h) = \alpha \, ,$$

$$(25) \qquad \mathfrak{M}(\xi_h) = \mu$$

und außerdem

$$(26) \qquad \frac{1}{s} \sum_{1}^{s} {}_{h}\, \xi_h = \xi_0 \, ,$$

so findet man den Formeln (4) und (6) zufolge:

$$(27) \qquad \mathfrak{E}(\xi_0) = \alpha$$

und den Formeln (18) und (22) zufolge:

$$(28) \qquad \mathfrak{M}(\xi_0) = \frac{\mu}{\sqrt{s}} \, .$$

Die Größe ξ_0 stellt aber das arithmetische Mittel der s Einzelwerte ξ_h dar. Formel (28) besagt demnach, daß unter den gemachten Voraussetzungen der mittlere Fehler eines arithmetischen Mittels der Quadratwurzel aus der Zahl der Einzelwerte, aus denen das Mittel gebildet ist, umgekehrt proportional ist und folglich mit zunehmender Zahl der betreffenden Einzelwerte ad infinitum abnimmt. Es ist also um so eher zu erwarten, daß sich ξ_0 nur wenig von α unterscheidet, je größer s ist. Um den stochastischen Zusammenhang zwischen dem absoluten Betrag der Differenz $\xi_0 - \alpha$, wofür $|\xi_0 - \alpha|$ geschrieben werden soll, und s genauer zu erfassen, ist auf Formel (1) zurückzugreifen.

Diese Formel kann mit Rücksicht auf (11) als

$$(29) \qquad \alpha_1 = \sum_1^m {}^i \, \pi_i \, a_i$$

dargestellt werden. Es sei t eine beliebige positive Zahl, die größer als 1 ist, und es sei mit W_t die Wahrscheinlichkeit bezeichnet, daß x nicht größer als $t \, \alpha_1$ ist. Man nehme ferner an, daß alle Werte a_i positiv sind und fasse sie zu zwei Gruppen zusammen, indem man der ersten dieser beiden Gruppen diejenigen Werte a_i, die nicht größer, und der zweiten diejenigen, die größer als $t \, \alpha_1$ sind, zuweist, wobei vorläufig angenommen werden soll, daß mindestens einer unter den Werten a_i in die zweite Gruppe fällt. In die erste Gruppe muß aber mindestens einer unter den Werten a_i fallen, da sonst (29) nicht bestehen könnte (weil ja $t > 1$). Nach dem für Wahrscheinlichkeiten sich gegenseitig ausschließender Ereignisse geltenden Additionssatz ist die Summe der zugehörigen Wahrscheinlichkeiten π_i in der ersten Gruppe gleich W_t, in der zweiten gleich $1 - W_t$. Daher findet man, wenn man auf der rechten Seite von (29) alle Werte a_i, die nicht größer als $t \, \alpha_1$ sind, durch 0 und alle Werte, die größer als $t \, \alpha_1$ sind, durch $t \, \alpha_1$ ersetzt und 0 bzw. $t \, \alpha_1$ ausklammert, den Ausdruck

$$W_t \cdot 0 + (1 - W_t) \, t \, \alpha_1 .$$

Dieser Ausdruck ist aber notwendig kleiner als α_1. Somit ist

$$(1 - W_t) \, t \, \alpha_1 < \alpha_1$$

und folglich

$$(30) \qquad W_t > 1 - \frac{1}{t} \, .$$

Diese Ungleichung gilt aber auch in dem von der bisherigen Betrachtung ausgeschlossen gewesenen Fall, wo kein einziger unter den Werten a_i größer als $t \, \alpha_1$ ist. Denn in diesem Fall hat man: $W_t = 1$.

Nach Formel (30), die zuerst von Markoff aufgestellt worden ist, und daher als Markoffs Ungleichung bezeichnet werden möge, ist die Wahrscheinlichkeit für eine positive zufällige Größe, das t-fache ihrer mathematischen Erwartung nicht zu überschreiten, größer als

$$1 - \frac{1}{t} \; {}^3) .$$

---

[3]) Markoff, S. 54—56. Hier wird der in Frage stehende Satz als „Lemma" bezeichnet, weil er im Sinne des Verfassers nur dazu dienen soll, die Ungleichung von Tschebyscheff zu beweisen. Man kann aber Markoffs Ungleichung auch als eine Verallgemeinerung der Ungleichung von Tschebyscheff ansehen. Im übrigen gilt Markoffs Ungleichung mutatis mutandis für einen beliebigen arithmetischen Durchschnitt. Handelt es sich z. B. um 6 Bände, die durchschnittlich 500 Seiten stark sind, so ist es ausgeschlossen, daß der Umfang von je 1500 ($= 3 \cdot 500$) Seiten von 2 ($= \frac{1}{3} \cdot 6$) oder mehr Bänden unter diesen 6 überschritten

Dieser Satz läßt sich ohne weiteres auf den Fall anwenden, wo sich die betreffende zufällige Größe als Quadrat der zufälligen Abweichung, somit als $(x - \alpha_1)^2$, darstellt. Hiernach ist die Wahrscheinlichkeit, daß

$$(31) \qquad (x - \alpha_1)^2 \leqq t\, \mathfrak{M}^2(x),$$

größer als $1 - \dfrac{1}{t}$, und zwar gilt dies ohne die Einschränkung, daß die Werte a_i positiv seien. Es genügt vielmehr, daß keiner dieser Werte imaginär sei; denn ist diese Bedingung erfüllt, so sind alle möglichen Werte von $(x - \alpha_1)^2$, d. h. alle Werte $(a_i - \alpha_1)^2$ positiv, worauf es hier allein ankommt. Vermöge der Substitution $t = v^2$ geht (31) in

$$(32) \qquad (x - \alpha_1)^2 \leqq v^2\, \mathfrak{M}^2(x)$$

über. Aus (32) folgt aber

$$(33) \qquad |\, x - \alpha_1 \,| \leqq v\, \mathfrak{M}(x),$$

wenn $v > 0$. Die Wahrscheinlichkeit, daß eine zufällige Abweichung ihrem absoluten Betrag nach das v-fache des mittleren Fehlers der betreffenden zufälligen Größe nicht überschreitet, ist also größer als $1 - \dfrac{1}{v^2}$ [4]).

In dem besonderen Fall, wo die in Frage stehende zufällige Größe das arithmetische Mittel ξ_0 ist, findet man nunmehr nach Maßgabe von (27) und (28), daß die Wahrscheinlichkeit der Beziehung

$$(34) \qquad |\, \xi_0 - \alpha \,| \leqq \frac{v\,\mu}{\sqrt{s}}$$

größer als $1 - \dfrac{1}{v^2}$ ist. Darin kommt eben der gesuchte stochastische Zusammenhang zwischen $|\, \xi_0 - \alpha \,|$ und s zum Ausdruck.

---

wird. Denn 2 Bände zu 1500 Seiten würden 3000, d. h. so viele Seiten ergeben, wie die 6 Bände ihrer zusammen enthalten. Liegen, allgemein gesprochen, N Größen vor, deren arithmetischer Durchschnitt D ist, so bilden diejenigen unter ihnen, die vD übertreffen, wo $v > 1$, einen kleineren Bruchteil von N als $\dfrac{1}{v}$, und dementsprechend ist die Zahl derjenigen unter den N Größen, die kleiner oder höchstens gleich vD sind, größer als $\left(1 - \dfrac{1}{v}\right) N$.

[4]) Um die Ungleichung von Tschebyscheff zu erhalten, braucht man nur in Formel (33) x durch die Summe $x + y + z + \ldots$, dementsprechend α_1 durch $\alpha_1 + \beta_1 + \gamma_1 + \ldots$ und $\mathfrak{M}(x)$ zunächst durch $\mathfrak{M}(x + y + z + \ldots)$, sodann, mit Rücksicht auf (16) und (22), durch $\sqrt{\alpha_2 + \beta_2 + \gamma_2 + \ldots - \alpha_1^2 - \beta_1^2 - \gamma_1^2 - \ldots}$ zu ersetzen. Vgl. P. L. de Tchébycheff, Des valeurs moyennes. Journal de mathématiques pures et appliquées, publié par J. Liouville, Tome XII. Paris 1867, S. 177—184; Markoff, S. 56—58 und Czuber I, S. 233—235.

Mit Rücksicht auf spätere Darlegungen soll hier noch gezeigt werden, in welcher Weise die mathematische Erwartung und der mittlere Fehler des reziproken Wertes von x und der Quadratwurzel aus x auf der Grundlage der mathematischen Erwartung und des mittleren Fehlers von x näherungsweise bestimmt werden können.

Man hat zunächst:

$$(35) \qquad \mathfrak{E}\left(\frac{1}{x}\right) = \sum_{1}^{m}{}_i \frac{\pi_i}{a_i} \ .$$

Sodann erhält man, wenn man $a_i - \alpha_1 = \varepsilon_i$ setzt:

$$\frac{1}{a_i} = \frac{1}{\alpha_1 + \varepsilon_i} = \frac{1}{\alpha_1}\left(1 - \frac{\varepsilon_i}{\alpha_1} + \frac{\varepsilon_i^2}{\alpha_1^2} - \ldots\right),$$

somit

$$(36) \qquad \mathfrak{E}\left(\frac{1}{x}\right) = \frac{1}{\alpha_1}\left(1 - \sum_{1}^{m}{}_i \frac{\pi_i\,\varepsilon_i}{\alpha_1} + \sum_{1}^{m}{}_i \frac{\pi_i\,\varepsilon_i^2}{\alpha_1^2} - \ldots\right)$$

und, soweit die dritten und höheren Potenzen von $\dfrac{\varepsilon_i}{\alpha_1}$ vernachlässigt werden können, als Näherungsformel:

$$(37) \qquad \mathfrak{E}\left(\frac{1}{x}\right) = \frac{1}{\alpha_1}\left(1 - \sum_{1}^{m}{}_i \frac{\pi_i\,\varepsilon_i}{\alpha_1} + \sum_{1}^{m}{}_i \frac{\pi_i\,\varepsilon_i^2}{\alpha_1^2}\right).$$

Nun bestehen aber der Formel (29) und der Definition des Begriffs des mittleren Fehlers zufolge die Beziehungen

$$(38) \qquad \sum_{1}^{m}{}_i \pi_i\,\varepsilon_i = 0 \,,$$

und

$$(39) \qquad \sum_{1}^{m}{}_i \pi_i\,\varepsilon_i^2 = \mathfrak{M}^2(x) \ .$$

So geht denn schließlich (37) unter Mitberücksichtigung von (11) in

$$(40) \qquad \mathfrak{E}\left(\frac{1}{x}\right) = \frac{1}{\mathfrak{E}(x)} + \frac{\mathfrak{M}^2(x)}{\mathfrak{E}^3(x)}$$

über[5]).

Um $\mathfrak{M}\left(\dfrac{1}{x}\right)$ zu finden, hat man von

$$(41) \qquad \mathfrak{M}^2\left(\frac{1}{x}\right) = \mathfrak{E}\left(\frac{1}{x^2}\right) - \mathfrak{E}^2\left(\frac{1}{x}\right)$$

---

[5]) Vgl. mein Referat „Über die Zeitfolge zufälliger Ereignisse" im Bulletin de l'Institut international de Statistique, Tome XX, 2e livraison, S. 63, wo die allgemeinere Näherungsformel, aus der sich Formel (40) direkt herleiten läßt, gegeben ist.

auszugehen. Alsdann erhält man:

$$\mathfrak{E}\left(\frac{1}{x^2}\right) = \sum_{1}^{m}{}_i \frac{\pi_i}{a_i^2}\,,$$

$$\frac{1}{a_i^2} = \frac{1}{(\alpha_1 + \varepsilon_i)^2} = \frac{1}{\alpha_1^2}\left(1 - \frac{2\,\varepsilon_i}{\alpha_1} + \frac{3\,\varepsilon_i^2}{\alpha_1^2} - \ldots\right),$$

$$\mathfrak{E}\left(\frac{1}{x^2}\right) = \frac{1}{\alpha_1^2}\left(1 - 2\sum_{1}^{m}{}_i \frac{\pi_i\,\varepsilon_i}{\alpha_1} + 3\sum_{1}^{m}{}_i \frac{\pi_i\,\varepsilon_i^2}{\alpha_1^2} - \ldots\right)$$

und, wenn man die abkürzende Bezeichnung

$$(42) \qquad\qquad \sum_{1}^{m}{}_i \frac{\pi_i\,\varepsilon_i^r}{\alpha_1^r} = \sigma_r$$

einführt und zugleich berücksichtigt, daß $\sigma_1 = 0$:

$$(43) \qquad\qquad \mathfrak{E}\left(\frac{1}{x^2}\right) = \frac{1}{\alpha_1^2}\,(1 + 3\,\sigma_2 - 4\,\sigma_3 + \ldots)\,.$$

Aus (36) findet man aber:

$$(44) \qquad\qquad \mathfrak{E}^2\left(\frac{1}{x}\right) = \frac{1}{\alpha_1^2}\,(1 + 2\,\sigma_2 - 2\,\sigma_3 + \ldots)\,,$$

so daß sich, indem man (44) von (43) abzieht und die Glieder, welche σ_2^2 sowie σ_3, $\sigma_4 \ldots$ enthalten, vernachlässigt

$$\mathfrak{E}\left(\frac{1}{x^2}\right) - \mathfrak{E}^2\left(\frac{1}{x}\right) = \frac{\sigma_2}{\alpha_1^2}$$

ergibt, welch letztere Formel wegen (41) und (42) sich auch als

$$(45) \qquad\qquad \mathfrak{M}^2\left(\frac{1}{x}\right) = \frac{\mathfrak{M}^2(x)}{\mathfrak{E}^4(x)}$$

darstellen läßt[6]).

---

[6]) Formel (45) stellt einen Spezialfall einer allgemeineren Näherungsformel dar, die neuerdings von G. Bohlmann („Formulierung und Begründung zweier Hilfssätze der mathematischen Statistik" in den Mathematischen Annalen, 74. Bd., 1913, S. 341—409) auf die ihr zugrunde liegenden Voraussetzungen und ihre Anwendbarkeit hin sehr eingehend untersucht worden ist. Diese Formel kommt aber für eine elementare Darstellung, wie sie im Text geboten wird, ebensowenig in Betracht wie die Formel, auf welche in der Fußnote 5 hingewiesen worden ist.

In ganz ähnlicher Weise lassen sich die mathematische Erwartung und der mittlere Fehler von $\sqrt{x}$ näherungsweise bestimmen. Hier hat man:

$$\mathfrak{E}(\sqrt{x}) = \sum_i^m \pi_i \sqrt{a_i}\,,$$

$$\sqrt{a_i} = \sqrt{\alpha_1 + \varepsilon_i} + \sqrt{\alpha_1}\left(1 + \frac{\varepsilon_i}{2\,\alpha_1} - \frac{\varepsilon_i^2}{8\,\alpha_1^2} + \cdots\right),$$

$$\mathfrak{E}(\sqrt{x}) = \sqrt{\alpha_1}\left(1 + \sum_i^m \frac{\pi_i\,\varepsilon_i}{2\,\alpha_1} - \sum_i^m \frac{\pi_i\,\varepsilon_i^2}{8\,\alpha_1^2} + \cdots\right).$$

somit näherungsweise:

$$(46) \qquad \mathfrak{E}(\sqrt{x}) = \sqrt{\mathfrak{E}(x)} - \frac{\mathfrak{M}^2(x)}{8\,\mathfrak{E}(x)\,\sqrt{\mathfrak{E}(x)}}$$

und

$$(47) \qquad \mathfrak{M}^2(\sqrt{x}) = \frac{\mathfrak{M}^2(x)}{4\,\mathfrak{E}(x)}\,.$$

In Ergänzung obiger Darlegungen möge auf die **Modifikation** hingewiesen werden, welche die Begriffe der mathematischen Erwartung und des mittleren Fehlers dadurch erfahren, daß nicht alle möglichen Werte der betreffenden zufälligen Größe x, sondern nur einige dieser Werte in Betracht gezogen werden. Es seien dies die Werte $a_1, a_2 \ldots a_\mu$, während die Werte $a_{\mu+1}, a_{\mu+2} \ldots a_m$ unberücksichtigt bleiben sollen, und es seien $\mathfrak{E}_I(x)$ die mathematische Erwartung und $\mathfrak{M}_I(x)$ der mittlere Fehler von x, die der Voraussetzung entsprechen, daß x einen der Werte $a_1, a_2 \ldots a_\mu$ annimmt. Den Unterschied zwischen $\mathfrak{E}(x)$ und $\mathfrak{M}(x)$ einerseits und $\mathfrak{E}_I(x)$ und $\mathfrak{M}_I(x)$ andererseits kann man in der Weise zum Ausdruck bringen, daß man $\mathfrak{E}(x)$ und $\mathfrak{M}(x)$ als die **unbedingte** mathematische Erwartung und den **unbedingten** mittleren Fehler von x, $\mathfrak{E}_I(x)$ und $\mathfrak{M}_I(x)$ aber als die **bedingte** mathematische Erwartung und den **bedingten** mittleren Fehler von x bezeichnet[7]). In der Voraussetzung, daß x einen der Werte $a_1, a_2 \ldots a_\mu$ annimmt, ist die Wahrscheinlichkeit, daß $x = a_i$, bei $i \leqq \mu$ durch

$$(48) \qquad \pi_i' = \frac{\pi_i}{\sum\limits_1^\mu{}_i \pi_i}$$

---

[7]) Meiner Unterscheidung zwischen einer „unbedingten" und einer „bedingten" mathematischen Erwartung entspricht bei L. Bachelier (Calcul des probabilités, Tome I, Paris 1912, S. 8—9) die Unterscheidung zwischen „valeur moyenne absolue" und „valeur moyenne relative". Vgl. Fußnote 1.

gegeben (π_i' ist eine sogenannte „relative" Wahrscheinlichkeit), und demgemäß hat man

$$(49) \qquad \mathfrak{E}_I(x) = \sum_{1}^{\mu} {}_i \, \pi_i' \, a_i$$

und

$$(50) \qquad \mathfrak{M}_I^2(x) = \sum_{1}^{\mu} {}_i \, \pi_i' \, \{a_i - \mathfrak{E}_I(x)\}^2 \; .$$

Setzt man noch

$$\sum_{1}^{\mu} {}_i \, \pi_i' \, a_i^2 = \mathfrak{E}_I(x^2)$$

und berücksichtigt man, daß der Formel (48) zufolge

$$(51) \qquad \sum_{1}^{\mu} {}_i \, \pi_i' = 1 \; ,$$

so erhält man aus (49) und (50)

$$(52) \qquad \mathfrak{M}_I^2(x) = \mathfrak{E}_I(x^2) - \mathfrak{E}_I^2(x) \; .$$

Mit Rücksicht auf die vollständige Analogie, die zwischen den Formeln (49), (50) und (52) einerseits und den Formeln (1), (2) und (15) andererseits besteht, lassen sich alle auf letzteren Formeln fußenden vorstehenden Ausführungen mutatis mutandis auf den Fall einer bedingten mathematischen Erwartung und eines bedingten mittleren Fehlers übertragen.

Setzt man

$$(53) \qquad \sum_{1}^{\mu} {}_i \, \pi_i = \Pi_I \; , \qquad\qquad \sum_{\mu+1}^{m} {}_i \, \pi_i = \Pi_{II}$$

und, den Formeln (48), und (49) entsprechend,

$$(54) \qquad \pi_i'' = \frac{\pi_i}{\displaystyle\sum_{\mu+1}^{m} {}_i \, \pi_i}$$

und

$$(55) \qquad \mathfrak{E}_{II}(x) = \sum_{\mu+1}^{m} {}_i \, \pi_i'' \, a_i \; ,$$

so findet man

$$(56) \qquad \mathfrak{E}(x) = \Pi_I \, \mathfrak{E}_I(x) + \Pi_{II} \, \mathfrak{E}_{II}(x) \; .$$

Die Koeffizienten Π_I und Π_{II} stellen die Wahrscheinlichkeiten von zwei sich gegenseitig ausschließenden Voraussetzungen dar, wobei $\Pi_I + \Pi_{II} = 1$. Die in der Formel (56) zum Ausdruck kommende Regel, derzufolge die unbedingte mathematische Erwartung einer zufälligen Größe gleich ist der aus den bedingten mathematischen Erwartungen dieser Größe und den Wahrscheinlichkeiten der ent sprechenden Voraussetzungen gebildeten Produkte, gilt auch in dem Fall, wo es sich um mehr als zwei bedingte mathematische Erwartungen handelt, wenn sich nur die entsprechenden Voraussetzungen gegenseitig ausschließen und wenn die Summe ihrer Wahrscheinlichkeiten gleich 1 ist.

§ 2. Das Bernoullische Theorem und das Gesetz der großen Zahlen.

Das Bernoullische Theorem bezieht sich auf den Fall wiederholter Versuche, bei denen für das Eintreten eines bestimmten Erfolges (oder „Ereignisses“) die gleiche Wahrscheinlichkeit besteht. Bezeichnet man die Zahl der Versuche (die „Versuchszahl“) mit s, die Wahrscheinlichkeit des in Frage stehenden Ereignisses mit p und die Zahl der Versuche, in denen das Ereignis eintrifft (die „Ereigniszahl“) mit x, so läßt sich das Bernoullische Theorem wie folgt formulieren: Die Versuchszahl (s) kann so groß gemacht werden, daß die Wahrscheinlichkeit für das Verhältnis $\dfrac{x}{s}$, zwischen den Grenzen $p - \delta$ und $p + \delta$, wo δ eine beliebig kleine positive Größe ist, enthalten zu sein, dem Wert 1, somit der Gewißheit, beliebig nahe kommt[1]).

---

[1]) Diese Formulierung unterscheidet sich nur äußerlich von der Bernoullischen (Bernoulli, S. 236 und 237—238). Ersetzt man nämlich in letzterer $\dfrac{r}{t}$ durch p, $\dfrac{1}{t}$ durch δ und c durch $\dfrac{W}{1 - W}$, wobei W die Wahrscheinlichkeit der Beziehung $\left|\dfrac{x}{s} - p\right| \leq \delta$ bedeutet, so kommt man auf die im Text gegebene Formulierung. Ganz ähnlich wie bei mir lautet das Bernoullische Theorem in der Wiedergabe Poissons (S. 136—137) und Markoffs (S. 33, russisch S. 38, wobei es jedoch in der deutschen Übersetzung falsch heißt: „für je zwei von ihnen gesondert“ statt „für sie alle im einzelnen“). Czuber hingegen subsumiert unter den Begriff des Bernoullischen Theorems neben dem eigentlichen Bernoullischen Theorem mehrere andere Sätze (I, S. 139—140). Er sucht dies mit dem Hinweis auf den Sprachgebrauch der „neueren Literatur“ zu rechtfertigen. Es trifft allerdings zu, daß als Bernoullisches Theorem bald diese, bald jene Aussage bezeichnet wird. Aber soll man deshalb eine ganze Folge solcher Aussagen mit dem Namen „Bernoullisches Theorem“ überdecken? Dazu kommt, daß der erste unter den Sätzen, aus denen Czuber das Bernoullische Theorem bestehen läßt, ungenau formuliert ist. Czuber sagt: „Wenn über zwei entgegengesetzte Ereignisse E und $\overline{E}$, deren Wahrscheinlichkeiten p und q konstant sind, s Versuche angestellt werden, so ist unter allen möglichen Ergebnissen dasjenige am wahrscheinlichsten, in welchem das Verhältnis $m : n$ der Wiederholungszahlen von E und $\overline{E}$ dem Verhältnis $p : q$ ihrer Wahrscheinlichkeiten gleich oder am nächsten ist.“ Es sei $p = \frac{1}{6}$, $q = \frac{5}{6}$. Bei $s = 4$ ist das wahrscheinlichste Ergebnis: $m = 0$, $n = 4$ und nicht $m = 1$, $n = 3$, weil $(\frac{5}{6})^4 > 4 \cdot \frac{1}{6} \cdot (\frac{5}{6})^3$, obschon $\frac{1}{3} - \frac{1}{5} < \frac{1}{5}$; und bei $s = 1000$ ist das wahrscheinlichste Ergebnis: $m = 166$, $n = 834$ und nicht $m = 167$, $n = 833$, obschon $\frac{167}{833} - \frac{1}{5} < \frac{1}{5} - \frac{166}{834}$. Vgl. Czuber I, S. 133.

Da die in Frage stehende Beziehung

$$(1) \qquad \left| \frac{x}{s} - p \right| \leqq \delta$$

der Beziehung

$$| x - s\,p | \leqq s\,\delta$$

oder auch den Beziehungen

$$(2) \qquad s\,p - s\,\delta \leqq x < s\,p + s\,\delta$$

äquivalent ist, so ist die Wahrscheinlichkeit von (1) bzw. von (2), die mit W bezeichnet werden möge, unmittelbar durch

$$(3) \qquad W = \sum_{x=s\,p-s\delta}^{s\,p+s\delta} \binom{s}{x} p^x q^{s-x}$$

gegeben, wo $q = 1 - p$ und wo man sich $s\,p$ und $s\,\delta$ als ganze Zahlen zu denken hat[2]).

Bernoulli faßt denn auch das Verhältnis

$$(4) \qquad c = \frac{\displaystyle\sum_{x=s\,p-s\delta}^{s\,p+s\delta} \binom{s}{x} p^x q^{s-x}}{\displaystyle\sum_{x=0}^{s\,p-s\delta-1} \binom{s}{x} p^x q^{s-x} + \sum_{x=s\,p+s\delta+1}^{s} \binom{s}{x} p^x q^{s-x}}$$

ins Auge und weist nach, daß c bei entsprechend großem s jeden gegebenen Wert übertrifft. Dieser Nachweis gestaltet sich ziemlich mühsam und hat **Bernoulli**, wie er selbst berichtet (S. 227), zwanzig Jahre hindurch beschäftigt. Steht es aber einmal fest, daß c mit zunehmendem s unbegrenzt zunimmt, so bedeutet es soviel, daß die Wahrscheinlichkeit der Beziehung (1), d. h. W mit zunehmendem s der Einheit zustrebt, weil ja

$$\sum_{x=0}^{s} \binom{s}{x} p^x q^{s-x} = 1$$

und folglich wegen (3) und (4) $\quad c = \dfrac{W}{1-W}\quad$ bzw. $\quad W = \dfrac{1}{1 + \dfrac{1}{c}}$.

---

[2]) Formel (3) ist in **Bernoullis** Darlegungen implicite enthalten (S. 237, vgl. S. 44—45), worauf der Übersetzer und Kommentator der „Ars conjectandi", R. **Haussner**, mit Recht hinweist (Ostwalds Klassiker der exakten Wissenschaften, Nr. 107 und 108: Wahrscheinlichkeitsrechnung von Jakob Bernoulli, Nr. 108, S. 157—158). Aber die durch Formel (3) ausgedrückte Beziehung kann nicht unzutreffender charakterisiert werden, als wenn man sie, wie es **Haussner** tut, eine „Umkehrung des Bernoullischen Theorems" nennt. Sie bildet vielmehr die Grundlage des Bernoullischen Theorems. Nicht minder verfehlt ist **Haussners** Behauptung, daß in den Lehrbüchern der Wahrscheinlichkeitsrechnung unter dem Bernoullischen Theorem gewöhnlich die durch Formel (3) ausgedrückte Beziehung verstanden wird.

Ein anderer Beweis des Bernoullischen Theorems, der von Laplace herrührt, läuft darauf hinaus, daß die in (3) auftretende Summe durch einen bestimmten analytischen Ausdruck approximiert wird, der nur von einem Argument abhängt und aus dessen Struktur zu ersehen ist, daß er wegen einer einfachen Beziehung, die zwischen dem betreffenden Argument und der Versuchszahl (s) besteht, durch Vergrößerung der letzteren der Einheit beliebig nahe gebracht werden kann. Das in Frage stehende Argument, welches mit γ bezeichnet werden möge, ergibt sich nämlich aus

$$(5) \qquad \gamma = \delta \sqrt{\frac{s}{2\,p\,q}} \,,$$

und der betreffende analytische Ausdruck selbst, der als $\Phi(\gamma)$ dargestellt werden soll, wobei also näherungsweise

$$(6) \qquad W = \Phi(\gamma)$$

gesetzt wird, ist so beschaffen, daß er mit zunehmendem γ der Einheit zustrebt.

Von einer näheren Betrachtung des Ausdrucks $\Phi(\gamma)$, weil sie im Rahmen der elementaren Mathematik nicht möglich ist, muß hier Abstand genommen werden. Die numerischen Werte von $\Phi(\gamma)$ finden sich, tabellarisch zusammengestellt, anhangsweise in allen Lehrbüchern der Wahrscheinlichkeitstheorie. Die Näherungsformel (6) liefert um so genauere Resultate, je größer s bzw. $s\,p\,q$ ist, und ist nicht mehr anwendbar, wenn $s\,p\,q$ etwa unter 20 herabsinkt[3]).

Ein dritter und letzter ist der von Tschebyscheff gegebene Beweis des Bernoullischen Theorems[4]). Es ist wie folgt konstruiert: Unter Anwendung der in § 1 gebrauchten Bezeichnungen läßt sich in dem von Bernoulli betrachteten Fall zunächst die Ereigniszahl x bei einer Versuchszahl s als

$$(7) \qquad x = \sum_{1}^{s} {}_{h}\,\xi_h$$

darstellen, worin ξ_h angibt, wie viele Male das in Frage stehende Ereignis beim h-ten Versuch unter den s Versuchen eintrifft. Offenbar kann ξ_h nur die beiden Werte 1 und 0 annehmen, und weil dem ersten

---

[3]) Wird die Bezeichnung „Bernoullisches Theorem" manchmal auf Formel (6) als solche, statt auf die aus ihr sich ergebende Konsequenz, daß W mit steigendem s der Einheit zustrebt, angewandt (siehe z. B. A. Meyer, Vorlesungen über Wahrscheinlichkeitsrechnung, deutsch bearbeitet von E. Czuber, Leipzig 1878, S. 97; vgl. S. 105), so ist das freilich nicht korrekt, aber doch insofern entschuldbar, als die in Frage stehende Konsequenz unmittelbar einleuchtet und demnach der Laplacesche Beweis des Bernoullischen Theorems mit der Aufstellung der Formel (6) so gut wie abgeschlossen ist.

[4]) Dieser Beweis findet sich am Schluß der in § 1, Fußnote 4 zitierten Abhandlung Tschebyscheffs.

dieser beiden Werte die Wahrscheinlichkeit p und dem zweiten die Wahrscheinlichkeit q zukommt, so hat man:

$$(8) \qquad \mathfrak{E}(\xi_h) = \mathfrak{E}(\xi_h{}^2) = p \cdot 1 + q \cdot 0 = p$$

und folglich nach Formel (15) des § 1:

$$(9) \qquad \mathfrak{M}^2(\xi_h) = p - p^2 = p\,q\,.$$

Man erhält sodann, den Formeln (24) bis (28) und (34) des § 1 zufolge: $\xi_0 = \dfrac{x}{s}$, $\alpha = p$, $\mu = \sqrt{p\,q}$ und

$$(10) \qquad \left| \frac{x}{s} - p \right| \leqq v \sqrt{\frac{p\,q}{s}}$$

oder entsprechend der Formel (1)

$$(11) \qquad \delta = v \sqrt{\frac{p\,q}{s}}\,.$$

Die Wahrscheinlichkeit der Beziehung (10) ist aber, wie in § 1 gezeigt worden ist, größer als $1 - \dfrac{1}{v^2}$, und da aus (11)

$$(12) \qquad v = \delta \sqrt{\frac{s}{p\,q}}$$

folgt, so findet man schließlich, daß bei gegebenen Werten von p, q und δ die Wahrscheinlichkeit $1 - \dfrac{1}{v^2}$ der Einheit beliebig nahe gebracht werden kann, wenn man s entsprechend groß wählt[5]).

---

[5]) Man sieht, daß es mit Hilfe der Begriffe der mathematischen Erwartung und des mittleren Fehlers und der an diesen Begriffen orientierten Tschebyscheffschen Ungleichung (§ 1, Fußnote 4) ein leichtes ist, das Bernoullische Theorem in elementarer Weise abzuleiten. Die umständlichen kombinatorischen Rechnungen Bernoullis sind hierzu gar nicht erforderlich. Freilich gewährt die Bernoullische Beweisführung einen genaueren Einblick in die Abhängigkeit der Wahrscheinlichkeit W von der Versuchszahl s. Allein für Bernoulli kam es bei seinem Theorem lediglich darauf an, zu zeigen, daß sich W mit steigendem s der Einheit nähert bzw. daß der Quotient $\dfrac{W}{1 - W}$ mit steigendem s unbegrenzt anwächst. Seine Fragestellung war: „an vero problema, ut sic dicam, suam habeat asymptoton; h. e. an detur quidam certitudinis gradus quem nunquam excedere liceat, utcunque multiplicentur observationes" (S. 225), und von diesem Standpunkt aus gesehen, leistet der Tschebyscheffsche Beweis sogar noch mehr als der Bernoullische, da er an keine Voraussetzungen bezüglich der Beschaffenheit der Größe p gebunden ist. Bernoullis Darlegungen sind nämlich auf den Fall eingestellt, wo p eine rationale Größe ist, während der Beweis Tschebyscheffs auf die Fälle mitanwendbar ist, wo p eine irrationale, namentlich eine transzendente Größe ist, wie dies bei geometrischen Wahrscheinlichkeiten und auch sonst vorkommt. Siehe Czuber I, S. 95ff.; Markoff, S. 164ff. Vgl. meine Schrift: „Die radioaktive Strahlung als Gegenstand wahrscheinlichkeitstheoretischer Untersuchungen", Berlin 1913, S. 5—6.

Um zu diesem Resultat zu kommen, kann man übrigens, statt an Formel (34) des § 1, an die allgemeinere Formel (33) desselben Paragraphen anknüpfen, ohne dadurch die Beweisführung merklich zu verlängern. Man erhält nämlich aus (8) auf Grund der Formel (6) des § 1:

$$(13) \qquad \mathfrak{E}(x) = s\,p$$

und aus (9) auf Grund der Formel (22) des § 1:

$$(14) \qquad \mathfrak{M}^2(x) = s\,p\,q\,.$$

Daher ist die Wahrscheinlichkeit der Beziehung

$$(15) \qquad |\,x - s\,p\,| \leqq v\,\sqrt{s\,p\,q}$$

größer als $1 - \dfrac{1}{v^2}$. Die Beziehung (15) ist aber der Beziehung (10) äquivalent.

Im engsten Zusammenhang mit dem Bernoullischen Theorem steht das Gesetz der großen Zahlen. Dieser Ausdruck ist von Poisson geprägt worden und diente ihm zur Bezeichnung eines bestimmten Verhaltens der statistischen Zahlen. Dabei berücksichtigte Poisson zwei Arten von statistischen Zahlen: die „Häufigkeiten" und die Mittelwerte (arithmetische Mittel). Um jedoch die Darstellung nicht zu komplizieren, will ich im folgenden von den Mittelwerten absehen. Die prinzipielle Seite der Frage, was unter dem Gesetz der großen Zahlen verstanden werden soll, wird dadurch in keiner Weise tangiert. Als Häufigkeit soll das Verhältnis einer Ereigniszahl zu der zugehörigen Versuchszahl bezeichnet werden $\left(\dfrac{x}{s}\right)$ [6]).

Poisson stellt nun die Behauptung auf, daß wenn sehr beträchtliche Zahlen irgend welcher Ereignisse, die von gewissen sich gleichbleibenden und zugleich von gewissen ganz regellos, bald in diesem, bald in jenem Sinne, wechselnden Ursachen abhängen, in verschiedenen Zeiträumen beobachtet werden, die auf die einzelnen Zeiträume entfallenden Ereigniszahlen x, x', x'' ... und die zugehörigen Versuchs- bzw. Beobachtungszahlen s, s', s'' ... Häufigkeiten ergeben, die einander nahezu gleich sind. Das so charakterisierte Verhalten der Häufigkeiten, welches man mit Poisson auf die Form

$$(16) \qquad \frac{x}{s} = \frac{x'}{s'} = \frac{x''}{s''} = \ldots$$

---

[6]) Übrigens läßt sich jede Häufigkeit auch als Mittelwert darstellen (wie dies z. B. beim Tschebyscheffschen Beweis des Bernoullischen Theorems geschieht), wodurch die von Poisson gemachte Unterscheidung von zwei Arten von statistischen Zahlen aufgehoben würde.

bringen kann, wenn man die kleinen Differenzen zwischen den betreffenden Quotienten vernachlässigt, stellt eben das Gesetz der großen Zahlen in seinem Sinne dar[7]).

Vom Standpunkte Poissons aus gesehen, würde sich das Gesetz der großen Zahlen ohne weiteres aus dem Bernoullischen Theorem ergeben, wenn man bei Anwendungen der Wahrscheinlichkeitsrechnung auf die verschiedenen Gebiete des physischen und geistigen Geschehens berechtigt wäre, anzunehmen, daß die Wahrscheinlichkeit des jeweilig in Frage stehenden Ereignisses für jeden der in Betracht kommenden Versuche bzw. für jede der in Betracht kommenden Beobachtungen die gleiche ist, oder, um es mit einem heute gebräuchlichen Ausdruck deutlicher zu sagen, daß sie den Charakter einer Elementarwahrscheinlichkeit hat. Denn aus der Tatsache, daß bei entsprechend großen Werten von s, s', s'' ... jede der Häufigkeiten $\dfrac{x}{s}$, $\dfrac{x'}{s'}$, $\dfrac{x''}{s''}$ ... sich wenig von p unterscheidet, würde unmittelbar folgen, daß diese Häufigkeiten sich voneinander wenig unterscheiden[8]).

Das Schema der Elementarwahrscheinlichkeit trifft aber Poisson zufolge auf das wirkliche Geschehen kaum jemals zu. Zumeist ändere sich die betreffende Wahrscheinlichkeit von einem· Versuch zum anderen, und in der Mehrzahl der Fälle gehe dieser Wandel laut der vorhin gegebenen Formulierung des Gesetzes der großen Zahlen „ganz regellos" vor sich. Dies wird dahin präzisiert, daß die Wahrscheinlichkeit des betreffenden Ereignisses verschiedene Werte p_1, p_2 ... p_n annimmt, und zwar unter dem Einfluß des Zufalls, der bei jedem Versuch von neuem entscheidet, welcher der n Werte in Wirksamkeit treten soll. Einem jeden Wert p_k kommt hiernach eine bestimmte Wahrscheinlichkeit zu.

---

[7]) Poisson, S. 7—8, 137—138, 139, 143. Vgl. meine Abhandlung „Kritische Betrachtungen zur theoretischen Statistik", 1. Artikel, in den Jahrbüchern für Nationalökonomie und Statistik, 3. Folge, Bd. VIII, 1894, S. 641 ff.

[8]) Ich sehe im Text davon ab, daß ein wahrscheinlichkeitstheoretisches Ergebnis als solches noch nichts über das wirkliche Geschehen aussagt. Dieses Sachverhalts ist sich nämlich Poisson, auf dessen Standpunkt ich mich im Text stelle, gar nicht bewußt. Czuber macht mit Recht darauf aufmerksam (I, S. 189). Ob und wie sich das Bernoullische Theorem, um mit Czuber zu reden, von dem Boden der Theorie auf den Boden der Erfahrung übertragen läßt (I, S. 155), bildet ein Problem für sich, das die Kompetenz der reinen Mathematik offenbar überschreitet. Von der Schwierigkeit dieses Problems zeugt u. a. die Tatsache, daß selbst Czuber in seiner Stellung dazu noch immer bis zu einem gewissen Grade schwankt. Man vergleiche: I, 2. Auflage, S. 136, 2. Absatz von oben, mit I, 3. Auflage, S. 154, letzter Absatz. Noch größer als zwischen der 2. und 3. Auflage ist in dieser Beziehung der Abstand zwischen der 1. und 2. Auflage. Siehe Wahrscheinlichkeitsrechnung, 1903, S. 100 und 137.

Bezeichnet man sie mit g_k, so hat man:

$$(17) \qquad \sum_{1}^{n} {}_k\, g_k = 1 \, ,$$

und setzt man

$$(18) \qquad \sum_{1}^{n} {}_k\, g_k\, p_k = p \, ,$$

so erscheint p als Wahrscheinlichkeit des betreffenden Ereignisses in der Voraussetzung, daß es noch unentschieden ist, welcher der n Werte p_k wirksam wird. Mit Rücksicht auf (17) läßt sich p auch in der Form eines (gewogenen) arithmetischen Durchschnitts, nämlich als

$$(19) \qquad p = \frac{\sum_{1}^{n} {}_k\, g_k\, p_k}{\sum_{1}^{n} {}_k\, g_k}$$

darstellen und kann daher als Durchschnittswahrscheinlichkeit oder genauer — zur Unterscheidung von der sogenannten konstant zusammengesetzten Durchschnittswahrscheinlichkeit, auf die weiter unten Bezug genommen wird — als Durchschnittswahrscheinlichkeit im eigentlichen Sinne bezeichnet werden[9]).

---

[9]) Die Termini „Elementarwahrscheinlichkeit“, „konstant zusammengesetzte Durchschnittswahrscheinlichkeit“ und „Durchschnittswahrscheinlichkeit im eigentlichen Sinn“ sind von mir (in dem in Fußnote 7 angeführten Aufsatz) in Vorschlag gebracht worden und werden seitdem viel gebraucht, jedoch nicht immer in dem ihnen von mir beigelegten Sinn. So verwechselt z. B. Ernst Blaschke (Vorlesungen über mathematische Statistik, Leipzig und Berlin 1906, S. 132—134) die beiden Arten der Durchschnittswahrscheinlichkeit (obwohl er sich direkt auf mich bezieht), und zwar nicht nur terminologisch, sondern auch sachlich: seine Formel $\binom{\sigma}{\tau} P^\tau Q^{\sigma-\tau}$ setzt voraus, daß P eine Durchschnittswahrscheinlichkeit im eigentlichen Sinne ist, während die unmittelbar an diese Formel sich anschließenden Betrachtungen über die Dispersion der empirischen Werte von P nur dann richtig wären, wenn P eine konstant zusammengesetzte Wahrscheinlichkeit wäre. Unter dem unverkennbaren Einfluß der Darlegungen Blaschkes hat Hugo Forcher (Die statistische Methode als selbständige Wissenschaft, Leipzig 1913, S. 239—241) die sehr wichtige Frage der Dispersion im Falle von Durchschnittswahrscheinlichkeiten höchst unvollständig und konfus behandelt. Er beruft sich hierbei auch auf mich, kennt aber meine Arbeiten wohl nur aus zweiter Hand. — Im Zusammenhang mit den Erörterungen über Durchschnittswahrscheinlichkeiten hatte ich a. a. O. die durch die Produkte $g_k\, p_k$ dargestellten Wahrscheinlichkeiten als „Partialwahrscheinlichkeiten“ im Gegensatz zu der „Totalwahrscheinlichkeit“ p und die Wahrscheinlichkeiten p_k als „Spezialwahrscheinlichkeiten“ im Gegensatz zu der „Generalwahrscheinlichkeit“ p bezeichnet. Czuber (I, S. 186) gibt unter Bezugnahme auf mich diese Begriffsunterscheidungen wieder, aber nicht ganz korrekt, nämlich so, als ob „Spezialwahrscheinlichkeit“ dasselbe wie „Partialwahrscheinlichkeit“ und „Generalwahrscheinlichkeit“ dasselbe wie „Totalwahrscheinlichkeit“ bedeuten sollte.

Poisson beweist nun, daß die Laplaceschen Formeln (5) und (6) auch dann gelten, wenn p eine Durchschnittswahrscheinlichkeit im eigentlichen Sinne ist, und gelangt so zu einem, wie er meint, verallgemeinerten — weil auf den Fall einer Durchschnittswahrscheinlichkeit im eigentlichen Sinne sich mitbeziehenden — Bernoullischen Theorem, woraus sich ihm erst das Gesetz der großen Zahlen als unmittelbare Konsequenz ergibt.

Die Art, wie Poisson sein verallgemeinertes Bernoullisches Theorem ableitet, ist prinzipiell dadurch interessant, daß er sich hierbei eines Hilfssatzes bedient, der, für sich betrachtet, ebenfalls als eine Verallgemeinerung des Bernoullischen Theorems aufgefaßt werden kann. Dieser Hilfssatz betrifft den Fall, wo die Wahrscheinlichkeit p auch durch (18) bzw. (19) dargestellt wird, wobei jedoch die Koeffizienten g_k keine Wahrscheinlichkeiten mehr, sondern im Sinne der Wahrscheinlichkeitstheorie konstante, d. h. vom Zufall unabhängige Größen sind, und besagt, daß in diesem Fall, den man eben als den Fall einer konstant zusammengesetzten Durchschnittswahrscheinlichkeit bezeichnen kann, durch $\Phi(\gamma)$ die Wahrscheinlichkeit nicht der Beziehung (1), sondern der Beziehung

$$(20) \qquad \left| \frac{x}{s} - p \right| \leqq \delta'$$

ausgedrückt wird, wobei sich δ' aus

$$(21) \qquad \gamma = \delta' \sqrt{\dfrac{s}{2 \sum\limits_{1}^{n}{}_{k}\, g_k\, p_k\, q_k}}$$

bestimmt. Es läßt sich leicht zeigen, daß, sofern die Werte p nicht alle einander gleich sind,

$$(22) \qquad \sum\limits_{1}^{n}{}_{k}\, g_k\, p_k\, q_k < p\, q\,^{10})$$

und daß dementsprechend, mit Rücksicht auf (5), $\delta' < \delta$. Bei gegebenen Werten von p und s sind also die Abweichungen $\left| \dfrac{x}{s} - p \right|$ im Fall einer konstant zusammengesetzten Wahrscheinlichkeit er-

---

[10]) Der denkbar einfachste Beweis dieser Ungleichung ist, wie mir scheint, der von mir (a. a. O., S. 653 sowie in meinem „Gesetz der kleinen Zahlen", S. 30) gegebene. Czuber bringt neben diesem (II, S. 44) einen meines Erachtens weniger einfachen Beweis (I, S. 182), während Blaschke (a. a. O., S. 133—134) die noch umständlichere Ableitung Cournots (Exposition de la théorie des chances et des probabilités, Paris 1843, S. 137—138) wiedergibt. Mein Beweis findet sich auch bei C. V. L. Charlier („Contributions to the mathematical theory of statistics" in „Meddelande från Lunds Astronomiska Observatorium", Nr. 49, Uppsala und Stockholm 1911, S. 7).

wartungsgemäß kleiner als im Fall einer Durchschnittswahrscheinlichkeit im eigentlichen Sinne oder einer Elementarwahrscheinlichkeit.

Es steht damit im Einklang, daß der mittlere Fehler der Häufigkeit $\frac{x}{s}$ bzw. der Ereigniszahl x kleiner ist im Fall einer konstant zusammengesetzten Durchschnittswahrscheinlichkeit als im Fall einer Elementarwahrscheinlichkeit. Dies läßt sich äußerst einfach beweisen. Ist p eine konstant zusammengesetzte Wahrscheinlichkeit, so hängt es nicht mehr vom Zufall ab, in wie vielen Versuchen aus s jede der Wahrscheinlichkeiten p_k in Wirksamkeit tritt. Die Zahl dieser Versuche ist vielmehr durch $g_k s$ gegeben, und bezeichnet man mit m_k die Zahl derjenigen unter den $g_k s$ Versuchen, in denen das betreffende Ereignis eintrifft, so hat man:

$$(23) \qquad x = \sum_{1}^{n} {}_k\, m_k \,,$$

ferner, der Formel (14) entsprechend,

$$(24) \qquad \mathfrak{M}^2(m_k) = g_k\, s\, p_k\, q_k$$

und nach Maßgabe der Formel (22) des § 1

$$(25) \qquad \mathfrak{M}^2(x) = s \sum_{1}^{n} {}_k\, g_k\, p_k\, q_k \,.$$

Ein Vergleich von (25) mit (14) zeigt nunmehr, daß angesichts der Ungleichung (22) der mittlere Fehler der Ereigniszahl, wie zu beweisen war, hier kleiner ausfällt. Gleiches gilt von dem mittleren Fehler der Häufigkeit, da laut Formel (18) des § 1 immer die Beziehung

$$(26) \qquad \mathfrak{M}^2\!\left(\frac{x}{s}\right) = \frac{1}{s^2}\, \mathfrak{M}^2(x)$$

besteht.

Der gekennzeichnete Unterschied zwischen einer konstant zusammengesetzten Durchschnittswahrscheinlichkeit und einer Elementarwahrscheinlichkeit kommt aber in Wegfall, wenn

$$(27) \qquad p_1 = p_2 = \ldots = p_n (= p) \,.$$

Denn in diesem Fall ist

$$(28) \qquad \sum_{1}^{n} {}_k\, g_k\, p_k\, q_k = p\, q \,,$$

und man erhält nicht nur denselben Wert für $\mathfrak{M}^2(x)$, ob man Formel (14) oder Formel (25) benützt, sondern auch, wie ein Vergleich zwischen den Formeln (5) und (21) ergibt: $\delta' = \delta$. Die für den Fall einer Elementarwahrscheinlichkeit maßgebenden Formeln (1) und (5) lassen sich somit aus den für den Fall einer konstant zusammengesetzten

Durchschnittswahrscheinlichkeit maßgebenden Formeln (20) und (21) dadurch gewinnen, daß man die Werte p_k der durch Formel (27) ausgedrückten Bedingung unterwirft. So kann denn in der Tat der Poissonsche Hilfssatz als eine Verallgemeinerung des Bernoullischen Theorems angesehen werden.

Daß es sich somit bei Poisson um die Ausdehnung des Bernoullischen Theorems einerseits auf den Fall einer Durchschnittswahrscheinlichkeit im eigentlichen Sinne — ohne Modifikation hinsichtlich der erwartungsmäßigen Größe von $\left| \dfrac{x}{s} - p \right|$ —, andererseits auf den Fall einer konstant zusammengesetzten Durchschnittswahrscheinlichkeit — mit Modifikation hinsichtlich der erwartungsmäßigen Größe von $\left| \dfrac{x}{s} - p \right|$ — handelt, wird in den systematischen Darstellungen der Wahrscheinlichkeitstheorie meist gar nicht berücksichtigt. Man pflegt vielmehr nur den zweiten dieser beiden Fälle zu betrachten und den auf diesen Fall sich beziehenden Hilfssatz unter dem Namen „Poissonsches Theorem" als die von Poisson herrührende „Verallgemeinerung des Bernoullischen Theorems" vorzuführen[11]).

Solch eine Bevorzugung des Falles der konstant zusammengesetzten Wahrscheinlichkeit, sofern sie auch bei Autoren vorkommt, die Poisson nicht bloß aus zweiter Hand kennen, hängt sicherlich vielfach

---

[11]) A. Meyer, Vorlesungen über Wahrscheinlichkeitsrechnung, Leipzig 1879, S. 109—119; Bruns, S. 199; Markoff, S. 63—65. Vgl. Charlier, die in Fußnote 10 genannte Abhandlung, S. 2—9, und U. Broggi, Traité des assurances sur la vie, Paris 1907, S. 29—30. Dabei werden Markoff und Broggi um so weniger Poisson gerecht, als sie mit keinem Wort erwähnen, daß Poisson, worin in erster Linie sein Verdienst besteht, in bezug auf den Fall einer konstant zusammengesetzten Wahrscheinlichkeit die Gültigkeit nicht nur des Bernoullischen Theorems als solchen, sondern auch des Laplaceschen Ausdrucks $\Phi(\gamma)$ nachgewiesen hat. Siehe Poisson, S. 246—254. Vgl. Czuber I, S. 173—180. In keinem der beiden neuesten französischen Lehrbücher der Wahrscheinlichkeitsrechnung, nämlich weder in E. Borels „Eléments de la théorie des probabilités", Paris 1909, noch in L. Bacheliers „Calcul des probabilités", Tome I, Paris 1912, wird Poisson auch nur erwähnt. Borel weiß nicht einmal, daß der Ausdruck „Gesetz der großen Zahlen" von Poisson herrührt. In Borels Schrift „Le Hasard", Paris 1914, ist zu lesen (S. 34): „De cette règle [wonach die erwartungsmäßigen Abweichungen der Häufigkeitszahl von der entsprechenden Wahrscheinlichkeit umgekehrt proportional der Quadratwurzel aus der Versuchszahl sind] on déduit aisément la proposition, à laquelle Jacques Bernoulli a donné le nom de loi des grands nombres." Das Bernoullische Theorem wird übrigens von Borel (Eléments, S. 64—65) richtig formuliert, von Bachelier aber (a. a. O., S. 18) nicht. Letzterem zufolge soll dieses Theorem „wenigstens dem Sinne nach" darin bestehen, daß die Abweichungen $|x - s\,p|$ mit wachsender Versuchszahl im allgemeinen, absolut genommen, größer, relativ genommen, d. h. im Verhältnis zur Versuchszahl, kleiner werden.

damit zusammen, daß man es — in einem meist unausgesprochenen
Gegensatz zu Poisson — für überflüssig hält, den Fall der Durchschnittswahrscheinlichkeit im eigentlichen Sinne getrennt von dem
Fall der Elementarwahrscheinlichkeit zu behandeln. Es kommt nämlich darauf an, daß auch im Fall einer Durchschnittswahrscheinlichkeit im eigentlichen Sinne die Wahrscheinlichkeit der Ereigniszahl x
bei s Versuchen durch den Ausdruck

$$(29) \qquad \binom{s}{x} p^x\, q^{s-x}$$

gegeben ist, weil nämlich die Sätze von der Addition und Multiplikation der Wahrscheinlichkeiten, welche auf den Ausdruck (29) führen,
keineswegs nur für Elementarwahrscheinlichkeiten gelten und weil,
was insbesondere den zweiten dieser beiden Sätze anlangt, die Versuche, auf welche sich die betreffenden miteinander zu multiplizieren-
den Wahrscheinlichkeiten beziehen, nur unabhängig voneinander sein
müssen, damit die Multiplikation ohne weiteres gestattet sei. Sollte
aber die Anwendbarkeit des Ausdrucks (29) auf den Fall, wo p keine
Elementarwahrscheinlichkeit, sondern eine Durchschnittswahrscheinlichkeit im eigentlichen Sinne ist, zu irgend welchen Zweifeln Anlaß
geben, so wären solche Zweifel zu zerstreuen (was nicht schwer ist),
und damit wäre der in Frage stehende Fall auf den Fall der Elementarwahrscheinlichkeit zurückgeführt, da die Ableitung der Formeln (5)
und (6) aus (29) ganz und gar unabhängig ist von dem wahrscheinlichkeitstheoretischen Sinn, den p in (29) hat. Statt diesen natürlichen Weg einzuschlagen, hat Poisson für den Fall einer Durchschnittswahrscheinlichkeit im eigentlichen Sinn einen Beweis konstruiert, der an sich nicht ohne Interesse ist, aber sich aus dem Grunde
als unzweckmäßig erweist, weil er die beiden Fälle einer Elementarwahrscheinlichkeit und einer Durchschnittswahrscheinlichkeit im eigentlichen Sinne erst im Endresultat koinzidieren läßt, wodurch der wahre
Sachverhalt verdeckt wird, zumal da das Endresultat in einer Näherungsformel seinen Ausdruck findet[12]).

---

[12]) Poisson, 4. Kapitel. Siehe namentlich S. 294—296. Bienaymé („Sur
un principe que M. Poisson avait cru découvrir et qu'il avait appelé la loi des grands
nombres" in „Séances et travaux de l'Académie des sciences morales et poli-
tiques", Tome XI, 1855, S. 379—389, abgedruckt unter dem Titel „Les grands
nombres en statistique" im „Journal de la Société de Statistique de Paris", 17ème
année, 1876, S. 199—204) hat wohl als erster die Behauptung aufgestellt, daß
der Fall einer Durchschnittswahrscheinlichkeit im eigentlichen Sinne keine ge-
sonderte Betrachtung erfordert. Die auf diesen Fall sich beziehende Beweisführung Poissons sei daher an sich überflüssig und stelle nichts anderes als eine
„Übung im Rechnen" dar. Vgl. Cournot, a. a. O., S. 136—137. Demgegenüber
bemerkt Tschuprow (S. 312), daß die „kolossale" theoretische Bedeutung der
Poissonschen Verallgemeinerung, d. h. der Ausdehnung des Bernoullischen

Es ist also begreiflich, daß die Neueren, was den Fall der Durchschnittswahrscheinlichkeit im eigentlichen Sinne betrifft, den Spuren Poissons nicht gefolgt sind. Auffallend ist es aber, daß sie den Namen „Gesetz der großen Zahlen“, den Poisson gerade auf diesen Fall bezieht, trotzdem beibehalten haben und diesen Namen mit dem Fall einer konstant zusammengesetzten Wahrscheinlichkeit verknüpfen[13]).

Theorems auf den Fall einer Durchschnittswahrscheinlichkeit im eigentlichen Sinne den durch die relativ schwerfällige mathematische Begründung dieser Verallgemeinerung bedingten Arbeitsaufwand vollauf rechtfertige. Das trifft meines Erachtens aus dem Grunde nicht zu, weil ja, worauf ich im Text hinweise, die in Frage stehende mathematische Begründung, sofern man sie für nötig hält, sich in eine überaus einfache und zugleich ganz strenge Form kleiden läßt. Im übrigen handelt es sich bei der Meinungsverschiedenheit zwischen Poisson und Bienaymé lediglich darum, ob ein bestimmter Beweis gemeinschaftlich oder getrennt für zwei verschiedene Fälle geführt werden soll. Meinungsverschiedenheiten dieser Art sind durchaus nichts Seltenes. Die Geschichte der Mathematik, insbesondere der Geometrie, bietet manches Beispiel eines „gegabelten“ Beweises, der in der Folgezeit auf eine einheitliche Form gebracht worden ist (siehe W. Wundt, Logik, II, 1. Abteilung, 2. Auflage 1894, S. 115—116). Wenn es sonst heißt „qui nimis probat, nihil probat“, kann man hier sagen: „qui bifariam probat, non certius probat“. Darum kann ich Markoff („Über die grundlegenden Sätze der Wahrscheinlichkeitsrechnung und das Gesetz der großen Zahlen“ in der russischen „Zeitschrift des Ministeriums für Volksaufklärung“, Bd. 31, 1911, S. 374) nicht beipflichten, wenn er auf die zitierte Bemerkung Tschuprows und auf die — mit dieser Bemerkung allerdings nicht ganz harmonierende — unentschiedene Haltung Tschuprows in der Frage, ob die Poissonsche Verallgemeinerung des Bernoullischen Theorems nicht auch ohne mathematischen Beweis einleuchte, Bezug nehmend, ihn darüber belehrt, daß „mathematische Ableitungen etwas, was evident ist, nicht beweisen, sondern nur nicht-evident machen können“. Ja, wenn es immer evident wäre, was als evident gelten kann! Auch darüber z. B., ob das Markoffsche Lemma (siehe § 1, Fußnote 3) einer Beweisführung bedarf, die zwei (im Original fast zweieinhalb) Druckseiten in Anspruch nimmt, kann man verschiedener Meinung sein.
[13]) Von den in Fußnote 11 genannten Autoren tun das Bruns, Charlier, Broggi; Meyer aber, entgegen der Behauptung Tschuprows (S. 233), vermeidet den Ausdruck „Gesetz der großen Zahlen“. Was Markoff anlangt, so stellt er, wie die anderen, den Sachverhalt fälschlich so dar, als ob Poisson mit dem Ausdruck „Gesetz der großen Zahlen“ den Hilfssatz, betreffend die konstant zusammengesetzte Wahrscheinlichkeit, gemeint hätte, hält es jedoch seinerseits für „angebracht“, eine andere Verallgemeinerung des Bernoullischen Theorems, nämlich diejenige, welche sich auf eine Summe zufälliger Größen bezieht, als Gesetz der großen Zahlen zu bezeichnen (Markoff, S. 63); und in der 3. Auflage seines Lehrbuchs (S. 70) tritt Markoff dafür ein, daß man den Ausdruck „Gesetz der großen Zahlen“ auf den „Inbegriff sämtlicher Verallgemeinerungen des Bernoullischen Theorems“ beziehen möchte. Während also das Gesetz der großen Zahlen ursprünglich, d. h. bei Poisson eine Aussage über Massenerscheinungen war, wird es jetzt von Markoff gleichsam selbst zu einer Massenerscheinung oder einem Kollektivum gestempelt. Diese „kollektivistische“ Auffassung ist jedenfalls etwas ungewöhnlich: einen Inbegriff von Lehrsätzen pflegt man sonst nicht

Darüber, daß Poisson in den Ausdruck „Gesetz der großen Zahlen"
eigentlich einen statistischen Sinn hineinlegt, woraus folgt, daß dieses
Gesetz in dem Rahmen der Wahrscheinlichkeitsrechnung als einer
mathematischen Disziplin, streng genommen, keinen Platz hat, ist es
freilich gestattet, hinwegzusehen, weil nämlich für Poisson das Bernoullische Theorem, sofern es auf Durchschnittswahrscheinlichkeiten
im eigentlichen Sinne mitanwendbar ist, sich sozusagen unmittelbar
aus dem Mathematischen ins Statistische umsetzt[14]). Man kann sich
daher die Freiheit nehmen, schon das so verallgemeinerte Bernoullische Theorem als „Gesetz der großen Zahlen im Sinne Poissons" zu bezeichnen. Letzteres würde dementsprechend etwa wie
folgt lauten: „Besteht für das Eintreffen eines Ereignisses
bei jedem Versuch die Wahrscheinlichkeit p, so strebt die
Wahrscheinlichkeit (W) für das Verhältnis der Ereigniszahl (x) zu der Versuchszahl (s), zwischen den Grenzen
$p - \delta$ und $p + \delta$, wo δ eine beliebig kleine positive Größe
ist, enthalten zu sein, der Einheit, somit der Gewißheit,

$$\text{zu, wobei } W = \Phi(\gamma) \text{ und } \gamma = \delta \sqrt{\frac{s}{2\,p(1-p)}}, \text{ einerlei ob } p \text{ eine}$$

Elementarwahrscheinlichkeit oder eine Durchschnittswahrscheinlichkeit im eigentlichen Sinne ist." Diese oder
eine ähnliche Formulierung[15]) würde, wenn nicht buchstäblich, so
doch dem Sinne nach mit der Poissonschen Auffassung vom Gesetz
der großen Zahlen übereinstimmen.

Es bedeutet hingegen keine bloß formelle Ungenauigkeit, sondern
eine gänzliche Verkennung des Standpunkts Poissons, wenn man
für das Gesetz der großen Zahlen seinen Hilfssatz, betreffend die
konstant zusammengesetzte Wahrscheinlichkeit, ausgibt[16]). Galt es
doch für Poisson, ein wahrscheinlichkeitstheoretisches Schema zu

---

„Theorem" oder „Gesetz", sondern „Theorie" zu nennen. Zur Illustration der
schwankenden Haltung Markoffs in dieser terminologischen Angelegenheit sei
noch darauf hingewiesen, daß er auf das Titelblatt der 3. Auflage seines Lehrbuchs, die 1913 erschienen ist, die Worte gesetzt hat: „Zum 200jährigen Jubiläum
des Gesetzes der großen Zahlen." Damit hat er auf die Tatsache Bezug nehmen
wollen, daß Bernoullis Ars conjectandi die Jahreszahl 1713 trägt. Also wäre
„Bernoullisches Theorem" und „Gesetz der großen Zahlen" ein und dasselbe!
In der Vorrede heißt es dann wieder, daß „das berühmte Theorem Jakob Bernoullis" zu dem Gesetz der großen Zahlen nur „den Grund gelegt" hätte.

[14]) Siehe Fußnote 8. Vgl. Poisson, S. VI (Inhaltsverzeichnis), wo auf einen
„apriorischen Beweis des universalen Gesetzes der großen Zahlen, das seither als
Erfahrungstatsache angesehen wurde", hingewiesen wird.

[15]) Vgl. meinen in Fußnote 7 genannten Artikel, S. 654, und Czuber I,
S. 188—189.

[16]) Es ist nicht einmal zulässig, diesen Hilfssatz als einen Bestandteil des
Gesetzes der großen Zahlen zu charakterisieren, wie es Tschuprow (S. 233) tut.

konstruieren, das dem wirklichen Geschehen, nämlich dem „regellosen Wandel der zufälligen Ursachen" adäquat wäre[17]). Das Schema der konstant zusammengesetzten Durchschnittswahrscheinlichkeit ist aber das gerade Gegenteil davon: denn hier gehen die betreffenden Wahrscheinlichkeitswerte (p_k) in feststehenden Proportionen in den Durchschnitt ein[18]). Dazu kommt ein Weiteres: die Bezeichnung „Ge-

---

[17]) Daß Poissons Schema einer Durchschnittswahrscheinlichkeit im eigentlichen Sinne nichts weniger als allgemeingültig ist, was bereits Bienaymé erkannt hat (siehe meine „Anwendungen der Wahrscheinlichkeitsrechnung auf Statistik" in der Enzyklopädie der mathematischen Wissenschaften, I, S. 827 bis 833), ist eine Frage für sich, die hier nicht zur Diskussion steht.

[18]) So bemerkt denn auch Czuber („Wahrscheinlichkeitsrechnung" in der Enzyklopädie der mathematischen Wissenschaften, I, S. 758—759) mit Recht, daß sich dem Schema einer konstant zusammengesetzten Durchschnittswahrscheinlichkeit nicht leicht Verhältnisse aus der Wirklichkeit gegenüberstellen lassen. In direktem Gegensatz dazu hatte J. Bertrand (Calcul des probabilités, Paris 1889, S. 307—314) dieses Schema gewissermaßen als generell maßgebend für die Statistik hingestellt. Ich habe mich dagegen bereits in meinen „Kritischen Betrachtungen" (siehe Fußnote 7) ausgesprochen und bin in diesem Zusammenhang auch auf den Standpunkt von J. von Kries, der dem Schema einer konstant zusammengesetzten Durchschnittswahrscheinlichkeit, wenn auch keine generelle, so doch eine meines Erachtens zu weit gehende Bedeutung für die Statistik beimißt, kritisch eingegangen. Ohne von diesen meinen Ausführungen im mindesten Notiz zu nehmen, glaubt Markoff (in dem in Fußn. 12 zitierten Art., S. 372—374) durch den Hinweis auf ein fingiertes Beispiel von wahrhaft klassischer Einfachheit, in welchem es sich gerade um eine konstant zusammengesetzte Wahrscheinlichkeit handelt und dementsprechend eine „übernormale Stabilität" herauskommt, die auf Lexis zurückzuführende und auch von mir vertretene These, daß in der Statistik die normale Stabilität zugleich die maximale sei, widerlegen zu können. Dabei wendet sich Markoff allgemein gegen „die Statistiker" die diese These, wie er meint, „voreilig" aufgestellt hätten; er kann damit jedoch nur Lexis und mich meinen: mir sind wenigstens unter den wenigen Statistikern, die sich mit der Frage der wahrscheinlichkeitstheoretischen Kriterien der Stabilität statistischer Zahlenwerte beschäftigt haben, — die überwiegende Mehrzahl der Statistiker bekundet für diese Frage nicht das geringste Interesse — sonst keine bekannt, die sich die von Markoff beanstandete These zu eigen gemacht hätten. Gilt somit seine Polemik Lexis und mir, so hätte er sich die einschlägigen Schriften von Lexis und meine hierher gehörenden Arbeiten etwas genauer ansehen müssen. Die letzteren zitiert er zwar in der 3. Auflage seiner „Wahrscheinlichkeitsrechnung" (S. 226), aber an unrechter Stelle, nämlich zum Kapitel über die Wahrscheinlichkeiten von Hypothesen und künftigen Ereignissen (!), wodurch zum Überfluß bewiesen wird, daß er über den Inhalt dieser Arbeiten nur unvollkommen unterrichtet ist. Seinen vorhin zitierten Artikel schließt Markoff mit den Worten: „Ich benutze die Gelegenheit, um auszusprechen, daß einige der theoretischen Untersuchungen Bortkiewiczs über Dispersion meiner Meinung nach große Beachtung verdienen." Nach den vorstehenden Darlegungen sowie mit Rücksicht auf die Unzulänglichkeit, die Markoff überhaupt zur Schau trägt, wenn er gelegentlich, so auch in seiner „Wahrscheinlichkeitsrechnung", außerhalb des Gebiets der reinen Mathematik liegende Fragen berührt, muß ich bezweifeln, ob er in der Lage ist, meine Arbeiten über die Dispersion statistischer Zahlenwerte nach dem Grad der Beachtung, die sie verdienen, zutreffend zu rubrizieren.

setz der großen Zahlen" fand bei Poisson ihre Begründung in der Annahme, daß beim „regellosen Wandel der zufälligen Ursachen", d. h. im Fall einer Durchschnittswahrscheinlichkeit im eigentlichen Sinne eine größere Versuchszahl als im Fall einer Elementarwahrscheinlichkeit (von gleichem Betrag) erforderlich sei, um der Beziehung $\left|\dfrac{x}{s} - p\right| \leqq \delta$ in beiden Fällen die gleiche Wahrscheinlichkeit (W) zu verleihen. Im Fall einer konstant zusammengesetzten Durchschnittswahrscheinlichkeit ist aber die entsprechende Versuchszahl nicht nur nicht größer, sondern kleiner als im Fall einer Elementarwahrscheinlichkeit!

Nun hat sich aber gezeigt, daß jene Annahme, wie es Poisson selbst nachträglich erkannt hat, irrtümlich war[19]). Hiermit entfällt der Grund, den Ausdruck „Gesetz der großen Zahlen" in eine besondere Beziehung zu dem Fall der Durchschnittswahrscheinlichkeit im eigent· lichen Sinn zu bringen. Ebensowenig empfiehlt es sich, vom „Gesetz der großen Zahlen" zu sprechen, wo man das Bernoullische Theorem meint: schon aus dem Grunde, weil Synonyma im wissenschaftlichen Sprachgebrauch lieber zu vermeiden sind. Es erscheint vielmehr als einzig zweckmäßig, den Ausdruck „Gesetz der großen

---

[19]) Siehe meine Ausführungen in der Enzyklopädie der mathematischen Wissenschaften, I, S. 826—827, Fußnote 13. Während Poisson im Jahre 1837 schon die richtige Auffassung hatte, daß die erwartungsmäßige Größe von $\left|\dfrac{x}{s} - p\right|$ in den beiden Fällen einer Elementarwahrscheinlichkeit und einer Durchschnittswahrscheinlichkeit im eigentlichen Sinne die gleiche ist, vertrat Czuber noch im Jahre 1899 die falsche Ansicht, daß $\left|\dfrac{x}{s} - p\right|$ im zweiten Fall erwartungsgemäß größer als im ersten sein müsse, „weil sich hier Abweichungen zweifacher Art kombinieren" (Entwicklung, S. 81). Hierzu berief sich Czuber (S. 81—82) in einem Atem auf die gegen Poisson gerichteten (leichtfertigen) polemischen Erörterungen Bertrands und Mansions und auf meinen „apologetischen Kommentar" zumGesetz der großen Zahlen (siehe Fußnote 7), glaubte aber letzteren in das „Gebiet der theoretischen Statistik" verweisen und sich auf diese Weise über den Widerstreit der Meinungen hinwegsetzen zu können. Solch eine Unterscheidung zwischen „mathematischer Wahrheit" und „statistischer Wahrheit" war indessen in diesem Fall um so weniger angebracht, als ich gerade die mathematische Grundlegung des Gesetzes der großen Zahlen bei Poisson verteidigt hatte. Erst in der „Enzyklopädie der mathematischen Wissenschaften" (I, S. 759) hat Czuber zugegeben, daß Poisson mit seiner Identifizierung der beiden Fälle einer Elementarwahrscheinlichkeit und einer Durchschnittswahrscheinlichkeit im eigentlichen Sinne in bezug auf die erwartungsmäßige Größe von $\left|\dfrac{x}{s} - p\right|$, trotz Bertrand und Mansion, vollkommen im Rechte gewesen war. J. Lottin (Quetelet statisticien et sociologue, Louvain-Paris 1912, S. 246—247) will das immer noch nicht wahr haben und zeigt durch seine Polemik gegen Bienaymé, daß er von Poissons „Recherches" nur die Vorrede („Préambule") kennt.

Zahlen" fortan ausschließlich in dem Sinne, den er sich in
der Statistik erworben hat, zu verwenden: nämlich zur
Bezeichnung der ganz generellen (aus der Wahrscheinlichkeitstheorie heraus zu erklärenden, aber an kein bestimmtes wahrscheinlichkeitstheoretisches Schema ge-
bundenen) Tatsache, daß statistische Häufigkeiten (und
Mittelwerte) bei unveränderlichen oder sich nur schwach
ändernden allgemeinen Bedingungen des Geschehens mehr
oder weniger stabil bleiben, sofern ihnen hinreichend große
Ereigniszahlen zugrunde liegen[20]). Diese Art, das Gesetz der

---

[20]) Dem Sinne nach ähnlich Czuber I, S. 155; fast übereinstimmend damit
2. Aufl., S. 136 und 169, aber wesentlich anders 1. Aufl., S. 137. Vgl. A. Meinong,
Über Möglichkeit und Wahrscheinlichkeit, Leipzig 1915, S. 580—602 und passim.
Abweichend davon J. von Kries, der das Gesetz der großen Zahlen als „ein
rein mathematisches Gesetz" charakterisiert (Logik, Tübingen 1916, S. 419; vgl.
Die Prinzipien der Wahrscheinlichkeitsrechnung, Freiburg i. B. 1886, S. 89—91).
Am vollständigsten in bezug auf Benutzung der philosophischen, mathematischen
und statistischen Literatur und mit großem Scharfsinn hat die Frage des Gesetzes
der großen Zahlen Tschuprow (S. 177—282) behandelt. Wenn er aber in ter-
minologischer Beziehung dem Vorschlag F. Y. Edgeworths („The generalised
law of error, or the law of great numbers", im Journal of the Royal Statistical
Society, Vol. 69, S. 497—530 und „On the probable errors of frequency constants",
ebendaselbst, Vol. 71, namentlich S. 389) das Wort redet, unter dem Gesetz der
großen Zahlen die Tatsache zu verstehen, daß eine aus hinreichend vielen zufälligen Größen, die verschiedenen Fehlergesetzen folgen können, zufällig gebildete
Summe (oder andere lineare Funktion) ihrerseits näherungsweise dem Gaußschen
Fehlergesetz gehorcht, so kann ich mich dem nicht anschließen. Ich hatte mich
in einer ausführlichen Besprechung der 1. Auflage des Werkes Tschuprows (in
der russischen „Zeitschrift des Ministeriums für Volksaufklärung", Bd. 25, 1910,
S. 356, Fußnote) dagegen gewandt, daß er den erwähnten Vorschlag Edgeworths
„originell" nennt. Tschuprow beharrt in der 2. Auflage (S. 234, Fußnote) auf
dieser Charakterisierung und erwidert mir, „originell" sei nicht der Inhalt des
von Edgeworth als „Gesetz der großen Zahlen" bezeichneten Lehrsatzes, sondern
die „Ausdrucksweise". Tschuprow muß wohl den Umstand im Auge haben,
daß während es sich bei Poisson um eine Aussage über ein empirisches Resultat
(z. B. auch über den arithmetischen Durchschnitt, somit eine lineare Funktion
einer großen Zahl von zufälligen Größen) handelt, das mit der entsprechenden
mathematischen Erwartung oder einem anderen analogen empirischen Resultat
annähernd übereinstimmen soll, Edgeworth eine große Zahl analoger empirischer
Resultate ins Auge faßt und nicht sowohl ihre annähernde Gleichheit als vielmehr
die Verteilung der Abweichungen der betreffenden Resultate von ihrem Durchschnitt nach deren Größe ins Auge faßt. Aber diese (gesetzmäßige) Verteilung
hängt mit jener annähernden Gleichheit aufs engste zusammen, und man braucht
nur die wahrscheinlichkeitstheoretische Norm, die doch auch Poisson für die
Abweichungen aufstellt, sozusagen ins Statistische zu übertragen, um auf das
Wesentliche desjenigen Sachverhalts zu kommen, der das Gesetz der großen Zahlen
im Sinne Edgeworths ausmacht. Oder soll man von großen Zahlen nur dort
sprechen dürfen, wo zahlreiche Resultate, von denen jedes auf zahlreichen
Einzelbeobachtungen beruht, in Frage kommen? Der Ausdruck „Gesetz der

großen Zahlen aufzufassen, schließt sich in formeller Hinsicht der Auffassung Poissons insofern an, als auch bei ihm das Gesetz der großen Zahlen, seinem Wortlaut nach, nichts anderes als die Stabilität der betreffenden statistischen Zahlenwerte, und zwar ohne nähere Angabe des Grades dieser Stabilität, prädiziert.

§ 3. Reihenvergleichung.

Stellt man eine Reihe zufälliger Größen x, y, $z \ldots$, deren Zahl mit n bezeichnet werden soll, der Reihe ihrer mathematischen Erwartungen, die, wie im § 1, mit α_1, β_1, $\gamma_1 \ldots$ bezeichnet werden mögen, gegenüber, so ist eine um so bessere Übereinstimmung zwischen diesen beiden Zahlenreihen zu erwarten, je kleiner die mittleren Fehler von x, y, $z \ldots$ sind. Dies folgt aus dem im § 1 bewiesenen Satz, daß für jede der Differenzen oder „Abweichungen" $|x - \alpha_1|$, $|y - \beta_1|$, $|z - \gamma_1| \ldots$ eine Wahrscheinlichkeit, die größer als $1 - \dfrac{1}{v^2}$ ist, besteht, das v-fache des maßgebenden mittleren Fehlers nicht zu überschreiten.

Es bietet unter Umständen ein Interesse, die Wahrscheinlichkeit, daß nicht sämtliche Größen x, y, $z \ldots$ das v-fache des für jede derselben maßgebenden mittleren Fehlers überschreiten, ins Auge zu fassen. Es sei diese Wahrscheinlichkeit mit P bezeichnet. Sind die Größen x, y, $z \ldots$ unabhängig voneinander, so erhält man

$$(1) \qquad\qquad 1 - P < \left(\frac{1}{v^2}\right)^n,$$

---

großen Zahlen" läßt solch eine „Potenzierung" keinesfalls als notwendig erscheinen. Tschuprow hält mir in seiner Replik noch entgegen (?!), daß die von mir unterstrichene Verwandtschaft zwischen dem Standpunkt Poissons und demjenigen Edgeworths schon von diesem „hinreichend beleuchtet" worden war. Darauf hatte ich aber selbst hingewiesen. Ja, was Edgeworth (im Unterschied von Tschuprow) anlangt, so scheint es mir fast, als ob er seine eigene Auffassung für zu wenig „originell" hielte: er behauptet nämlich (im ersten der beiden obengenannten Artikel, S. 516), daß auch Poisson mit dem Ausdruck „Gesetz der großen Zahlen" die Vorstellung nicht von der Stabilität der betreffenden empirischen Resultate, sondern von der gesetzmäßigen Verteilung der Abweichungen dieser Resultate vom Durchschnitt verbunden hätte. Der herrliche Titel („magnificent title") „Gesetz der großen Zahlen" passe nicht, meint Edgeworth, auf etwas, das schon dem gewöhnlichen Verstand („the ordinary mind") einleuchtet (Tschuprow teilt diese Erwägung Edgeworths dem Leser nicht mit). Von solchen Empfindungen war aber Poisson frei: handelte es sich doch für ihn bei Aufstellung des Gesetzes der großen Zahlen vielmehr darum, eine längst erkannte „Erfahrungstatsache" mathematisch zu begründen (vgl. Fußnote 14); in seinen Augen hatte die „triviale" Stabilität der Resultate vor der „sublimen" Verteilung der Abweichungen jedenfalls den Vorrang.

wo $1 - P$ die Wahrscheinlichkeit, daß sämtliche n Größen das v-fache des für jede derselben maßgebenden mittleren Fehlers überschreiten, zum Ausdruck bringt. Daher:

$$(2) \qquad P > 1 - \frac{1}{v^{2n}} .$$

Die Heranziehung dieser Ungleichung empfiehlt sich in den Fällen, wo die festgestellten Abweichungen $|x - \alpha_1|$, $|y - \beta_1|$, $|z - \gamma_1| \ldots$ sämtlich so groß sind, daß man Veranlassung hat, ihren zufälligen Charakter anzuzweifeln. Sonst liegt es am nächsten, um ein Gesamturteil darüber, ob die festgestellten Abweichungen sich der Theorie anpassen, abgeben zu können, zunächst die Summe $x + y + z + \ldots$ der Summe $\alpha_1 + \beta_1 + \gamma_1 + \ldots$ gegenüberzustellen. Sind $x, y, z \ldots$ voneinander unabhängig, so kommt hierbei Formel (22) des § 1 zur Anwendung, und die Differenz zwischen $x + y + z + \ldots$ und $\alpha_1 + \beta_1 + \gamma_1 + \ldots$ kann zu dem mittleren Fehlen von $x + y + z + \ldots$ in Beziehung gesetzt werden. Sodann läßt sich die Summe der Quadrate

$$(3) \qquad (x - \alpha_1)^2 + (y - \beta_1)^2 + (z - \gamma_1)^2 + \ldots$$

mit der Summe der mittleren Fehler

$$(4) \qquad \mathfrak{M}^2(x) + \mathfrak{M}^2(y) + \mathfrak{M}^2(z) + \ldots$$

vergleichen. Die mathematische Erwartung von (3) ist nämlich durch (4) gegeben, und zwar einerlei, ob die Größen $x, y, z \ldots$ unabhängig voneinander sind oder nicht. Man ist im allgemeinen berechtigt, die Übereinstimmung zwischen Theorie und Erfahrung um so befriedigender zu finden, je weniger die beiden Summen (3) und (4) voneinander abweichen. Wollte man aber diese Übereinstimmung genauer beurteilen, so müßte man den mittleren Fehler des Ausdrucks (3) in Betracht ziehen. Da kann es nun vorkommen, daß die Berechnung dieses mittleren Fehlers wegen der stochastischen Beschaffenheit der Größen $x, y, z \ldots$ auf Schwierigkeiten stößt, während der mittlere Fehler des Ausdrucks

$$(5) \qquad a(x - \alpha_1)^2 + b(y - \beta_1)^2 + c(z - \gamma_1)^2 + \ldots,$$

wo $a, b, c \ldots$ passend gewählte Konstanten, d. h. vom Zufall unabhängige Größen sind, sich leicht bestimmen läßt. Wenn es sich so verhält, ist es angezeigt, statt der beiden Ausdrücke (3) und (4) die beiden Ausdrücke (5) und

$$(6) \qquad a\,\mathfrak{M}^2(x) + b\,\mathfrak{M}^2(y) + c\,\mathfrak{M}^2(z) + \ldots,$$

welch letzterer Ausdruck als die mathematische Erwartung von (5) erscheint, miteinander zu vergleichen.

Dies soll im folgenden an zwei besonderen Fällen, die als Schema A und Schema B bezeichnet werden, des näheren dargetan werden. Im

Anschluß daran sollen um ihres prinzipiellen Interesses willen die Reihenvergleichungen, zu denen Lotterieziehungen Anlaß geben, zur Sprache gebracht werden.

Schema A.

Es liegen n Ereigniszahlen x_k vor, denen die Versuchszahlen s_k und die Wahrscheinlichkeiten (des Eintreffens des in Frage stehenden Ereignisses bei jedem der s_k Versuche) p_k entsprechen. Dabei wird angenommen, daß die Größen p_k Elementarwahrscheinlichkeiten oder Durchschnittswahrscheinlichkeiten im eigentlichen Sinne sind und daß die Ereigniszahlen x_k unabhängig voneinander sind.

Den Formeln (13) und (14) des § 2 zufolge hat man

$$(7) \qquad \mathfrak{E}(x_k) = s_k \, p_k$$

und

$$(8) \qquad \mathfrak{M}^2(x_k) = s_k \, p_k \, q_k \,,$$

wo $q_k = 1 - p_k$. Man erhält zugleich auf Grund der Formeln (6) und (22) des § 1:

$$(9) \qquad \mathfrak{E}\left(\sum_{1}^{n} {}^k x_k \right) = \sum_{1}^{n} {}^k s_k \, p_k$$

und

$$(10) \qquad \mathfrak{M}^2\left(\sum_{1}^{n} {}^k x_k \right) = \sum_{1}^{n} {}^k s_k \, p_k \, q_k \,.$$

Man stelle ferner x_k, der Formel (7) des § 2 entsprechend, in der Form

$$(11) \qquad x_k = \sum_{1}^{s_k} {}^h \xi_h$$

dar und setze

$$(12) \qquad \mathfrak{E}\left\{ (\xi_h - p_k)^r \right\} = d_r \,.$$

Da ξ_h nur die beiden Werte 1 und 0 annehmen kann, wobei dem Wert 1 die Wahrscheinlichkeit p_k und dem Wert 0 die Wahrscheinlichkeit q_k zukommt, so hat man $\mathfrak{E}(\xi_h) = p_k$ und

$$(13) \qquad d_1 = 0 \,,$$

$$(14) \qquad d_2 = (1 - p_k)^2 \, p_k + (0 - p_k)^2 \, q_k = p_k \, q_k \,,$$

$$d_4 = (1 - p_k)^4 \, p_k + (0 - p_k)^4 \, q_k = p_k \, q_k (p_k^3 + q_k^3) \,,$$

oder auch, da

$$p_k^3 + q_k^3 = p_k^3 + (1 - p_k)^3 = 1 - 3 \, p_k + 3 \, p_k^2 = 1 - 3 \, p_k \, q_k \,,$$

$$(15) \qquad d_4 = p_k \, q_k - 3 \, p_k^2 \, q_k^2 \,.$$

Man fasse alsdann die mathematische Erwartung von $(x_k - s_k\,p_k)^4$ ins Auge. Es ist:

$$(16) \qquad (x_k - s_k p_k)^4 = \left\{ \sum_1^{s_k}{}_h (\xi_h - p_k) \right\}^4 .$$

Hieraus folgt mit Rücksicht auf (12):

$$(17) \quad \begin{cases} \mathfrak{E}\{(x_k - s_k\,p_k)^4\} = s_k\,d_4 + 4\,s_k\,(s_k - 1)\,d_3\,d_1 + 3\,s_k\,(s_k - 1)\,d_2^2 \\ \qquad + 6\,s_k(s_k - 1)(s_k - 2)\,d_2\,d_1^2 + s_k(s_k - 1)(s_k - 2)(s_k - 3)\,d_1^4 , \end{cases}$$

und auf Grund der Formeln (13), (14) und (15) geht (17) in

$$(18) \qquad \mathfrak{E}\{(x_k - s_k\,p_k)^4\} = 3\,s_k^2\,p_k^2\,q_k^2 + s_k\,p_k\,q_k(1 - 6\,p_k\,q_k)$$

über. Die beiden Formeln (8) und (18) ergeben nunmehr nach Maßgabe der Formel (15) des § 1:

$$(19) \qquad \mathfrak{M}^2\{(x_k - s_k\,p_k)^2\} = 2\,s_k^2\,p_k^2\,q_k^2 + s_k\,p_k\,q_k\,(1 - 6\,p_k\,q_k)$$

oder auch

$$(20) \qquad \mathfrak{M}^2\left\{ \frac{(x_k - s_k\,p_k)^2}{s_k\,p_k\,q_k} \right\} = 2 + \frac{1 - 6\,p_k\,q_k}{s_k\,p_k\,q_k} .$$

Man erhält daher, wenn man den Ausdruck

$$(21) \qquad Q^2 = \frac{1}{n} \sum_1^n{}_k \frac{(x_k - s_k\,p_k)^2}{s_k\,p_k\,q_k}$$

bildet, den Formeln (8) und (20) zufolge:

$$(22) \qquad \mathfrak{E}(Q^2) = 1$$

und

$$(23) \qquad \mathfrak{M}^2(Q^2) = \frac{2}{n} + \frac{1}{n^2} \sum_1^n{}_k \frac{1 - 6\,p_k\,q_k}{s_k\,p_k\,q_k}$$

oder näherungsweise (sofern die Produkte $s_k\,p_k\,q_k$ entsprechend groß sind):

$$(24) \qquad \mathfrak{M}^2(Q^2) = \frac{2}{n} .$$

Um den Ausdruck Q^2 als einen besonderen Fall des Ausdrucks (5) zu erkennen, muß man sich $x, y, z \ldots$ als dargestellt durch die Ereigniszahlen x_k, $\alpha_1, \beta_1, \gamma_1 \ldots$ als dargestellt durch die Produkte $s_k\,p_k$ und die Koeffizienten $a, b, c \ldots$ als dargestellt durch die Quotienten $\dfrac{1}{n\,s_k\,p_k\,q_k}$ denken. Demgemäß wird jeder der Summanden in dem Ausdruck (6) gleich $\dfrac{1}{n}$ und der Ausdruck selbst gleich 1, wie es auch der Formel (22) entspricht.

Man hat also in diesem Schema in erster Linie die Summe der Ereigniszahlen mit der nach Formel (9) berechneten mathematischen

Erwartung dieser Summe zu vergleichen. und die Differenz zwischen diesen beiden Größen auf den nach Formel (10) berechneten mittleren Fehler der genannten Summe zu beziehen und in zweiter Linie nach Formel (21) den Quotienten Q^2 zu bilden, ihn mit 1 zu vergleichen und die Differenz zwischen Q^2 und 1 auf den nach Formel (23) bzw. (24) berechneten mittleren Fehler von Q^2 zu beziehen.

Schema B.

Durch s Versuche werden ebenso viele empirische Werte einer zufälligen Größe x, deren mathematische Erwartung durch Formel (1) des § 1 gegeben ist, festgestellt. Dabei haben die Größen π_i den Charakter von Elementarwahrscheinlichkeiten oder von Durchschnittswahrscheinlichkeiten im eigentlichen Sinne. Die Zahl der Versuche unter den s Versuchen, die das Ergebnis $x = a_i$ geliefert haben, sol mit l_i bezeichnet werden, so daß

$$(25) \qquad \sum_i^m{}_1 l_i = s \,.$$

Man hat zugleich den Formeln (13) und (14) des § 2 zufolge:

$$(26) \qquad \mathfrak{E}(l_i) = s\,\pi_i$$

und

$$(27) \qquad \mathfrak{M}^2(l_i) = s\,\pi_i\,(1 - \pi_i) \,.$$

Setzt man alsdann

$$(28) \qquad l_i - s\,\pi_i = \varepsilon_i \,,$$

so erhält man, unter Mitberücksichtigung der Formel (2) des § 1, aus (25) bis (28):

$$(29) \qquad \sum_i^m{}_1 \varepsilon_i = 0 \,,$$

$$(30) \qquad \mathfrak{E}(\varepsilon_i) = 0 \,,$$

$$(31) \qquad \mathfrak{E}(\varepsilon_i^2) = s\,\pi_i\,(1 - \pi_i) \,.$$

Man bilde nunmehr den Ausdruck

$$(32) \qquad \chi^2 = \sum_i^m{}_1 \frac{\varepsilon_i^2}{s\,\pi_i} \,,$$

was soviel bedeutet, daß in der allgemeinen Formel (5) für die Koeffizienten $a, b, c \ldots$ die Quotienten $\dfrac{1}{s\,\pi_i}$, für $x, y, z \ldots$ die Größen l_i und für $\alpha_1, \beta_1, \gamma_1 \ldots$ die Produkte $s\,\pi_i$ einzusetzen sind. Aus (32) ergibt sich mit Rücksicht auf Formel (31) und auf Formel (2) des § 1:

$$(33) \qquad \mathfrak{E}(\chi^2) = m - 1 \,.$$

Der mittlere Fehler von χ^2 läßt sich an der Hand der Formel

$$(34) \qquad \mathfrak{M}^2(\chi^2) = \mathfrak{E}(\chi^4) - (m-1)^2$$

wie folgt bestimmen. Man nehme an, daß zu den s Versuchen ein neuer Versuch hinzutritt, und betrachte zunächst die mit $\mathfrak{E}_j(\chi^4_{s+1})$ zu bezeichnende bedingte mathematische Erwartung von χ^4 bei $s+1$ Versuchen, die der Voraussetzung entspricht, daß sich beim $\overline{s+1}$-ten Versuch $x = a_j$ ergibt. In dieser Voraussetzung erhält man — wenn man auch bei χ^2 durch einen Index auf die betreffende Versuchszahl hinweist —:

$$\chi^2_{s+1} = \frac{\{l_j + 1 - (s+1)\pi_j\}^2}{(s+1)\pi_j} + \sum_{1}^{j-1}{}_i \frac{\{l_i - (s+1)\pi_i\}^2}{(s+1)\pi_i} + \sum_{j+1}^{m}{}_i \frac{\{l_i - (s+1)\pi_i\}^2}{(s+1)\pi_i}.$$

Ferner findet man:

$$\{l_j + 1 - (s+1)\pi_j\}^2 = \varepsilon_j^2 + 2(1-\pi_j)\varepsilon_j + 1 - 2\pi_j + \pi_j^2,$$
$$\{l_i - (s+1)\pi_i\}^2 = \varepsilon_i^2 - 2\pi_i\varepsilon_i + \pi_i^2,$$

somit wegen (29) und (32):

$$(35) \qquad (s+1)\chi^2_{s+1} = s\chi^2_s + \frac{2\varepsilon_j}{\pi_j} + \frac{1-\pi_j}{\pi_j}.$$

Erhebt man (35) zum Quadrat, so erhält man:

$$(s+1)^2\chi^4_{s+1} = s^2\chi^4_s + \frac{4\varepsilon_j^2}{\pi_j^2} + \frac{(1-\pi_j)^2}{\pi_j^2} + \frac{4s\chi_s^2\varepsilon_j}{\pi_j} + \frac{2s\chi_s^2(1-\pi_j)}{\pi_j} + \frac{4(1-\pi_j)\varepsilon_j}{\pi_j^2}$$

und wegen (30), (31) und (33):

$$(36) \quad \left\{ \begin{aligned} (s+1)^2\mathfrak{E}_j(\chi^4_{s+1}) &= s^2\mathfrak{E}(\chi^4_s) + \frac{4s(1-\pi_j)}{\pi_j} + \frac{(1-\pi_j)^2}{\pi_j^2} \\ &\quad + \frac{2(m-1)s(1-\pi_j)}{\pi_j}. \end{aligned} \right.$$

Der am Schluß des § 1 formulierten Regel zufolge ist aber

$$(37) \qquad \mathfrak{E}(\chi^4_{s+1}) = \sum_{1}^{m}{}_j \pi_j \mathfrak{E}_j(\chi^4_{s+1}),$$

und so führt (36) zu:

$$(38) \quad (s+1)^2\mathfrak{E}(\chi^4_{s+1}) = s^2\mathfrak{E}(\chi^4_s) + 2s(m^2-1) - (2m-1) + \sum_{1}^{m}{}_i \frac{1}{\pi_i}.$$

Bei $s = 1$ erhält man in der Voraussetzung, daß $x = a_j$:

$$l_j = 1, \quad l_1 = l_2 = \ldots l_{j-1} = l_{j+1} = \ldots l_m = 0,$$

so daß

$$\chi^2_1 = \frac{(1-\pi_j)^2}{\pi_j} + \sum_{1}^{j-1}{}_i \frac{\pi_i^2}{\pi_i} + \sum_{j+1}^{m}{}_i \frac{\pi_i^2}{\pi_i},$$

woraus

$$\chi_1^2 = \frac{1 - \pi_j}{\pi_j}\,, \qquad \chi_1^4 = \frac{(1 - \pi_j)^2}{\pi_j^2}$$

und allgemein

$$(39) \qquad \mathfrak{E}(\chi_1^4) = \sum_1^m {}_j \frac{(1 - \pi_j)^2}{\pi_j} = \sum_1^m {}_j \frac{1}{\pi_j} - 2\,m + 1$$

folgt. Unter Berücksichtigung von (39) und unter Substituierung von r an Stelle von s kann (38) in der Form

$$(40) \qquad (r + 1)^2\, \mathfrak{E}(\tbinom{4}{r+1}) = r^2\, \mathfrak{E}(\chi_r^4) + 2\,r(m^2 - 1) + \mathfrak{E}(\chi_1^4)$$

geschrieben werden. Aus (40) findet man nunmehr:

$$\sum_1^{s-1} {}_r (r + 1)^2\, \mathfrak{E}(\chi_{r+1}^4) = \sum_1^{s-1} {}_r r^2\, \mathfrak{E}(\chi_r^4) + s(s - 1)\,(m^2 - 1) + (s - 1)\,\mathfrak{E}(\chi_1^4)$$

oder auch:

$$s^2\, \mathfrak{E}(\chi_s^4) = s(s - 1)\,(m^2 - 1) + s\, \mathfrak{E}(\chi_1^4)$$

und wegen (39):

$$(41) \qquad \mathfrak{E}(\chi_s^4) = \frac{(s - 1)\,(m^2 - 1) - 2\,m + 1}{s} + \frac{1}{s} \sum_1^m {}_i \frac{1}{\pi_i}\,.$$

Auf (34) zurückgreifend, erhält man schließlich unter Weglassung des Index bei χ_s^2

$$(42) \qquad \mathfrak{M}^2(\chi^2) = \frac{2(s - 1)\,(m - 1) - m^2}{s} + \frac{1}{s} \sum_1^m {}_i \frac{1}{\pi_i}\,.$$

Setzt man

$$\frac{1}{m} \sum_1^m {}_i \pi_i = \pi_a\,, \qquad \frac{1}{\dfrac{1}{m} \sum_1^m {}_i \dfrac{1}{\pi_i}} = \pi_h\,,$$

wobei also π_a das arithmetische und π_h das harmonische Mittel der m Werte π_i bedeutet, so erhält man

$$m^2 = \frac{m}{\pi_a}\,, \qquad \sum_1^m {}_i \frac{1}{\pi_i} = \frac{m}{\pi_h}\,,$$

daher

$$\sum_1^m {}_i \frac{1}{\pi_i} - m^2 = \frac{m\,(\pi_a - \pi_h)}{\pi_a\,\pi_h} = \frac{m^2\,(\pi_a - \pi_h)}{\pi_h}\,.$$

Dementsprechend geht (42) in

$$(43) \qquad \mathfrak{M}^2(\chi^2) = \frac{2(s - 1)\,(m - 1)}{s} + \frac{m^2\,(\pi_a - \pi_h)}{s\pi_h}$$

über.

In dem Fall, wo

$$(44) \qquad \pi_1 = \pi_2 = \ldots = \pi_m = \frac{1}{m},$$

ist $\pi_a = \pi_h$, somit

$$(45) \qquad \mathfrak{M}^2(\chi^2) = \frac{2(s-1)(m-1)}{s},$$

und bei hinreichend großem s kann man sich, und zwar auch dann, wenn (44) nicht erfüllt ist, mit der Annäherung

$$(46) \qquad \mathfrak{M}^2(\chi^2) = 2(m-1)$$

begnügen, es sei denn, daß eine oder mehrere unter den Größen π_i sehr klein im Verhältnis zu $\frac{1}{m}$ sind[1]).

Bei diesem Schema ist die Summe der in Frage stehenden zufälligen Größen (l_i) laut Formel (25) eine konstante, d. h. vom Zufall unabhängige Größe, und darum kommt die Prüfungsmethode, welche in einem Vergleich der betreffenden Summe mit ihrer mathematischen Erwartung besteht, hier in Wegfall. Man hat vielmehr den Ausdruck χ^2 nach Formel (32) zu berechnen, ihn mit seiner mathematischen Er-

---

[1]) Die Größe χ^2 als ein Ausdruck, an welchem die Übereinstimmung zwischen einer empirischen und der entsprechenden wahrscheinlichkeitstheoretischen „Klassenverteilung" gegebener Elemente in summarischer Weise geprüft werden kann, ist von Karl Pearson („On the criterion etc." in Philosophical Magazine, Vol. 50, 1900, S. 157—175, vgl. Pearson, Tables for Statisticians and Biometricians, Cambridge 1914, S. XXXI ff.) in Vorschlag gebracht worden. Das Eigenartige dieses Vorschlags besteht darin, daß die betreffenden Fehlerquadrate, d. h. die im Text als $(l_i - s\,\pi_i)^2$ bezeichneten Größen, statt auf die Quadrate der maßgebenden mittleren Fehler, d. h. auf die Größen $s\,\pi_i(1-\pi_i)$, auf die maßgebenden mathematischen Erwartungen, d. h. auf die Größen $s\,\pi_i$ bezogen werden. Gerade dadurch kommt man auf die einfache Formel (43). Diese (exakte) Formel findet sich aber bei Pearson nicht. Er unterwirft vielmehr χ^2 einem Fehlergesetz, welchem die Näherungsformel (46) entspricht und welches zur Voraussetzung hat, daß jede der Zahlen l_i groß ist. Bei Ableitung dieses Fehlergesetzes handelt es sich im wesentlichen um ein Problem, das bereits ein Vierteljahrhundert vor Pearson von R. Helmert („Über die Wahrscheinlichkeit von Potenzsummen der Beobachtungsfehler usw." in der Zeitschrift für Mathematik und Physik, XXI. Jahrg., 1876, S. 192—218 und „Die Genauigkeit der Formel von Peters usw." in den Astronomischen Nachrichten, Bd. 88, 1876, S. 113—127) gelöst worden ist. Trotzdem stellen W. P. Elderton (Frequency curves and correlation, London 1906, S. 140—143) und F. Y. Edgeworth („Probability" in The Encyclopaedia Britannica, 11th ed., Vol. XXII, 1911, S. 400) die Sache so dar, als ob hier eine originelle Leistung Pearsons vorläge. Ebensowenig erwähnt Pearson selbst diese Koinzidenz. Daß sie ihm entgangen ist, ist um so auffallender, als Helmerts Ableitung in Czubers „Theorie der Beobachtungsfehler" (S. 147—163) wiedergegeben ist, somit in einem Werke, das in dem von Pearson geleiteten und über zahlreiche wissenschaftliche Hilfskräfte verfügenden „Galton Laboratory" doch nicht ganz unbekannt sein dürfte. Vgl. auch Czuber, Entwicklung, S. 176 und 204.

wartung, d. h. mit $m - 1$ zu vergleichen und die Differenz zwischen χ^2 und $m - 1$ auf den nach Formel (43) bzw. (46) berechneten mittleren Fehler von χ^2 zu beziehen.

Das Wesentliche des betrachteten Schemas ist, daß bestimmte empirische Resultate nach gewissen Klassen gruppiert werden, wobei die Klassenzugehörigkeit als vom Zufall abhängig gedacht wird. (Die Zahl der Resultate ist s, die Zahl der Klassen m, die Zahl der Resultate, die in die i-te Klasse fallen, l_i, die Wahrscheinlichkeit, daß ein Resultat in die i-te Klasse fällt, π_i.) Es kommt hingegen für die Gültigkeit der obigen Ausführungen über χ^2 keineswegs darauf an, ob die in Frage stehende Gruppierung nach einzelnen Werten einer zufälligen Größe (wie im vorstehenden angenommen worden ist) oder in anderer Weise, z. B. nach „Stufen", in welche sich diese Werte einteilen lassen, erfolgt. Ja, es ist nicht einmal notwendig, daß für die Klassenzugehörigkeit ein quantitatives Merkmal maßgebend sei. Es können ebensogut qualitative Unterschiede zwischen den betreffenden empirischen Resultaten der Gruppierung dieser Resultate zugrunde gelegt werden. Anders ausgedrückt, gelten die vorstehenden Darlegungen auch in dem Fall, wo die Größen a_i eine bloß symbolische Bedeutung haben.

Lotterieziehungen.

Die Zahl der Nummern in der Lotterie ist n. Es finden s Ziehungen von je einer Nummer statt. Die Wahrscheinlichkeit, daß eine bestimmte Nummer erscheint, ist bei jeder Ziehung durch $\dfrac{1}{n}$ gegeben. Man setze $\dfrac{1}{n} = p$, $1 - p = q$. Bezeichnet man mit m_i die Zahl der Ziehungen, in denen eine bestimmte Nummer i erscheint, so hat man

$$(47) \qquad \mathfrak{E}(m_i) = s\,p$$

und

$$(48) \qquad \mathfrak{M}^2(m_i) = s\,p\,q\,.$$

Bildet man den Ausdruck

$$(49) \qquad Q^2 = \frac{\sum_1^{n} {}_i\,(m_i - s\,p)^2}{n\,s\,p\,q}\,,$$

so ist der Formel (48) zufolge:

$$(50) \qquad \mathfrak{E}(Q^2) = 1\,.$$

Die beiden Formeln (49) und (50) sind den Formeln (21) und (22) durchaus analog. Was aber jetzt den mittleren Fehler von Q^2 betrifft, so darf er nicht nach Analogie mit Formel (23) bestimmt werden, weil die Ereigniszahlen m_i nicht unabhängig voneinander, sondern durch die Bedingung

$$(51) \qquad \sum_{1}^{n}{}^{i} m_i = s$$

miteinander verbunden sind. Hier ist vielmehr das Schema B anzuwenden, und setzt man

$$(52) \qquad \frac{\sum_{1}^{n}{}^{i} (m_i - s\, p)^2}{s\, p} = \chi^2 \,,$$

so findet man der Formel (45) zufolge:

$$(53) \qquad \mathfrak{M}^2(\chi^2) = \frac{2(s-1)\,(n-1)}{s} \,.$$

Es besteht aber zwischen Q^2 und χ^2, wie aus einer Gegenüberstellung von (49) und (52) hervorgeht, die Beziehung

$$(54) \qquad Q^2 = \frac{\chi^2}{n\,q} = \frac{\chi^2}{n-1} \,.$$

Daher denn wegen (53):

$$(55) \qquad \mathfrak{M}^2(Q^2) = \frac{2(s-1)}{s(n-1)}$$

oder bei großem s

$$(56) \qquad \mathfrak{M}^2(Q^2) = \frac{2}{n-1} \,.$$

Ein Vergleich dieser Formel mit Formel (24) zeigt, daß die zwischen den Ereigniszahlen m_i bestehende Abhängigkeit den mittleren Fehler von Q^2 annähernd im Verhältnis von $\sqrt{n}$ zu $\sqrt{n-1}$ erhöht.

Modifiziert man nunmehr die Bedingungen der Aufgabe dahin, daß jeweils nicht eine Nummer, sondern k Nummern gezogen werden und setzt man dementsprechend $\dfrac{k}{n} = p$, $\dfrac{n-k}{n} = q$, so leuchtet es ohne weiteres ein, daß die Formeln (47) bis (50) bestehen bleiben. Was aber Formel (53) anlangt, so bedarf es einer besonderen Untersuchung darüber, ob sie ihre Gültigkeit beibehält.

Man setze $m_i - s\, p = u_i$, so daß

$$(57) \qquad \sum_{1}^{n}{}^{i} u_i = 0 \,,$$

und führe noch die Bezeichnung

$$(58) \qquad \sum_{1}^{n}{}^{i} u_i^2 = A_s$$

ein, so daß

$$(59) \qquad Q^2 = \frac{A_s}{n\,s\,p\,q}$$

und

$$(60) \qquad \mathfrak{M}^2(Q^2) = \frac{\mathfrak{E}(A_s^2)}{n^2\,s^2\,p^2\,q^2} - 1\,.$$

Außerdem hat man:

$$(61) \qquad \mathfrak{E}(u_i) = 0\,,$$

$$(62) \qquad \mathfrak{E}(u_i^2) = s\,p\,q\,,$$

$$(63) \qquad \mathfrak{E}(A_s) = n\,s\,p\,q\,.$$

Man betrachte zunächst, mit Rücksicht auf das Folgende, die mathematische Erwartung des Quadrats der Summe

$$(64) \qquad U = \sum_1^k {}^i u_i\,.$$

Es ist

$$(65) \qquad \mathfrak{E}(U^2) = k\,\mathfrak{E}(u_i^2) + k(k-1)\,\mathfrak{E}(u_i\,u_j)\,.$$

Es sei $\mathfrak{E}_i(u_j)$ die bedingte mathematische Erwartung von u_j, die der Voraussetzung entspricht, daß der im Produkt $u_i\,u_j$ auftretende Wert u_i bzw. der zugehörige Wert m_i gegeben ist. Dabei ist $i \gtrless j$. Wenn bei s Versuchen Nr. i m_i Male erschienen ist, so wird die Wahrscheinlichkeit des Erscheinens von Nr. j bei m_i aus diesen s Versuchen durch $\dfrac{k-1}{n-1}$ und bei den übrigen $s-m_i$ Versuchen durch $\dfrac{k}{n-1}$ ausgedrückt. Daher:

$$\mathfrak{E}_i(u_j) = \frac{m_i(k-1) + (s-m_i)k}{n-1} - \frac{s\,k}{n}\,,$$

$$\mathfrak{E}_i(u_j) = -\frac{u_i}{n-1}\,,$$

$$\mathfrak{E}(u_i\,u_j) = -\frac{1}{n-1}\,\mathfrak{E}(u_i^2) = -\frac{s\,p\,q}{n-1}$$

und, mit Rücksicht auf (65):

$$(66) \qquad \mathfrak{E}(U^2) = k\,s\,p\,q - \frac{k(k-1)\,s\,p\,q}{n-1} = \frac{s\,n^2\,p^2\,q^2}{n-1}\,.$$

Bei einem gegebenen A_s^2 ist A_{s+1}^2 in der Annahme, daß bei der $s+1$-ten Ziehung die Nummern 1 bis k erscheinen, wie folgt zu bestimmen. Man hat:

$$A_{s+1} = \sum_1^k i\,\{m_i + 1 - (s+1)\,p\}^2 + \sum_{k+1}^m i\,\{m_i - (s+1)\,p\}^2 ,$$

$$m_i + 1 - (s+1)\,p = u_i + q$$

$$m_i - (s+1)\,p = u_i - p$$

$$A_{s+1} = A_s + 2\,q\,U + k\,q^2 + 2\,p\,U + (n - k)\,p^2 ,$$

woraus vermöge der Substitutionen $k = n\,p$, $n - k = n\,q$, $p + q = 1$

und

$$A_{s+1} = A_s + 2\,U + n\,p\,q$$

$$(67)\quad A_{s+1}^2 = A_s^2 + 4\,U^2 + n^2\,p^2\,q^2 + 4\,A_s\,U + 2\,A_s\,n\,p\,q + 4\,U\,n\,p\,q$$

hervorgeht.

Würde man A_{s+1}^2 in der Annahme bestimmen, daß bei der $\overline{s+1}$-ten Ziehung nicht die Nummern 1 bis k, sondern beliebige andere k Nummern erscheinen, so erhielte man einen Ausdruck, der sich wie (67) schreiben ließe und worin unter U die Summe von k anderen Abweichungen u_i zu verstehen wäre. Dabei würde Formel (66) ihre Gültigkeit behalten. Da zugleich alle $\binom{n}{k}$ möglichen Annahmen darüber, welche Nummern herauskommen, gleich wahrscheinlich sind, so erhält man aus (67) auf Grund der Formeln (61), (63) und (66):

$$\mathfrak{E}(A_{s+1}^2) = \mathfrak{E}(A_s^2) + \frac{2\,s(n + 1)\,n^2\,p^2\,q^2}{n - 1} + n^2\,p^2\,q^2$$

und

$$\sum_1^{s-1} r\,\mathfrak{E}(A_{r+1}^2) = \sum_1^{s-1} r\,\mathfrak{E}(A_r^2) + \frac{s(s - 1)(n + 1)\,n^2\,p^2\,q^2}{n - 1} + (s - 1)\,n^2\,p^2\,q^2 ,$$

woraus

$$(68)\quad \mathfrak{E}(A_s^2) = \mathfrak{E}(A_1^2) + \frac{s(s - 1)(n + 1)n^2 p^2 q^2}{n - 1} + (s - 1)\,n^2\,p^2\,q^2$$

folgt. Es ist aber

$$A_1^2 = \{k(1 - p)^2 + (n - k)\,p^2\}^2 = n^2\,p^2\,q^2 .$$

Daher geht (68) in

$$(69)\qquad \mathfrak{E}(A_s^2) = \frac{s\,n^2\,p^2\,q^2\,\{s(n + 1) - 2\}}{n - 1}$$

über, und auf (60) zurückgreifend, findet man, in Übereinstimmung mit (55):

$$(70)\qquad \mathfrak{M}^2(Q^2) = \frac{2(s - 1)}{s(n - 1)} .$$

Der Umstand, daß jedesmal statt einer Nummer mehrere Nummern gezogen werden, übt sonach auf den mittleren Fehler von Q^2 keinen Einfluß aus[2]).

---

[2]) In meinem Artikel „Realismus und Formalismus in der mathematischen Statistik" (Allgemeines Statistisches Archiv, Bd. IX, 1915, S. 252, Fußnote 26a, und S. 254, Fußnote 29a) habe ich Formel (70) auf zwei Beispiele angewandt, von denen das eine von H. Westergaard und das andere von Czuber herrührt.

Drittes Kapitel.

Die Stochastik der Iterationen.

§ 1. Die Zahlen der Iterationen von gegebener Länge.

Die Iterationen werden zum Gegenstand einer stochastischen Betrachtung dadurch, daß man die Tatsache, ob ein bestimmtes Element von der Art A oder von der Art B ist, unter die Herrschaft des Zufalls stellt. Es sei für jedes Element die Wahrscheinlichkeit, ein A-Element zu sein, mit p, und die Wahrscheinlichkeit, ein B-Element zu sein, mit q bezeichnet. Hiernach ist:

$$(1) \qquad p + q = 1 \, .$$

Die Wahrscheinlichkeit, daß eine bestimmte Sequenz zu n eine A-Iteration ist, wird durch p^n, und daß sie eine B-Iteration ist, durch q^n ausgedrückt. Hiernach erhält man $p^n + q^n$ als Wahrscheinlichkeit für eine Sequenz zu n, eine Iteration überhaupt, d. h. gleichviel welcher Art zu sein.

Man führe die abkürzende Bezeichnung

$$(2) \qquad p^n + q^n = r_n$$

ein und verweile, mit Rücksicht auf die nachfolgenden Darlegungen, einen Augenblick bei den Größen r_n. Auf Grund von (1) hat man $p^{n+1} = p^n(1 - q)$ und $q^{n+1} = q^n(1 - p)$. Daher die Rekursionsformel

$$(3) \qquad r_{n+1} = r_n - p\,q\,r_{n-1} \, .$$

Setzt man hierin $n + 1$ bzw. $n - 1$ für n ein, so erhält man:

$$(4) \qquad r_{n+2} = r_{n+1} - p\,q\,r_n$$

bzw.

$$(5) \qquad r_n = r_{n-1} - p\,q\,r_{n-2} \, .$$

Ferner ergibt sich aus (3) und (4)

$$(6) \qquad r_n - r_{n+1} = p\,q\,r_{n-1}$$

$$(7) \qquad r_{n+1} - r_{n+2} = p\,q\,r_n \, ,$$

woraus

$$(8) \qquad r_n - 2\,r_{n+1} + r_{n+2} = p\,q(r_{n-1} - r_n)$$

und mit Rücksicht auf (5)

$$(9) \qquad r_n - 2\,r_{n+1} + r_{n+2} = p^2\,q^2\,r_{n-2}$$

folgt.

Der Formel (2) zufolge hat man:

$$(10) \qquad r_0 = 2 \, ,$$

$$(11) \qquad r_1 = 1 \, ,$$

und Formel (3) gestattet die Werte von r_n, von $n = 2$ an, durch algebraische Summen der mit bestimmten numerischen Koeffizienten versehenen Potenzen des Produkts $p\,q$ darzustellen. Die betreffenden Formeln bieten bei kleinen Werten von n unter Umständen einen praktischen Vorteil vor der Formel (2), und sie mögen hier für $n = 2$ bis 7 mitgeteilt werden. Diese Formeln sind:

$$(12) \qquad r_2 = 1 - 2\,p\,q$$

$$(13) \qquad r_3 = 1 - 3\,p\,q$$

$$(14) \qquad r_4 = 1 - 4\,p\,q + 2\,p^2\,q^2$$

$$(15) \qquad r_5 = 1 - 5\,p\,q + 5\,p^2\,q^2$$

$$(16) \qquad r_6 = 1 - 6\,p\,q + 9\,p^2\,q^2 - 2\,p^3\,q^3$$

$$(17) \qquad r_7 = 1 - 7\,p\,q + 14\,p^2\,q^2 - 7\,p^3\,q^3 \,.$$

Um die Erörterungen über die Größen r_n zum Abschluß zu bringen, sei noch auf die Beziehung

$$(18) \qquad r_h + r_{h+1} + \cdots + r_k = \frac{r_{h+1} - r_{k+2}}{p\,q} \,.$$

hingewiesen, die sich ohne weiteres auf Grund der für die Glieder einer geometrischen Reihe geltenden Summierungsformel aus (2) ergibt.

Es soll nunmehr an die Bestimmung der mathematischen Erwartung von i_n und von i_n^2, somit der Größen $\mathfrak{E}(i_n)$ und $\mathfrak{E}(i_n^2)$, geschritten werden. Sind diese beiden Größen bekannt, so läßt sich auf Grund der Formel (15) des § 1 des 2. Kapitels der mittlere Fehler von i_n, somit die Größe $\mathfrak{M}(i_n)$, bestimmen.

Man nehme die beiden Sonderfälle $n = 1$ und $n = N$ vorweg. Da jede Sequenz zu 1 eine Iteration ist und da die Zahl dieser Sequenzen laut Formel (15) des § 3 des 1. Kapitels N beträgt, so hat man:

$$(19) \qquad \mathfrak{E}(i_1) = N, \quad \mathfrak{E}(i_1^2) = N^2, \quad \mathfrak{M}(i_1) = 0 \,.$$

Was aber den Fall $n = N$ anlangt, so erhält man, da die Wahrscheinlichkeit einer Sequenz zu N, eine Iteration zu sein, sich auf $p^n + q^n$ oder r_n stellt und da laut Formel (16) des § 3 es nur eine Sequenz zu N gibt:

$$(20) \qquad \mathfrak{E}(i_N) = r_N, \quad \mathfrak{E}(i_N^2) = r_N, \quad \mathfrak{M}^2(i_N) = r_N(1 - r_N) \,.$$

Es verbleiben die Fälle, in denen die Bedingung $1 < n < N$ erfüllt ist. Hier entspricht jeder Sequenz zu n ein bestimmtes, und zwar jeweils ein anderes Anfangselement. Es sei x_a die Zahl der Iterationen zu n mit dem Anfangselement Nr. a. Offenbar kann x_a nur die beiden Werte 1 und 0 annehmen, und zwar ist die Wahrscheinlichkeit, daß $x_a = 1$, durch r_n, und die Wahrscheinlichkeit, daß $x_a = 0$, durch $1 - r_n$ dargestellt. Daher denn:

$$(21) \qquad i_n = \sum_{1}^{N}{}^a x_a ,$$

$$(22) \qquad \mathfrak{E}(x_a) = r_n$$

und nach dem für die mathematischen Erwartungen geltenden Additionssatz

$$(23) \qquad \mathfrak{E}(i_n) = N r_n .$$

Um $\mathfrak{E}(i^2)$ zu bestimmen, hat man von

$$(24) \qquad i_n^2 = \sum_{1}^{N}{}^a x_a \sum_{1}^{N}{}^b x_b$$

auszugehen. Es ist:

$$(25) \qquad x_a \sum_{1}^{N}{}^b x_b = x_a^2 + \sum_{1}^{a-1}{}^b x_a x_b + \sum_{a+1}^{N}{}^b x_a x_b ,$$

wobei im Fall $a = 1$ das mittlere und im Fall $a = N$ das letzte Glied auf der rechten Seite von (23) verschwindet. Man hat zunächst:

$$(26) \qquad \mathfrak{E}(x_a^2) = r_n .$$

Was sodann $\mathfrak{E}(x_a x_b)$ anlangt, so ist zu berücksichtigen, daß das Produkt $x_a x_b$ den Wert 1 oder 0 annimmt, je nachdem die beiden Sequenzen (a, n) und (b, n) Iterationen sind, oder dies nicht zutrifft, sei es, daß die beiden keine Iterationen sind, sei es, daß nur eine der beiden eine Iteration ist. Demnach wird $\mathfrak{E}(x_a x_b)$ ausgedrückt durch die Wahrscheinlichkeit, daß die beiden Sequenzen (a, n) und (b, n) Iterationen sind. Diese Wahrscheinlichkeit bestimmt sich, wenn die betreffenden Sequenzen inhaltsfremd sind, nach dem Satz, daß die Wahrscheinlichkeit des gleichzeitigen Eintreffens zweier voneinander unabhängigen Ereignisse dem Produkt ihrer Wahrscheinlichkeiten gleich ist, und wenn die betreffenden Sequenzen inhaltsverwandt sind aus der Erwägung heraus, daß es hierbei darauf ankommt, ob die durch Zusammenlegung der beiden Sequenzen entstehende Sequenz eine Iteration ist oder nicht, wobei noch zwischen einseitiger und doppelseitiger Inhaltsverwandtschaft zu unterscheiden ist. So ergeben sich die drei Fälle, in denen die Sequenzen (a, n) und (b, n) 1. inhaltsfremd, 2. einseitig inhaltsverwandt und 3. doppelseitig inhaltsverwandt sind.

Im 1. Fall besteht die Beziehung

$$(27) \qquad \mathfrak{E}(x_a x_b) = r_n^2 .$$

Im 2. Fall kommt durch Zusammenlegung der beiden Sequenzen (a, n) und (b, n) eine Sequenz zu $2n - m$ zustande. Daher denn

$$(28) \qquad \mathfrak{E}(x_a x_b) = r_{2n-m} .$$

Im 3. Fall kommt durch Zusammenlegung der beiden Sequenzen (a, n) und (b, n) die Totalgruppe zustande, woraus folgt, daß in diesem Fall

$$(29) \qquad \mathfrak{E}(x_a\, x_b) = r_N \, .$$

Ist $n < \tfrac{1}{2}(N + 2)$, so kann nach den Ausführungen des § 3 des 1. Kapitels keine doppelseitige Inhaltsverwandtschaft entstehen, und gehören zu jeder Sequenz (a, n) $2(n - 1)$ einseitig inhaltsverwandte Sequenzen, von denen je zwei $1, 2 \ldots n - 1$ Elemente mit der betreffenden Sequenz gemeinsam haben, während die Zahl der zugehörigen inhaltsfremden Sequenzen $N - 2n + 1$ beträgt. Man findet daher aus (25), (26), (27) und (28):

$$(30) \qquad \mathfrak{E}\!\left(x_a \sum_{1}^{N}{}_b\, x_b\right) = r_n + (N - 2\,n + 1)\, r_n^2 + 2\sum_{1}^{n-1}{}_m\, r_{2n-m} \, .$$

Auf Grund von (18) hat man aber

$$(31) \qquad \sum_{1}^{n-1}{}_m\, r_{2n-m} = \frac{r_{n+2} - r_{2n+1}}{p\, q} \, ,$$

so daß Formel (30) in

$$(32) \qquad \mathfrak{E}\!\left(x_a \sum_{1}^{N}{}_b\, x_b\right) = r_n + \frac{2\,(r_{n+2} - r_{2n+1})}{p\, q} + (N - 2\,n + 1)\, r_n^2$$

übergeht. Letztere Formel ergibt wegen (24):

$$(33) \qquad \mathfrak{E}(i_n^2) = N\left\{r_n + \frac{2}{p\,q}\,(r_{n+2} - r_{2n+1}) + (N - 2\,n + 1)\, r_n^2\right\} \, ,$$

und die beiden Formeln (23) und (33) führen schließlich zu

$$(34) \qquad \mathfrak{M}^2(i_n) = N\left\{r_n + \frac{2}{p\,q}\,(r_{n+2} - r_{2n+1}) - (2\,n - 1)\, r_n^2\right\} \, .$$

Für $n = 2$ und $n = 3$ findet man mit Benutzung der Formeln (12) bis (17):

$$(35) \qquad \mathfrak{M}^2(i_2) = 4\,N\,p\,q\,(1 - 3\,p\,q) \, ,$$

$$(36) \qquad \mathfrak{M}^2(i_3) = N\,p\,q\,(9 - 31\,p\,q) \, ,$$

wobei letztere Formel nur bei $N > 4$ anwendbar ist, da bei $N = 4$ die Bedingung $n < \tfrac{1}{2}(N + 2)$ nicht erfüllt ist.

Was nunmehr diejenigen Werte von n anlangt, für welche die Ungleichung bzw. Gleichung $n \geqq \tfrac{1}{2}(N + 2)$ gilt, so gibt es hier nach den Ausführungen des § 3 des 1. Kapitels jeweils $2\,n - N - 1$ bzw. $2(N - n)$ Sequenzen, die mit der gegebenen Sequenz doppelseitig bzw. einseitig inhaltsverwandt sind, wobei je zwei unter den einseitig inhaltsverwandten $2\,n - N$, $2\,n - N + 1 \ldots n - 1$ Elemente mit der gegebenen Sequenz gemeinsam haben. Man kommt daher auf Grund von (25), (26), (28) und (29) zu:

$$(37) \qquad \mathfrak{E}\left(x_a \sum_1^N x_b\right) = r_n + (2\,n - N - 1)\,r_N + 2\sum_{2\,n-N}^{n-1}{}_m\, r_{2\,n-m}\,.$$

Ferner erhält man der Formel (18) zufolge:

$$(38) \qquad \sum_{2\,n-N}^{n-1}{}_m\, r_{2\,n-m} = \frac{r_{n+2} - r_{N+2}}{p\,q}\,,$$

somit

$$\mathfrak{E}\left(x_a \sum_1^N x_b\right) = r_n + (2\,n - N - 1)\,r_N + \frac{2}{p\,q}\,(r_{n+2} - r_{N+2})\,,$$

$$(39) \qquad \mathfrak{E}(i_n^2) = N\left\{r_n + \frac{2}{p\,q}\,(r_{n+2} - r_{N+2}) + (2\,n - N - 1)\,r_N\right\}$$

und schließlich

$$(40) \qquad \mathfrak{M}^2(i_n) = N\left\{r_n + \frac{2}{p\,q}\,(r_{n+2} - r_{N+2}) + (2\,n - N - 1)\,r_N - N\,r_n^2\right\}.$$

Diese Formel läßt sich für den besonderen Fall $n = N - 1$ leicht nachprüfen. Setzt man in (40) $N - 1$ für n ein, so erhält man unter Berücksichtigung von (4):

$$(41) \qquad \mathfrak{M}^2(i_{N-1}) = N\left\{r_{N-1} + (N - 1)\,r_N - N\,r_{N-1}^2\right\}.$$

Nun lehrt aber eine einfache Überlegung, daß i_{N-1} nur die beiden Werte N und 1 annehmen kann, wobei dem Wert N die Wahrscheinlichkeit r_N und dem Wert 1 die Wahrscheinlichkeit $N(p^{N-1}q + q^{N-1}p)$ zukommt. Letzterer Ausdruck geht auf Grund von (5) in $N(r_{N-1} - r_N)$ über. Daher

$$\mathfrak{E}(i_{N-1}) = N\,r_N + N(r_{N-1} - r_N) = N\,r_{N-1}\,,$$

$$\mathfrak{E}(i^2{}_{N-1}) = N^2\,r_N + N(r_{N-1} - r_N)$$

und schließlich

$$(42) \qquad \mathfrak{M}^2(i_{N-1}) = N(N - 1)\,r_N + N\,r_{N-1} - N^2\,r^2{}_{N-1}\,.$$

Wie man sieht, stimmen die beiden Formeln (41) und (42) miteinander überein.

Sie gelten übrigens für den Fall $N = 3$, und zwar nur für diesen Fall, nicht, weil hier die Bedingung $n \geqq \frac{1}{2}(N + 2)$ nicht erfüllt ist. Es besteht vielmehr in diesem Fall die Ungleichung $n < \frac{1}{2}(N + 2)$, und dementsprechend kommt Formel (34) bzw. (35) zur Anwendung. Setzt man in (35) $N = 3$, so findet man: $\mathfrak{M}^2(i_2) = 12\,p\,q\,(1 - 3\,p\,q)$.

Auch dieses Ergebnis läßt sich leicht direkt gewinnen. Es kommen nämlich die 8 möglichen Fälle

$$AAA \quad AAB \quad ABA \quad ABB \quad BAA \quad BAB \quad BBA \quad BBB$$

in Betracht, denen die Wahrscheinlichkeiten

$$p^3 \quad p^2 q \quad p^2 q \quad p q^2 \quad p^2 q \quad p q^2 \quad p q^2 \quad q^3$$

und die Zahlen

$$3 \quad 1 \quad 1 \quad 1 \quad 1 \quad 1 \quad 1 \quad 3$$

der Iterationen zu 2 entsprechen. Nun hat man aber $p^3 + q^3 = 1 - 3 p q$, und die Summe der übrigen 6 Wahrscheinlichkeiten beträgt $3 p q$. Daher $\mathfrak{E}(i_2) = 3 (1 - 3 p q) + 3 p q = 3 - 6 p q$, $\mathfrak{E}(i_2^2) = 9 (1 - 3 p q) + 3 p q = 9 - 24 p q$ und schließlich $\mathfrak{M}^2(i_2) = 9 - 24 p q - (3 - 6 p q)^2 = 12 p q - 36 p^2 q^2 = 12 p q (1 - 3 p q)$, wie vorhin.

Bei einigermaßen großem N scheidet der Fall, wo $n \geqq \frac{1}{2} (N + 2)$, praktisch aus, weil die nach Formel (23) sich ergebenden erwartungsmäßigen Zahlen der Iterationen schon bei einem im Vergleich zu N kleinen n sich kaum von Null unterscheiden. Hier kommt somit von den beiden Formeln (34) und (40) nur die erste in Betracht. Soweit man nun bei dieser Sachlage unter den praktisch in Betracht kommenden Iterationen nur die Iterationen von größter Länge ins Auge faßt, denen bei merklichen Werten von r_n und gegebenen Falles auch noch von r_{n+2} verschwindend kleine Werte von r_{2n+1} und von r_n^2 entsprechen, wird sich Formel (34) durch die Näherungsformel

$$\mathfrak{M}^2(i_n) = N \left(r_n + \frac{2 \, r_{n+2}}{p \, q} \right)$$

ersetzen lassen. Letztere Formel kann mit Rücksicht auf (4) in der Form

$$\mathfrak{M}^2(i_n) = \frac{N (r_{n+1} + r_{n+2})}{p \, q}$$

und wegen (1) auch in der Form

$$(43) \qquad \mathfrak{M}^2(i_n) = N \left(\frac{1 + p}{1 - p} p^n + \frac{1 + q}{1 - q} q^n \right)$$

geschrieben werden.

Es bietet ein Interesse, die durch die beiden Formeln (34) und (43) gegebenen Ausdrücke des mittleren Fehlers von i_n mit den Ausdrücken des mittleren Fehlers von i_n zu vergleichen, die man erhält, wenn man auf die Inhaltsverwandtschaft, somit auf die gegenseitige Abhängigkeit eines Teiles der jeweilig in Betracht kommenden Sequenzen keine Rücksicht nimmt. Es sei der unter Außerachtlassung dieser Abhängigkeit, mithin falsch, berechnete mittlere Fehler von i_n mit

$\mathfrak{M}_f(i_n)$ bezeichnet. Der Formel (14) des § 2 des 2. Kapitels zufolge hat man

$$(44) \qquad \mathfrak{M}_f^2(i_n) = N\, r_n(1 - r_n)\,,$$

und zieht man von dieser identischen Gleichung die identische Gleichung (34) ab, so erhält man:

$$(45) \quad \mathfrak{M}_f^2(i_n) - \mathfrak{M}^2(i_n) = -\,\frac{2\,N\{\,r_{n+2} - r_{2n+1} - (n-1)\,p\,q\,r_n^2\}}{p\,q}\,.$$

Bei $n = 2$ findet man unter Benutzung der Formeln (12), (14) und (15) und vermöge der Substitution $1 - 4\,p\,q = (p - q)^2$:

$$(46) \qquad \mathfrak{M}_f^2(i_2) - \mathfrak{M}^2(i_2) = -2\,N\,p\,q\,(p - q)^2\,,$$

woraus zu ersehen ist, daß die falsche Berechnungsmethode in diesem Spezialfall ein richtiges Ergebnis liefert, wenn $p = q = \frac{1}{2}$. Daß dem so sein muß, leuchtet übrigens unmittelbar ein: bei $p = q = \frac{1}{2}$ ist der Umstand, ob eine Sequenz $(a, 2)$ eine Iteration ist, ohne Einfluß auf die Wahrscheinlichkeit, daß die Sequenz $(\overline{a + 1}, 2)$ eine Iteration ist. Diese Wahrscheinlichkeit beträgt immer $\frac{1}{2}$, mögen die Elemente Nr. a und Nr. $\overline{a + 1}$ von gleicher oder von verschiedener Art sein. Sind aber p und q nicht einander gleich, so beträgt die Wahrscheinlichkeit, daß die Sequenz $(\overline{a + 1}, 2)$ eine Iteration ist,

$$\frac{p^2}{p^2 + q^2}\,p + \frac{q^2}{p^2 + q^2}\,q = \frac{1 - 3\,p\,q}{1 - 2\,p\,q}$$

in dem Fall, wo die Sequenz $(a, 2)$ eine Iteration ist, und

$$\tfrac{1}{2}\,q + \tfrac{1}{2}\,p = \tfrac{1}{2}$$

in dem Fall, wo die Sequenz $(a, 2)$ keine Iteration ist, woraus sich

$$\frac{1 - 3\,p\,q}{1 - 2\,p\,q} - \frac{1}{2} = \frac{1 - 4\,p\,q}{2\,(1 - 2\,p\,q)} = \frac{(p - q)^2}{2\,(p^2 + q^2)}$$

als Überschuß der ersten über die zweite der beiden in Frage stehenden Wahrscheinlichkeiten ergibt.

Der Näherungsformel (43) entspricht die Näherungsformel

$$(47) \qquad \mathfrak{M}_f^2(i_n) = N\,(p^n + q^n)\,,$$

die aus (44) dadurch entsteht, daß man darin $r_n^2 = 0$ setzt. Hier erhält man, wenn $p = q = \frac{1}{2}$:

$$(48) \qquad \mathfrak{M}_f^2(i_n) : \mathfrak{M}^2(i_n) = 1 : 3\,,$$

somit

$$(49) \qquad \mathfrak{M}_f(i_n) : \mathfrak{M}(i_n) = \frac{1}{\sqrt{3}} = 0{,}58$$

und

$$(50) \qquad \mathfrak{M}(i_n) : \mathfrak{M}_f(i_n) = \sqrt{3} = 1{,}73\,.$$

§ 2. Die Zahlen der einreihigen Iterationen von gegebener Länge.

Führt man für die Zahl der einreihigen Iterationen zu n mit dem Anfangselement Nr. a die Bezeichnung y_a ein, so erhält man unter Berücksichtigung der Formeln (6) und (17) des § 3 des 1. Kapitels:

$$(1) \qquad j_n = \sum_{1}^{N-n+1}{}^{a} y_a .$$

Zugleich gilt die der Formel (22) des vorigen Paragraphen analoge Formel

$$(2) \qquad \mathfrak{E}(y_a) = r_n ,$$

so daß

$$(3) \qquad \mathfrak{E}(j_n) = (N - n + 1)\, r_n .$$

Es soll nunmehr $\mathfrak{E}(j_n^2)$ bestimmt werden. Nimmt man an, daß die Bedingung

$$(4) \qquad n \leqq \tfrac{1}{3}(N + 3)$$

oder, was dasselbe ist, die Bedingung

$$(5) \qquad N - 2n + 3 \geqq n$$

erfüllt ist, so gestattet die Formel

$$(6) \qquad j_n^2 = \sum_{1}^{N-n+1}{}^{a} y_a \ \sum_{1}^{N-n+1}{}^{b} y_b$$

bei $n \geqq 2$ folgende Zerlegung:

$$(7) \qquad j_n^2 = \sum_{1}^{n-1}{}^{a} y_a \sum_{1}^{N-n+1}{}^{b} y_b + \sum_{n}^{N-2n+2}{}^{a} y_a \ \sum_{1}^{N-n+1}{}^{b} y_b + \sum_{N-2n+3}^{N-n+1}{}^{a} y_a \ \sum_{1}^{N-n+1}{}^{b} y_b$$

Bei $n = \tfrac{1}{3}(N + 3)$ bzw. bei $N - 2n + 3 = n$ verschwindet das mittlere Glied auf der rechten Seite von (7). Den Formeln (27) und (28) des vorigen Paragraphen entsprechend, hat man entweder

$$(8) \qquad \mathfrak{E}(y_a y_b) = r_n^2$$

oder

$$(9) \qquad \mathfrak{E}(y_a y_b) = r_{2n-m} ,$$

je nachdem die in Frage kommenden Sequenzen (a, n) und (b, n) inhaltsfremd oder (einseitig) inhaltsverwandt sind. Was aber die jeweiligen Zahlen der einem bestimmten Wert von a entsprechenden inhaltsfremden und inhaltsverwandten Sequenzen zu n, und, soweit es sich um letztere handelt, die betreffenden Zahlen der gemeinsamen Elemente anlangt, so sind jene wie diese Zahlen nach Maßgabe der am Schluß des § 3 des 1. Kapitels formulierten Sätze für jeden der drei Wertbereiche, in welche a, der Zerlegungsformel (7) zufolge, fallen kann, gesondert zu bestimmen.

Man findet, sofern $n \geqq 2$:

$$
(10) \quad
\begin{cases}
\mathfrak{E}\left(\sum_{1}^{n-1}{}^{a}\, y_a \ \sum_{1}^{N-n+1}{}^{b}\, y_b \right) = (n-1)\, r_n + \sum_{2}^{n-1}{}^{a} \sum_{n-a+1}^{n-1}{}^{m} r_{2n-m} + (n-1) \sum_{1}^{n-1}{}^{m} r_{2n-n} \\[4ex]
\qquad\qquad\qquad + \sum_{1}^{n-1}{}^{a} (N - 2n + 2 - a)\, r_n^2 ,
\end{cases}
$$

$$
(11) \quad
\mathfrak{E}\left(\sum_{n}^{N-2n+2}{}^{a}\, y_a \ \sum_{1}^{N-n+1}{}^{b}\, y_b \right) = (N - 3n + 3) \left\{ r_n + 2 \sum_{1}^{n-1}{}^{m} r_{2n-m} + (N - 3n + 2)\, r_n^2 \right\}
$$

und

$$
(12) \quad
\begin{cases}
\mathfrak{E}\left(\sum_{N-2n+3}^{N-n+1}{}^{a}\, y_a \ \sum_{1}^{N-n+1}{}^{b}\, y_b \right) = (n-1)\, r_n + \sum_{N-2n+3}^{N-n}{}^{a} \sum_{a+2n-N-1}^{n-1}{}^{m} r_{2n-m} + (n-1) \sum_{1}^{n-1}{}^{m} r_{2n-m} \\[4ex]
\qquad\qquad\qquad + \sum_{N-2n+3}^{N-n+1}{}^{a} (a - n)\, r_n^2 .
\end{cases}
$$

Alsdann erhält man nach Formel (18) des vorigen Paragraphen:

$$
\sum_{n-a+1}^{n-1}{}^{m} r_{2n-m} = \frac{r_{n+2} - r_{n+a+1}}{p\,q} , \qquad
\sum_{2}^{n-1}{}^{a} r_{n+a+1} = \frac{r_{n+4} - r_{2n+2}}{p\,q} ,
$$

$$
(13) \quad \sum_{2}^{n-1}{}^{a} \sum_{n-a+1}^{n-1}{}^{m} r_{2n-m} = \frac{(n-2)\, r_{n+2}}{p\,q} - \frac{r_{n+4} - r_{2n+2}}{p^2\, q^2} ,
$$

sowie

$$
\sum_{a+2n-N-1}^{n-1}{}^{m} r_{2n-m} = \frac{r_{n+2} - r_{N-a+3}}{p\,q} , \qquad
\sum_{N-2n+3}^{N-n}{}^{a} r_{N-a+3} = \frac{r_{n+4} - r_{2n+2}}{p\,q} ,
$$

$$
(14) \quad \sum_{N-2n+3}^{N-n}{}^{a} \sum_{a+2n-N-1}^{n-1}{}^{m} r_{2n-m} = \frac{(n-2)\, r_{n+2}}{p\,q} - \frac{r_{n+4} - r_{2n+2}}{p^2\, q^2} .
$$

Zieht man noch die Formel (31) des vorigen Paragraphen heran, so gelangt man auf der Grundlage von (7) unter Berücksichtigung der Formeln (10) bis (14) zu:

$$
(15) \quad
\begin{cases}
\mathfrak{E}(j_n^2) = (N - n + 1)\, r_n + \dfrac{2(n-2)\, r_{n+2}}{p\,q} - \dfrac{2(r_{n+4} - r_{2n+2})}{p^2\, q^2} \\[3ex]
+ \dfrac{2(N - 2n + 2)\,(r_{n+2} - r_{2n+1})}{p\,q} + (N^2 + 3N - 4Nn + 4n^2 - 6n + 2)\, r_n^2 .
\end{cases}
$$

Diese Formel in Verbindung mit Formel (3) ergibt:

$$
(16) \quad
\begin{cases}
\mathfrak{M}^2(j_n) = (N - n + 1)\, r_n + \dfrac{2(n-2)\, r_{n+2}}{p\,q} + \dfrac{2(N - 2n + 2)\,(r_{n+2} - r_{2n+1})}{p\,q} \\[3ex]
- \dfrac{2(r_{n+4} - r_{2n+2})}{p^2\, q^2} - (2nN - N - 3n^2 + 4n - 1)\, r_n^2 .
\end{cases}
$$

Auf Grund der Formel (3) des vorigen Paragraphen bestehen aber die Beziehungen:

$$p\,q\,r_{n+2} = r_{n+3} - r_{n+4}\,, \qquad p\,q\,r_{2n+1} = r_{2n+2} - r_{2n+3}\,.$$

Berücksichtigt man diese Beziehungen, so läßt sich schließlich (16) leicht auf die Form

$$(17)\quad \begin{cases} \mathfrak{M}^2(j_n) = (N - n + 1)\left\{r_n + \dfrac{2}{p\,q}\,(r_{n+2} - r_{2n+1}) - (2\,n - 1)\,r_n^2\right\} \\[2mm] \quad - \dfrac{2}{p^2\,q^2}\,(r_{n+3} - n\,p\,q\,r_{2n+1} - r_{2n+3}) + n(n - 1)\,r_n^2\,, \end{cases}$$

oder auch, unter abermaliger Benutzung der Formel (3) des vorigen Paragraphen, auf die Form

$$\begin{cases} \mathfrak{M}^2(j_n) = \dfrac{(N - n + 1)\left\{r_{n+1} + r_{n+2} - 2\,r_{2n+1} - (2\,n - 1)\,r_n(r_{n+1} - r_{n+2})\right\}}{p\,q} \\[3mm] \quad - \dfrac{2\left\{r_{n+3} - n\,r_{2n+2} + (n - 1)\,r_{2n+3}\right\}}{p^2\,q^2} + n(n - 1)\,r_n^2 \end{cases}$$

bringen.

Ein Vergleich der Formel (17) mit der Formel (34) des vorigen Paragraphen zeigt, daß an Stelle des Faktors N der Faktor $N - n + 1$ getreten ist und daß zwei von N unabhängige Glieder hinzugekommen sind. Unter denselben Bedingungen, unter denen die Näherungsformel (43) des vorigen Paragraphen abgeleitet worden ist, kann Formel (18) durch die Näherungsformel

$$\mathfrak{M}^2(j_n) = \frac{(N - n + 1)\,(r_{n+1} + r_{n+2})}{p\,q} - \frac{2\,r_{n+3}}{p^2\,q^2}$$

oder, anders geschrieben,

$$(19)\quad \begin{cases} \mathfrak{M}^2(j_n) = (N - n + 1)\left(\dfrac{1 + p}{1 - p}\,p^n + \dfrac{1 + q}{1 - q}\,q^n\right) \\[3mm] \quad - 2\left\{\dfrac{p^{n+1}}{(1 - p)^2} + \dfrac{q^{n+1}}{(1 - q)^2}\right\}, \end{cases}$$

somit durch eine Formel, die im wesentlichen der Formel (43) des vorigen Paragraphen entspricht, ersetzt werden.

Bei $n = 2$ erhält man aus (16):

$$(20)\qquad \mathfrak{M}^2(j_2) = 2(2\,N - 3)\,p\,q - 4(3\,N - 5)\,p^2\,q^2\,.$$

Streicht man hierin -3 und -5, so erzielt man eine vollständige Übereinstimmung mit Formel (35) des vorigen Paragraphen. Formel (20) gilt ohne die Einschränkung, die sich für die allgemeine Formel (17) bzw. (18) aus (4) ergibt. Denn bei $n = 2$ ist (4) immer erfüllt, weil ja, wie eingangs des 1. Kapitels bemerkt worden ist, N nicht

kleiner als 3 sein darf[1]). Setzt man $N = 3$ und $n = 2$, so ergeben sich
die 8 möglichen Fälle:

$$AAA \quad AAB \quad ABA \quad ABB \quad BAA \quad BAB \quad BBA \bullet BBB$$

denen die Wahrscheinlichkeiten

$$p^3 \qquad p^2 q \qquad p^2 q \qquad p q^2 \qquad p^2 q \qquad p q^2 \qquad p q^2 \qquad q^3$$

und die Zahlen

$$2 \qquad 1 \qquad 0 \qquad 1 \qquad 1 \qquad 0 \qquad 1 \qquad 2$$

der einreihigen Iterationen zu 2 entsprechen. Daher denn: $\mathfrak{E}(j_2) =
2(1 - 3\,p\,q) + 2\,p\,q = 2 - 4\,p\,q$, $\quad \mathfrak{E}(j_2^2) = 4(1 - 3\,p\,q) + 2\,p\,q = 4
- 10\,p\,q$ und $\mathfrak{M}^2(j_2) = 6\,p\,q - 16\,p^2\,q^2$. Dieses Ergebnis befindet
sich aber mit Formel (20), worin $N = 3$ zu setzen ist, in der Tat im
Einklang.

Auf den Fall, wo bei $n > 2$ Formel (4) nicht zutrifft, soll nicht
näher eingegangen werden, zumal da dieser Fall für das Weitere, insbesondere auch für den kritischen Teil dieser Schrift (6. Kapitel), ohne
Interesse ist.

§ 3. Die Zahlen der vollständigen Iterationen von gegebener Länge.

Die mathematische Erwartung der Zahl der vollständigen Iterationen zu n kann sowohl direkt wie auch indirekt, d. h. auf der
Grundlage der im § 4 des 1. Kapitels nachgewiesenen syntagmatischen
Beziehungen zwischen den Zahlen der vollständigen und den Zahlen
sämtlicher Iterationen zu n, bestimmt werden.

Will man den direkten Weg einschlagen, so hat man die der
Hilfsgröße x_a, mit welcher im § 1 operiert worden ist, analoge Hilfsgröße e_a einzuführen, welche die Zahl der vollständigen Iterationen
zu n mit dem Anfangs- bzw. Einzelelement Nr. a angibt. Man hat
zunächst:

$$(1) \qquad\qquad v_n = \sum_1^N{}^a e_a \, .$$

Sodann leuchtet es ein, daß dem Wert 1 — dem einzigen, den die
Größe e_a außer Null annehmen kann —, sofern $n < N - 1$, die Wahrscheinlichkeit $p^n q^2 + q^n p^2$ oder $p^2 q^2 r_{n-2}$ zukommt. Denn es gehört
mit zum Wesen einer vollständigen Iteration, sofern es nicht die Sequenz $(1, N)$ ist, daß, wie eingangs des § 4 des 1. Kapitels ausgeführt
worden ist, ihrem Anfangselement ein andersartiges Element vorgeordnet und ihrem Endelement ein andersartiges Element nachgeordnet ist, wobei die Bedingung $n < N - 1$ erfüllt sein muß, damit

---

[1]) Übrigens liefert Formel (20) ein zutreffendes Resultat auch bei $N = 2$.

jenes vorgeordnete mit diesem nachgeordneten Element nicht zusammenfällt. Mithin ist

$$(2) \qquad \mathfrak{E}(e_a) = p^2 \, q^2 \, r_{n-2} \, ,$$

so daß man schließlich, auf (1) zurückgreifend, zu

$$(3) \qquad \mathfrak{E}(v_n) = N \, p^2 \, q^2 \, r_{n-2}$$

gelangt. Bei $n = N - 1$ wird aber die Wahrscheinlichkeit, daß $e_a = 1$, durch $p^{N-1} \, q + q^{N-1} \, p$ oder durch $p \, q \, r_{N-2}$ ausgedrückt, so daß

$$(4) \qquad \mathfrak{E}(v_{N-1}) = N \, p \, q \, r_{N-2} \, ,$$

und bei $n = N$ erhält man

$$(5) \qquad \mathfrak{E}(v_N) = r_N \, .$$

Der **indirekte** Weg besteht darin, daß man, sofern $n < N - 2$, von der Formel (9) des § 4 des 1. Kapitels ausgeht und $\mathfrak{E}(v_n)$ nach dem für die mathematischen Erwartungen geltenden Additionssatz mit Hilfe der Formel (23) des § 1 dieses Kapitels ermittelt. Man findet auf diese Weise:

$$(6) \qquad \mathfrak{E}(v_n) = N \, (r_n - 2 \, r_{n+1} + r_{n+2}) \, .$$

Formel (6) geht aber mit Rücksicht auf Formel (9) des § 1 in Formel (3) über. Bei $n \geqq N - 2$ sind an Stelle der Formel (9) die Formeln (10), (11) und (12) des § 4 des 1. Kapitels und neben der Formel (23) des § 1 dieses Kapitels die erste der drei unter (20) in demselben Paragraphen angeführten Formeln zu benutzen. Es ergibt sich auch in diesen Fällen eine vollständige Übereinstimmung mit den auf direktem Wege gefundenen Formeln, d. h. mit der Formel (3), die auch für $n = N - 2$ gilt, sowie mit den Formeln (4) und (5).

Was nun aber $\mathfrak{M}(v_n)$ betrifft, so möge es dahingestellt bleiben, ob hier der direkte Weg überhaupt gangbar ist. Er würde jedenfalls neue Überlegungen erfordern. Die Bestimmung von $\mathfrak{M}(v_n)$ soll daher ausschließlich auf indirektem Wege erfolgen. Dabei empfiehlt es sich, um gewisse Komplikationen zu vermeiden, die Betrachtung auf den Fall zu beschränken, wo $n < \frac{1}{2}(N - 2)$. Hieraus folgt: $n < N - n - 2$ und a fortiori $n < N - 2$. Somit gilt Formel (9) des § 4 des 1. Kapitels, und man erhält zunächst:

$$(7) \qquad \left\{ \begin{aligned} \mathfrak{E}(v_n^2) &= \mathfrak{E}(i_n^2) + 4 \, \mathfrak{E}(i_{n+1}^2) + \mathfrak{E}(i_{n+2}^2) - 4 \, \{ \mathfrak{E}(i_n \, i_{n+1}) \\ &\quad + \mathfrak{E}(i_{n+1} \, i_{n+2}) \} + 2 \, \mathfrak{E}(i_n \, i_{n+2}) \, . \end{aligned} \right.$$

Die Werte der drei Größen $\mathfrak{E}(i_n^2)$, $\mathfrak{E}(i_{n+1}^2)$ und $\mathfrak{E}(i_{n+2}^2)$ sind alsdann durch Formel (33) des § 1 dieses Kapitels gegeben. Die Werte von $\mathfrak{E}(i_n \, i_{n+1})$, $\mathfrak{E}(i_{n+1} \, i_{n+2})$ und $\mathfrak{E}(i_n \, i_{n+2})$ findet man aber nach derselben Methode, die zu Formel (33) des § 1 geführt hat. Es sei mit x_a

bzw. x_a' bzw. x_a'' die Zahl der Iterationen zu n bzw. $n+1$ bzw. $n+2$ mit dem Anfangs- oder Einzelelement Nr. a bezeichnet. Man hat

$$(8) \qquad i_n\, i_{n+1} = \sum_{1}^{N}{}^a\, x_a \sum_{1}^{N}{}^b\, x_b'\,.$$

Jede beliebige Sequenz (a, n) hat mit je zwei Sequenzen $(b, \overline{n+1})$ aus der Zahl aller Sequenzen zu $n+1$ $1, 2, 3 \ldots n$ Elemente gemeinsam, während die Zahl der zugehörigen inhaltsfremden Sequenzen zu $n+1$ jeweils $N-2n$ beträgt. Durch Zusammenlegung von zwei Sequenzen (a, n) und $(b, \overline{n+1})$, die m Elemente miteinander gemeinsam haben, entsteht eine Sequenz zu $2n+1-m$. So kommt man auf die der Formel (30) des § 1 analoge Formel

$$(9) \qquad \mathfrak{E}\left(x_a \sum_{1}^{N}{}^b\, x_b'\right) = (N - 2n)\, r_n\, r_{n+1} + 2 \sum_{1}^{n}{}^m r_{2n+1-m}\,,$$

woraus, mit Rücksicht auf Formel (8) und auf Formel (18) des § 1

$$(10) \qquad \mathfrak{E}(i_n\, i_{n+1}) = N\left\{\frac{2}{p\,q}\, (r_{n+2} - r_{2n+2}) + (N - 2n)\, r_n\, r_{n+1}\right\}$$

folgt. Man hat zugleich:

$$(11) \quad \mathfrak{E}(i_{n+1}\, i_{n+2}) = N\left\{\frac{2}{p\,q}\, (r_{n+3} - r_{2n+4}) + (N - 2n - 2)\, r_{n+1}\, r_{n+2}\right\}\,.$$

Was ferner das Produkt $i_n\, i_{n+2}$ anlangt, so ist

$$(12) \qquad i_n\, i_{n+2} = \sum_{1}^{N}{}^a\, x_a \sum_{1}^{N}{}^b\, x_b''\,.$$

Hier ist zu berücksichtigen, daß zu jeder Sequenz (a, n) nicht $2n$, sondern $2n+1$ inhaltsverwandte Sequenzen $(b, \overline{n+2})$ gehören, weil es nicht 2, sondern 3 solcher Sequenzen gibt, die je n Elemente mit der Sequenz (a, n) gemeinsam haben. Das sind nämlich entweder die ersten, oder die letzten, oder die mittleren n Elemente der betreffenden Sequenz zu $n+2$. Daher denn

$$(13) \quad \mathfrak{E}\left(x_a \sum_{1}^{N}{}^b\, x_b''\right) = \left\{(N - 2n - 1)\, r_n\, r_{n+2} + r_{n+2} + 2 \sum_{1}^{n}{}^m r_{2n+2-m}\right\}$$

und folglich

$$(14) \quad \mathfrak{E}(i_n\, i_{n+2}) = N\left\{\frac{2}{p\,q}(r_{n+3} - r_{2n+3}) + r_{n+2} + (N - 2n - 1)\, r_n\, r_{n+2}\right\}\,.$$

Befindet man sich nun im Besitz der Formeln (10), (11) und (14), sowie der Formel (33) des § 1, so kann man auf der Grundlage der Formel (7) ohne weiteres $\mathfrak{E}(v_n^2)$ bestimmen, und man braucht schließlich von dem so ermittelten Ausdruck nur den nach Formel (3) zu berechnenden Wert von $\mathfrak{E}^2(v_n)$ in Abzug zu bringen, um $\mathfrak{M}^2(v_n)$ zu finden. Das Ergebnis läßt sich in folgender Form darstellen:

$$
(15) \quad
\begin{cases}
\dfrac{\mathfrak{M}^2(v_n)}{N} = p^2\,q^2\,r_{n-2} - 2\,p^3\,q^3\,r_{2n-3} \\[2mm]
\quad - (2\,n-1)\,r_n^2 - 4(2\,n+1)\,r_{n+1}^2 - (2\,n+3)\,r_{n+2}^2 \\[2mm]
\quad + 8\,n\,r_n\,r_{n+1} - 2(2\,n+1)\,r_n\,r_{n+2} + 8(n+1)\,r_{n+1}\,r_{n+2}\,.
\end{cases}
$$

Setzt man hierin $n = 1,\ 2,\ 3,\ 4$, so erhält man:

$$(16) \qquad \mathfrak{M}^2(v_1)\colon N = p\,q(1 + p\,q)\,,$$

$$(17) \qquad \mathfrak{M}^2(v_2)\colon N = 2\,p^2\,q^2(1 + 3\,p\,q - 14\,p^2\,q^2)\,,$$

$$(18) \qquad \mathfrak{M}^2(v_3)\colon N = p^2\,q^2(1 + 2\,p\,q - 11\,p^2\,q^2)\,,$$

$$(19) \qquad \mathfrak{M}^2(v_4)\colon N = p^2\,q^2(1 - 21\,p^2\,q^2 + 58\,p^3\,q^3 - 44\,p^4\,q^4)\,.$$

Formel (16) läßt sich leicht für $N = 5$ nachprüfen. [Bei einem kleineren N würde die Bedingung $n < \frac{1}{2}(N - 2)$ nicht erfüllt und daher Formel (16) nicht anwendbar sein.] Es ergeben sich hier 32 verschiedene Anordnungen von A und B, somit 32 mögliche Fälle. Diese Fälle sind in nachstehender Übersicht nach der Zahl der vollständigen Iterationen zu 1, die sie liefern, und, sofern diese Zahl nicht Null ist, zugleich nach der Wahrscheinlichkeit (P), die einem jeden Fall zukommt, gruppiert.

$$
v_1 = 0 \quad
\begin{cases}
AAAAA & AAABB & AABBA & AABBB \\
ABBAA & ABBBA & BAAAB & BAABB \\
BBAAA & BBAAB & BBBAA & BBBBB
\end{cases}
$$

$$
v_1 = 1,\ P = p^4 q \quad
\begin{cases}
AAAAB & AAABA & AABAA \\
\quad ABAAA & BAAAA
\end{cases}
$$

$$
v_1 = 1,\ P = p\,q^4 \quad
\begin{cases}
ABBBB & BABBB & BBABB \\
\quad BBBAB & BBBBA
\end{cases}
$$

$$
v_1 = 3,\ P = p^3 q^2 \quad
\begin{cases}
AABAB & ABAAB & ABABA \\
\quad BAABA & BABAA
\end{cases}
$$

$$
v_1 = 3,\ P = p^2 q^3 \quad
\begin{cases}
ABABB & ABBAB & BABAB \\
\quad BABBA & BBABA
\end{cases}
$$

Es ergibt sich auf der Grundlage dieser Übersicht:

$$
\begin{aligned}
\mathfrak{E}(v_1) &= 5(p^4\,q + p\,q^4) + 3\cdot 5(p^3\,q^2 + p^2\,q^3) \\
&= 5\,p\,q(1 - 3\,p\,q) + 15\,p^2\,q^2 = 5\,p\,q\,,
\end{aligned}
$$

$$
\begin{aligned}
\mathfrak{E}(v_1^2) &= 5(p^4\,q + p\,q^4) + 9\cdot 5(p^3\,q^2 + p^2\,q^3) \\
&= 5\,p\,q(1 - 3\,p\,q) + 45\,p^2\,q^2 = 5\,p\,q + 30\,p^2\,q^2
\end{aligned}
$$

und

$$
\mathfrak{M}^2(v_1) = 5\,p\,q + 30\,p^2\,q^2 - 25\,p^2\,q^2 = 5\,p\,q(1 + p\,q)\,,
$$

wie es der Formel (16) entspricht.

Bei jedem Wert von p gibt es einen hinreichend großen Wert von n, von dem an die letzten sieben Glieder auf der rechten Seite der Formel (15) dem ersten Glied gegenüber nicht ins Gewicht fallen. Sofern dieser Wert und höhere Werte von n in Betracht kommen, läßt sich daher Formel (15) durch die Näherungsformel

$$(20) \qquad \mathfrak{M}^2(v_n) = N\, p^2\, q^2\, r_{n-2}$$

ersetzen.

Zu demselben Ausdruck des Quadrats des mittleren Fehlers von v_n gelangt man, wenn man auf den vorliegenden Fall diejenige Methode der Bestimmung des mittleren Fehlers anwendet, welche sich auf die Annahme der gegenseitigen Unabhängigkeit der in Betracht kommenden Versuche gründet. Es sei mit $\mathfrak{M}_f(v_n)$ der nach dieser Methode berechnete mittlere Fehler von v_n bezeichnet. Da die Wahrscheinlichkeit, daß eine Sequenz zu n eine vollständige Iteration ist, durch $p^2\, q^2\, r_{n-2}$ ausgedrückt wird und da die Zahl der in Betracht kommenden Sequenzen N ist, so hätte man nach Maßgabe der Formel (14) des § 2 des 2. Kapitels

$$(21) \qquad \mathfrak{M}_f^2(v_n) = N\, p^2\, q^2\, r_{n-2}(1 - p^2\, q^2\, r_{n-2})$$

zu setzen, woraus unter der Voraussetzung, daß $p^4\, q^4\, r_{n-2}^2$ vernachlässigt werden kann, die Näherungsformel

$$(22) \qquad \mathfrak{M}_f^2(v_n) = N\, p^2\, q^2\, r_{n-2}$$

resultieren würde. Die Übereinstimmung zwischen den Formeln (20) und (22) ist insofern gewissermaßen überraschend, als die Vorstellung, man hätte es hier mit N voneinander unabhängigen Versuchen bzw. Sequenzen zu tun, um so gewaltsamer erscheinen dürfte, je größer die Länge der vollständigen Iterationen ist, um deren Zahl es sich handelt, während doch die beiden in Frage stehenden Formeln sich gerade auf den Fall längerer Iterationen beziehen.

Es stellt gleichsam ein Korrelat hierzu dar, daß für die kürzesten vollständigen Iterationen, d. h. für vollständige Iterationen zu 1, hinsichtlich deren man sich am ehesten für berechtigt halten möchte, von der gegenseitigen Abhängigkeit der Versuche bzw. der Sequenzen abzusehen, Formel (21), sofern nur p und q nicht sehr erheblich voneinander differieren, einen Wert des mittleren Fehlers von v_n liefert, der sich von seinem wahren nach Formel (15) bzw. (16) berechneten Wert beträchtlich unterscheidet. Hier hat man nämlich:

$$(23) \qquad \mathfrak{M}_f^2(v_1) = N\, p\, q(1 - p\, q)\,,$$

so daß

$$(24) \qquad \mathfrak{M}_f^2(v_1) : \mathfrak{M}^2(v_1) = \frac{1 - p\, q}{1 + p\, q}$$

und in dem besonderen Fall, wo $p = q = \frac{1}{2}$,

$$(25) \qquad \mathfrak{M}_f^2(v_1) : \mathfrak{M}^2(v_1) = \frac{1 - \frac{1}{4}}{1 + \frac{1}{4}} = 0{,}6$$

bzw.

$$(26) \qquad \mathfrak{M}_f(v_1) : \mathfrak{M}(v_1) = \sqrt{\frac{3}{5}} = 0{,}77$$

und

$$(27) \qquad \mathfrak{M}(v_1) : \mathfrak{M}_f(v_1) = \sqrt{\frac{5}{3}} = 1{,}29 \; .$$

Was sodann die vollständigen Iterationen zu 2, 3 und 4 anlangt, so erhält man durch einen Vergleich der Formeln (17), (18) und (19) mit Formel (21):

$$(28) \quad \mathfrak{M}_f^2(v_2) - \mathfrak{M}^2(v_2) = -6\,N\,p^3\,q^3(1 - 4\,p\,q) = -6\,N\,p^3\,q^3(p - q)^2,$$

woraus zu ersehen ist, daß hier bei $p = q = \frac{1}{2}$ die verkehrte Methode zu einem richtigen Ergebnis führt,

$$(29) \qquad \mathfrak{M}_f^2(v_3) - \mathfrak{M}^2(v_3) = -2\,N\,p^3\,q^3(1 - 5\,p\,q)$$

und

$$(30) \quad \mathfrak{M}_f^2(v_4) - \mathfrak{M}^2(v_4) = -2\,N\,p^3\,q^3(1 - 10\,p\,q + 27\,p^2\,q^2 - 20\,p^3\,q^3) \; .$$

Über den Fall, wo $p = q = \frac{1}{2}$, ist noch im allgemeinen folgendes zu bemerken. In diesem Fall hat man zunächst laut Formel (2) des § 1:

$$(31) \qquad r_n = \frac{1}{2^{n-1}} \, ,$$

daher, der Formel (3) zufolge,

$$(32) \qquad \mathfrak{E}(v_n) = \frac{N}{2^{n+1}} \; .$$

Sodann geht Formel (15) in

$$(33) \qquad \frac{\mathfrak{M}^2(v_n)}{N} = \frac{1}{2^{n+1}} - \frac{2\,n - 3}{2^{2n+2}}$$

oder in

$$(34) \qquad \frac{\mathfrak{M}^2(v_n)}{N} = \frac{1}{2^{n+1}}\left(1 - \frac{1}{2^{n+1}}\right) - \frac{n - 2}{2^{2n+1}}$$

über. Schließlich erhält man in diesem Fall nach Formel (21):

$$(35) \qquad \mathfrak{M}_f^2(v_n) = \frac{N}{2^{n+1}}\left(1 - \frac{1}{2^{n+1}}\right) ,$$

so daß

$$(36) \qquad \mathfrak{M}_f^2(v_n) - \mathfrak{M}^2(v_n) = \frac{n - 2}{2^{2n+1}}\,N \; .$$

Es zeigt sich also, daß hier die Nichtberücksichtigung der gegenseitigen Abhängigkeit der Versuche bzw. der in Betracht kommenden Sequenzen, abgesehen von den bereits erörterten beiden Fällen, wo $n = 1$ und 2, zu einer Überschätzung des mittleren Fehlers der Zahlen der vollständigen Iterationen führt.

Es würde zu weit führen, wollte man die **einreihig-vollständigen** Iterationen in derselben Weise untersuchen, wie dies im obigen in bezug auf die vollständigen Iterationen schlechthin geschehen ist. Ist schon bei diesen die Ableitung der Formel des mittleren Fehlers ziemlich langwierig und die Formel selbst, nämlich Formel (15), etwas unhandlich, so würde sich im Fall der einreihig-vollständigen Iterationen, was den mittleren Fehler ihrer Zahl anlangt, erst recht der Weg als mühsam und das Resultat als unübersichtlich erweisen. Dazu kommt, daß, wie aus den Darlegungen des § 4 des 1. Kapitels hervorgeht, die Differenzen zwischen den Zahlen der vollständigen und der einreihig-vollständigen Iterationen zu n, wenn n klein im Verhältnis zu N ist, geringfügig sind und daß man daher, namentlich in den Beispielen, die im 6. Kapitel besprochen werden sollen, und in denen n durchweg verschwindend klein im Vergleich zu N ist, getrost von dem Umstand wird absehen können, daß es sich da um einreihig-vollständige Iterationen und nicht um vollständige Iterationen schlechthin handelt. Dies gilt sowohl für den mittleren Fehler der Zahl der betreffenden Iterationen, somit für $\mathfrak{M}(w_n)$, wie auch für die mathematische Erwartung dieser Zahl, somit für $\mathfrak{E}(w_n)$. Letztere Größe kann aber ohne Schwierigkeit bestimmt werden. Das soll denn auch um des theoretischen Interesses willen, welches sich daran knüpft, in folgendem geschehen. Auch hierbei hat man, wie bei der Bestimmung von $\mathfrak{E}(v_n)$, die Wahl zwischen dem direkten und dem indirekten Verfahren.

Das direkte Verfahren erfordert die Einführung einer Hilfsgröße f_a welche die Zahl der einreihig vollständigen Iterationen zu n mit dem Anfangs- bzw. Einzelelement Nr. a angibt. Es ist der Formel (17) des § 3 des 1. Kapitels zufolge:

$$(37) \qquad w_n = \sum_{1}^{N-n+1} {}_a\, f_a .$$

Um den Fall $n = N$ vorwegzunehmen, so stellt sich hier die Wahrscheinlichkeit, daß $f_a = 1$, bei $a = 1$ auf r_N, woraus $\mathfrak{E}(f_1) = r_N$ und dementsprechend

$$(38) \qquad \mathfrak{E}(w_N) = r_N$$

folgt. Ist aber $n < N$, so erhält man für alle Werte von a, die nicht 1 und $N - n + 1$ sind, in Übereinstimmung mit Formel (2):

$$(39) \qquad \mathfrak{E}(f_a) = p^2\, q^2\, r_{n-2}$$

und für $a = 1$ sowie für $a = N - n + 1$

$$(40) \qquad \mathfrak{E}(f_a) = p^n q + p q^n = p q \, r_{n-1} \, .$$

Hieraus folgt mit Rücksicht auf (37):

$$(41) \qquad \mathfrak{E}(w_n) = (N - n - 1) p^2 q^2 r_{n-2} + 2 p q \, r_{n-1}$$

oder auch

$$\mathfrak{E}(w_n) = (N - n + 1) p^2 q^2 r_{n-2} + 2 p q (r_{n-1} - p q \, r_{n-2})$$

und schließlich, wegen Formel (5) des § 1,

$$(42) \qquad \mathfrak{E}(w_n) = (N - n + 1) p^2 q^2 r_{n-2} + 2 p q \, r_n \, .$$

Bei $n = N - 1$ geht (42) wegen Formel (5) des § 1 in

$$(43) \qquad \mathfrak{E}(w_{N-1}) = 2 p q \, r_{N-2}$$

über. Dasselbe Ergebnis liefert Formel (41).

Beim indirekten Verfahren hat man, sofern $n \leq N - 2$, auf Formel (45) des § 4 des 1. Kapitels Formel (3) des § 2 dieses Kapitels anzuwenden. Man erhält auf diese Weise:

$$(44) \quad \mathfrak{E}(w_n) = (N - n + 1) r_n - 2(N - n) r_{n+1} + (N - n - 1) r_{n+2}$$

oder

$$(45) \quad \mathfrak{E}(w_n) = (N - n + 1)(r_n - 2 r_{n+1} + r_{n+2}) + 2(r_{n+1} - r_{n+2}) \, ,$$

welch letztere Formel wegen der beiden Formeln (7) und (9) des § 1 mit Formel (42) identisch ist. Was aber die Fälle $n = N - 1$ und $n = N$ anlangt, so treten hier an Stelle der Formel (45) die Formeln (46) und (47) des § 4 des 1. Kapitels, und man gelangt auf Grund der Formel (3) des § 2 dieses Kapitels, die für jedes n gilt, wieder zu den Formeln (38) und (43).

Je kleiner n im Verhältnis zu N ist, um so eher darf man anstatt der genauen Formel (41) bzw. (42) die Näherungsformel

$$(46) \qquad \mathfrak{E}(w_n) = N p^2 q^2 r_{n-2}$$

benutzen. Dies läuft, wie ein Vergleich von (46) mit (3) zeigt, darauf hinaus, daß man $w_n = v_n$ setzt, was in den Formeln (25) und (27) bis (31) des § 4 des 1. Kapitels seine Rechtfertigung findet.

§ 4. Die mittlere Länge der vollständigen Iterationen.

Die summierte Länge aller vollständigen Iterationen ist laut Formel (4) des § 4 des 1. Kapitels durch N und die Zahl aller vollständigen Iterationen laut Formel (2) desselben Paragraphen durch V gegeben. Man erhält daher, wenn man die mittlere Länge der vollständigen Iterationen, d. h. den arithmetischen Durchschnitt der Zahlen der Elemente, aus denen die einzelnen vollständigen Iterationen bestehen, mit λ bezeichnet:

$$(1) \qquad \lambda = \frac{N}{V} \,.$$

Will man die mathematische Erwartung und den mittleren Fehler von λ bestimmen, so hat man von der mathematischen Erwartung und dem mittleren Fehler von V auszugehen.

Die Ableitung von $\mathfrak{E}(V)$ und von $\mathfrak{M}^2(V)$ gestaltet sich am einfachsten, wenn man ihr die durch Formel (14) des § 4 des 1. Kapitels ausgedrückte syntagmatische Beziehung zugrunde legt. Unter Berücksichtigung der Formel (23) des § 1 und der Formel (5) des § 3 dieses Kapitels findet man:

$$\mathfrak{E}(V) = N - N\, r_2 + r_N$$

oder auch wegen Formel (12) des § 1

$$(2) \qquad \mathfrak{E}(V) = 2\, N\, p\, q + r_N$$

und bei großem N näherungsweise

$$(3) \qquad \mathfrak{E}(V) = 2\, N\, p\, q \,.$$

Alsdann erhält man:

$$(4) \quad \mathfrak{E}(V^2) = N^2 + \mathfrak{E}(i_2^2) + \mathfrak{E}(v_N^2) - 2\, N\, \mathfrak{E}(i_2) + 2\, N\, \mathfrak{E}(v_N) - 2\, \mathfrak{E}(i_2\, v_N)$$

Es ist aber

$$(5) \qquad \mathfrak{E}(i_2^2) = \mathfrak{E}^2(i_2) + \mathfrak{M}^2(i_2) = N^2(1 - 2\, p\, q)^2 + \mathfrak{M}^2(i_2) \,,$$

man hat ferner:

$$(6) \qquad \mathfrak{E}(v_N^2) = r_N \,,$$

weil v_N entweder gleich Null oder gleich 1 ist und weil dem Wert 1 die Wahrscheinlichkeit r_N zukommt; schließlich findet man

$$(7) \qquad \mathfrak{E}(i_2\, v_N) = N\, r_N \,,$$

weil das Produkt $i_2\, v_N$, je nachdem $v_N = 0$ oder $v_N = 1$, den Wert Null oder N annimmt. Auf Grund der Formeln (5), (6) und (7), sowie der Formel (23) des § 1 und der Formel (5) des § 3 geht (4) nunmehr in

$$\mathfrak{E}(V^2) = N^2 + N^2(1 - 2\, p\, q)^2 + \mathfrak{M}^2(i_2) + r_N - 2\, N^2(1 - 2\, p\, q)$$

oder in

$$\mathfrak{E}(V^2) = 4\, N^2\, p^2\, q^2 + \mathfrak{M}^2(i_2) + r_N$$

über, woraus wegen (2)

$$(8) \qquad \mathfrak{M}^2(V) = \mathfrak{M}^2(i_2) - 4\, N\, p\, q\, r_N + r_N(1 - r_N)$$

und mit Rücksicht auf Formel (35) des § 1

$$(9) \qquad \mathfrak{M}^2(V) = 4\, N\, p\, q(1 - 3\, p\, q - r_N) + r_N(1 - r_N)$$

oder als Näherungsformel, bei großem N,

$$(10) \qquad \mathfrak{M}^2(V) = 4\,N\,p\,q(1 - 3\,p\,q)$$

hervorgeht.

Die Formeln (2) und (9) können sowohl für das Beispiel des § 1, in welchem $N = 3$, wie für das Beispiel des § 3, in welchem $N = 5$ gesetzt worden ist, leicht nachgeprüft werden.

Bei $N = 3$ liefert jeder der beiden möglichen Fälle AAA und BBB 1 vollständige Iteration, jeder der anderen 6 möglichen Fälle 2 vollständige Iterationen. Man erhält daher:

$$\mathfrak{E}(V) = 1 - 3\,p\,q + 2 \cdot 3\,p\,q = 1 + 3\,p\,q\,,$$
$$\mathfrak{E}(V^2) = 1 - 3\,p\,q + 4 \cdot 3\,p\,q = 1 + 9\,p\,q$$

und

$$\mathfrak{M}^2(V) = 1 + 9\,p\,q - (1 + 3\,p\,q)^2 = 3\,p\,q(1 - 3\,p\,q)\,.$$

Zu denselben Werten von $\mathfrak{E}(V)$ und $\mathfrak{M}^2(V)$ gelangt man, wenn man in (2) und (9) 3 für N und $1 - 3\,p\,q$ für r_N einsetzt.

Bei $N = 5$ entsprechen den drei möglichen Ergebnissen $V = 1, 2, 4$ die Wahrscheinlichkeiten $1 - 5\,p\,q + 5\,p^2\,q^2$, $5\,p\,q - 10\,p^2\,q^2$ und $5\,p^2\,q^2$. Man erhält diese Wahrscheinlichkeiten durch Addition der Wahrscheinlichkeiten, die den betreffenden möglichen Fällen aus 32 zukommen. Daher denn:

$$\mathfrak{E}(V) = 1 - 5\,p\,q + 5\,p^2\,q^2 + 2(5\,p\,q - 10\,p^2\,q^2) + 4 \cdot 5\,p^2\,q^2$$
$$= 1 + 5\,p\,q + 5\,p^2\,q^2\,,$$
$$\mathfrak{E}(V^2) = (1 - 5\,p\,q + 5\,p^2\,q^2) + 4(5\,p\,q - 10\,p^2\,q^2) + 16 \cdot 5\,p^2\,q^2$$
$$= 1 + 15\,p\,q + 45\,p^2\,q^2$$

und

$$\mathfrak{M}^2(V) = 1 + 15\,p\,q + 45\,p^2\,q^2 - (1 + 5\,p\,q + 5\,p^2\,q^2)^2$$
$$= 5\,p\,q(1 + 2\,p\,q - 10\,p^2\,q^2 - 5\,p^3\,q^3)\,.$$

Man erhält dieselben Werte von $\mathfrak{E}(V)$ und $\mathfrak{M}^2(V)$, indem man in (2) und (9) 5 für N und $1 - 5\,p\,q + 5\,p^2\,q^2$ für r_N einsetzt.

Es mögen in diesem Zusammenhang die mathematische Erwartung und der mittlere Fehler der Zahl der Ablösungen (A) gegeben werden. Den Formeln (3) und (14) des § 4 des 1. Kapitels zufolge hat man: $A = N - i_2$. Hieraus ergibt sich wegen der Formeln (12), (23) und (35) des § 1 dieses Kapitels:

$$(11) \qquad \mathfrak{E}(A) = 2\,N\,p\,q\,,$$
$$(12) \qquad \mathfrak{M}^2(A) = 4\,N\,p\,q(1 - 3\,p\,q)\,.$$

Was nunmehr $\mathfrak{E}(\lambda)$ und $\mathfrak{M}^2(\lambda)$ anlangt, so lassen sich diese beiden Größen nur näherungsweise, und zwar mit Benutzung der Formeln

(40) und (45) des § 1 des 2. Kapitels bestimmen. Man erhält wegen (1) aus (2) und (9)

$$(13) \qquad \mathfrak{E}\left(\frac{1}{\lambda}\right) = 2\,p\,q + \frac{r_N}{N}$$

und

$$(14) \qquad \mathfrak{M}^2\left(\frac{1}{\lambda}\right) = \frac{4\,p\,q(1 - 3\,p\,q - r_N)}{N} + \frac{r_N(1 - r_N)}{N^2}.$$

Die Anwendbarkeit der beiden soeben genannten Näherungsformeln des 2. Kapitels ist in diesem Fall an die Bedingung geknüpft, daß $\mathfrak{M}\left(\frac{1}{\lambda}\right)$ klein im Verhältnis zu $\mathfrak{E}\left(\frac{1}{\lambda}\right)$ ist. Das bedeutet, daß N nicht allzu klein sein darf. Es wäre daher sinnlos, sich jetzt an die exakten Formeln (2) und (9) zu halten. Sie sind vielmehr durch die beiden Formeln (3) und (10) zu ersetzen, oder es ist an Stelle von (13) und (14) zu schreiben:

$$(15) \qquad \mathfrak{E}\left(\frac{1}{\lambda}\right) = 2\,p\,q\,,$$

$$(16) \qquad \mathfrak{M}^2\left(\frac{1}{\lambda}\right) = \frac{4\,p\,q(1 - 3\,p\,q)}{N}.$$

Daher denn:

$$(17) \qquad \mathfrak{E}(\lambda) = \frac{1}{2\,p\,q}\left(1 + \frac{1 - 3\,p\,q}{p\,q\,N}\right) = \frac{(N - 3)\,p\,q + 1}{2\,N\,p^2\,q^2}$$

und

$$(18) \qquad \mathfrak{M}^2(\lambda) = \frac{1 - 3\,p\,q}{4\,N\,p^3\,q^3}.$$

Bei großem N tritt an Stelle von (17)

$$(19) \qquad \mathfrak{E}(\lambda) = \frac{1}{2\,p\,q}.$$

Die mittlere Länge der einreihig-vollständigen Iterationen möge mit μ bezeichnet werden, so daß

$$(20) \qquad \mu = \frac{N}{W}.$$

Hier erhält man auf der Grundlage der Formeln (40) und (49) des § 4 des 1. Kapitels sowie der Formeln (3) und (20) des § 2 dieses Kapitels

$$(21) \qquad \mathfrak{E}(W) = 2(N - 1)\,p\,q + 1\,,$$

$$(22) \qquad \mathfrak{M}^2(W) = 2(2\,N - 3)\,p\,q - 4(3\,N - 5)\,p^2\,q^2\,,$$

$$(23) \qquad \mathfrak{E}(B) = 2(N - 1)\,p\,q\,,$$

$$(24) \qquad \mathfrak{M}^2(B) = 2(2\,N - 3)\,p\,q - 4(3\,N - 5)\,p^2\,q^2\,,$$

$$(25) \qquad \mathfrak{E}\left(\frac{1}{\mu}\right) = \frac{2(N-1)\,p\,q+1}{N} = 2\,p\,q + \frac{1-2\,p\,q}{N}\,,$$

$$(26) \qquad \mathfrak{M}^2\left(\frac{1}{\mu}\right) = \frac{4\,p\,q(1-3\,p\,q)}{N} - \frac{2\,p\,q(3-10\,p\,q)}{N^2}$$

und bei großen Werten von N ergeben sich die Näherungsformeln

$$(27) \qquad \mathfrak{E}\left(\frac{1}{\mu}\right) = 2\,p\,q\,,$$

$$(28) \qquad \mathfrak{M}^2\left(\frac{1}{\mu}\right) = \frac{4\,p\,q(1-3\,p\,q)}{N}\,,$$

$$(29) \qquad \mathfrak{E}(\mu) = \frac{1}{2\,p\,q}$$

und

$$(30) \qquad \mathfrak{M}^2(\mu) = \frac{1-3\,p\,q}{4\,N\,p^3\,q^3}\,.$$

§ 5. Das V-Verfahren (als Gegensatz zum N-Verfahren).

In den bisherigen Darlegungen dieses Kapitels galt N als gegeben, während nicht nur die Zahlen der Iterationen von bestimmter Länge, sondern auch die Gesamtzahl der vollständigen Iterationen (V) als Größen erschienen, die unter dem Einfluß des Zufalls verschiedene Werte annehmen können. Nunmehr soll umgekehrt V als eine feststehende und N als eine vom Zufall abhängige Größe betrachtet werden. Was aber die Zahlen v_n anlangt, so sind sie nach wie vor als vom Zufall abhängige Größen aufzufassen. Die neue Betrachtungsweise erfordert zur Bestimmung der mathematischen Erwartung und des mittleren Fehlers von v_n sowie von λ ein neues Verfahren, das man als das V-Verfahren bezeichnen möge, während das früher angewandte Verfahren das N-Verfahren heißen soll. Um den in Frage stehenden Unterschied symbolisch zum Ausdruck zu bringen, wird im folgenden, wo es sich um das V-Verfahren handelt, dem Erwartungszeichen $\mathfrak{E}$ und dem Zeichen des mittleren Fehlers $\mathfrak{M}$ der Index 1 angehängt.

Der Fall, wo $V = 1$, soll von der Betrachtung ausgeschlossen sein. Ist aber $V > 1$, so ist V notwendig eine gerade Zahl. Dies läßt sich sehr einfach beweisen.

Man denke sich die V vollständigen Iterationen nach der Nummer ihres Anfangs- bzw. Einzelelements geordnet, mit der niedrigsten (k) beginnend und bis zur höchsten (K) fortschreitend, und bezeichne ihre Längen mit $n_1, n_2 \ldots n_V$, so daß

$$(1) \qquad \sum_{1}^{V} n_h = N\,.$$

Sind die beiden Elemente Nr. 1 und Nr. N gleichartig, so ist $k > 1$, und die Iteration (k, n_1) ist von anderer Art als die Iteration (K, n_V). Sind hingegen die beiden Elemente Nr. 1 und Nr. N von verschiedener Art, so ist $k = 1$, und die Iteration $(1, n_1)$ bzw. (k, n_1) ist wiederum von anderer Art als die Iteration (K, n_V). Es leuchtet aber ein, daß zwei beliebige vollständige Iterationen (a, n_h) und $(b, n_{h'})$ von gleicher oder von verschiedener Art sind, je nachdem die beiden Indices h und h' gerade bzw. ungerade sind, oder aber der eine von ihnen gerade und der andere ungerade ist. Folglich muß unter allen Umständen V gerade sein.

Somit gibt es unter den V vollständigen Iterationen stets genau ebenso viele von der Art A wie von der Art B. Die Wahrscheinlichkeit, daß eine vollständige Iteration der Art A bzw. B angehört, beträgt demnach $\frac{1}{2}$.

Man bezeichne mit $\pi_{1,n}$ bzw. $\pi_{2,n}$ die Wahrscheinlichkeit, daß eine vollständige Iteration der Art A bzw. B aus n Elementen besteht. Da die Wahrscheinlichkeit einer Sequenz zu n, eine vollständige Iteration von der Art A bzw. B zu sein, durch $p^n q^2$ bzw. $q^n p^2$ ausgedrückt wird, so findet man nach dem Satz von der relativen Wahrscheinlichkeit:

$$(2) \qquad \pi_{1,n} = \frac{p^n q^2}{\sum\limits_1^\infty{}^n p^n q^2} = p^{n-1} q$$

und

$$(3) \qquad \pi_{2,n} = \frac{q^n p^2}{\sum\limits_1^\infty{}^n q^n p^2} = q^{n-1} p \, .$$

Bezeichnet man alsdann mit π_n die Wahrscheinlichkeit für eine vollständige Iteration von beliebiger Art, aus n Elementen zu bestehen, so erhält man nach obigem:

$$(4) \qquad \pi_n = \tfrac{1}{2}(\pi_{1,n} + \pi_{2,n}) = \frac{p\,q\,r_{n-2}}{2} \, .$$

Dementsprechend findet man der Formel (6) des § 1 und der Formel (13) des § 2 des 2. Kapitels zufolge:

$$(5) \qquad \mathfrak{E}_1(v_n) = \tfrac{1}{2} V\,p\,q\,r_{n-2} \, .$$

Die Länge einer vollständigen Iteration ist dem V-Verfahren gemäß nach oben nicht begrenzt, wie dies denn auch in (2) und (3) angenommen worden ist. Darum muß man den durch (5) gegebenen Ausdruck der mathematischen Erwartung von v_n in den Grenzen von 1 bis ∞ nach n

summieren, um V zu erhalten. Den beiden Formeln (10) und (18) des § 1 zufolge ist in der Tat

$$(6) \qquad \sum_{1}^{\infty} n\, \tfrac{1}{2}\, V\, p\, q\, r_{n-2} = \tfrac{1}{2}\, V\, p\, q \cdot \frac{2}{p\, q} = V.$$

Da π_n eine konstant zusammengesetzte Wahrscheinlichkeit ist, so hat die Bestimmung von $\mathfrak{M}_1(v_n)$ nach Formel (25) des § 2 des 2. Kapitels zu erfolgen. Es ist also:

$$(7) \qquad \mathfrak{M}_1^2(v_n) = \tfrac{1}{2}\, \{\pi_{1,n}(1 - \pi_{1,n}) + \pi_{2,n}(1 - \pi_{2,n})\}\, V,$$

woraus wegen (2) und (3) unter Benutzung der Bezeichnung $p^n + q^n = r_n$

$$(8) \qquad \mathfrak{M}_1^2(v_n) = \tfrac{1}{2}\, V\, p\, q(r_{n-2} - p\, q\, r_{2n-4})$$

folgt.

Würde man den Umstand, daß π_n eine konstant zusammengesetzte Wahrscheinlichkeit ist, ignorieren und π_n als Elementarwahrscheinlichkeit oder als Durchschnittswahrscheinlichkeit im eigentlichen Sinne betrachten, so erhielte man einen anderen Ausdruck des mittleren Fehlers von v_n, der mit $\mathfrak{M}_{1f}$ bezeichnet werden möge. Es ist

$$(9) \qquad \mathfrak{M}_{1f}^2(v_n) = \tfrac{1}{2}\, V\, p\, q\, r_{n-2} \left(1 - \frac{p\, q\, r_{n-2}}{2}\right),$$

somit

$$(10) \qquad \mathfrak{M}_{1f}^2(v_n) - \mathfrak{M}_1^2(v_n) = \tfrac{1}{4}\, V\, p^2\, q^2 (2\, r_{2n-4} - r_{n-2}^2).$$

Man hat aber:

$$2\, r_{2n-4} - r_{n-2}^2 = 2(p^{2n-4} + q^{2n-4}) - (p^{2n-4} + 2\, p^{n-2}\, q^{n-2} + q^{2n-4})$$
$$= (p^{n-2} - q^{n-2})^2,$$

so daß (10) auch in der Form

$$(11) \qquad \mathfrak{M}_{1f}^2(v_n) - \mathfrak{M}_1^2(v_n) = V \left\{\frac{p\, q(p^{n-2} - q^{n-2})}{2}\right\}^2$$

dargestellt werden kann, woraus zu ersehen ist, daß die in Frage stehende verkehrte Methode der Bestimmung des mittleren Fehlers von v_n nur dann kein falsches Resultat liefert, wenn $p = q$, es sei denn, daß $n = 2$. Bei $n = 2$ ist nämlich $\pi_{1,n} = \pi_{2,n} = p\, q$, und ist π_n einer Elementarwahrscheinlichkeit gleich zu achten.

Was nunmehr die mathematische Erwartung und den mittleren Fehler von N und von λ anlangt, so empfiehlt es sich, zunächst den Ausdruck

$$(12) \qquad \sum_{1}^{\infty} n\, g^n\, n^k = \gamma_k$$

ins Auge zu fassen, in welchem g der Bedingung $0 < g < 1$ genügt. Es lassen sich in elementarer Weise die folgenden für die Bestimmung von $\mathfrak{E}_1(N)$ und $\mathfrak{M}_1(N)$ sowie für spätere Darlegungen dieses Paragraphen in Betracht kommenden Formeln ableiten:

$$(13) \qquad \gamma_1 = \frac{g}{(1-g)^2},$$

$$(14) \qquad \gamma_2 = \frac{g+g^2}{(1-g)^3},$$

$$(15) \qquad \gamma_3 = \frac{g+4g^2+g^3}{(1-g)^4},$$

$$(16) \qquad \gamma_4 = \frac{g+11g^2+11g^3+g^4}{(1-g)^5}.$$

Alsdann findet man als mathematische Erwartung der Länge einer beliebigen unter den V vollständigen Iterationen:

$$(17) \qquad \mathfrak{E}_1(n_h) = \sum_{1}^{\infty}{}_n \pi_n\, n$$

oder wegen (4):

$$\mathfrak{E}_1(n_h) = \frac{p\,q}{2} \sum_{1}^{\infty}{}_n r_{n-2}\, n = \frac{p\,q}{2}\left(\frac{1}{p^2} \sum_{1}^{\infty}{}_n p^n\, n + \frac{1}{q^2} \sum_{1}^{\infty}{}_n q^n\, n \right).$$

Nun hat man aber der Formel (13) zufolge:

$$\sum_{1}^{\infty}{}_n p^n\, n = \frac{p}{q^2}, \qquad \sum_{1}^{\infty}{}_n q^n\, n = \frac{q}{p^2}.$$

Daher denn:

$$(18) \qquad \mathfrak{E}_1(n_h) = \frac{1}{2\,p\,q},$$

und es ergibt sich mit Rücksicht auf (1):

$$(19) \qquad \mathfrak{E}_1(N) = \frac{V}{2\,p\,q},$$

sowie wegen Formel (1) des § 4:

$$(20) \qquad \mathfrak{E}_1(\lambda) = \frac{1}{2\,p\,q}.$$

Bei Bestimmung von $\mathfrak{M}_1(N)$ muß, wie dies in bezug auf $\mathfrak{M}_1(v_n)$ geschehen ist, dem Umstand Rechnung getragen werden, daß π_n eine konstant zusammengesetzte Wahrscheinlichkeit ist. Man zerlege daher die V vollständigen Iterationen in die beiden (gleich zahlreichen) Gruppen der A- und der B-Iterationen und nehme innerhalb jeder dieser beiden Gruppen eine neue Numerierung vor, wobei die Längen der Iterationen der Art A durch $n_{1,\,h}$ und die Längen der Iterationen der Art B durch $n_{2,h}$ dargestellt werden sollen. Führt man noch die Bezeichnungen

$$(21) \qquad \sum_{1}^{\frac{1}{2}V} {}_h\, n_{1,h} = L_1 ,$$

$$(22) \qquad \sum_{1}^{\frac{1}{2}V} {}_h\, n_{2,h} = L_2 ,$$

ein, so erhält man die Beziehung

$$(23) \qquad L_1 + L_2 = N .$$

Weil aber L_1 und L_2 unabhängig voneinander sind, so hat man nach Formel (22) des § 1 des 2. Kapitels:

$$(24) \qquad \mathfrak{M}_1^2(N) = \mathfrak{M}_1^2(L_1) + \mathfrak{M}_1^2(L_2) .$$

Des weiteren findet man den Formeln (2) und (3) zufolge:

$$(25) \qquad \mathfrak{E}_1(n_{1,h}) = \sum_{1}^{\infty} {}_n\, p^{n-1}\, q\, n ,$$

$$(26) \qquad \mathfrak{E}_1(n_{2,h}) = \sum_{1}^{\infty} {}_n\, q^{n-1}\, p\, n ,$$

$$(27) \qquad \mathfrak{E}_1(n_{1,h}^2) = \sum_{1}^{\infty} {}_n\, p^{n-1}\, q\, n^2 ,$$

$$(28) \qquad \mathfrak{E}_1(n_{2,h}^2) = \sum_{1}^{\infty} {}_n\, q^{n-1}\, p\, n^2 .$$

Diese vier Formeln gehen wegen (13) und (14) in

$$(29) \qquad \mathfrak{E}_1(n_{1,h}) = \frac{1}{q} ,$$

$$(30) \qquad \mathfrak{E}_1(n_{2,h}) = \frac{1}{p} ,$$

$$(31) \qquad \mathfrak{E}_1(n_{1,h}^2) = \frac{1+p}{q^2} ,$$

$$(32) \qquad \mathfrak{E}_1(n_{2,h}^2) = \frac{1+q}{p^2}$$

über, und man findet:

$$(33) \qquad \mathfrak{M}_1^2(n_{1,h}) = \frac{p}{q^2} ,$$

$$(34) \qquad \mathfrak{M}_1^2(n_{2,h}) = \frac{q}{p^2} .$$

Die einzelnen Werte von $n_{1,h}$ sind voneinander unabhängig, und gleiches gilt von den einzelnen Werten von $n_{2,h}$. Folglich führen die

Formeln (21) und (22) in Verbindung mit den Formeln (33) und (34) zu:

$$(35) \qquad \mathfrak{M}_1^2(L_1) = \frac{V\,p}{2\,q^2}\,,$$

$$(36) \qquad \mathfrak{M}_1^2(L_2) = \frac{V\,q}{2\,p^2}\,,$$

so daß man, auf (24) zurückgreifend,

$$(37) \qquad \mathfrak{M}_1^2(N) = \frac{V(p^3 + q^3)}{2\,p^2\,q^2} = \frac{V(1 - 3\,p\,q)}{2\,p^2\,q^2}$$

und

$$(38) \qquad \mathfrak{M}_1^2(\lambda) = \frac{1 - 3\,p\,q}{2\,V\,p^2\,q^2}$$

erhält.

Es bietet ein Interesse, noch den Ausdruck

$$(39) \qquad \sigma^2 = \frac{1}{V} \sum_1^V{}_h \left(n_h - \frac{1}{2\,p\,q} \right)^2$$

zu betrachten, der ein summarisches Maß dafür abgibt, ob die Längen n_h von ihrer mathematischen Erwartung mehr oder weniger abweichen.

Man hat den Formeln (31) und (32) zufolge:

$$(40) \qquad \mathfrak{E}_1(n_h^2) = \frac{1}{2} \left(\frac{1 + p}{q^2} + \frac{1 + q}{p^2} \right) = \frac{2 - 5\,p\,q}{2\,p^2\,q^2}\,,$$

und zieht man noch die Formel (19) heran, so findet man aus (39):

$$(41) \qquad \mathfrak{E}_1(\sigma^2) = \frac{3 - 10\,p\,q}{4\,p^2\,q^2}\,.$$

Bei $p = q = \frac{1}{2}$ ergibt sich: $\mathfrak{E}_1(\sigma^2) = 2$.

Zur Bestimmung von $\mathfrak{M}(\sigma^2)$ hat man zunächst Formel (39) als

$$(42) \qquad V\,\sigma^2 = \sum_1^{\frac{1}{2}V}{}_h \left(n_{1,h} - \frac{1}{2\,p\,q} \right)^2 + \sum_1^{\frac{1}{2}V}{}_h \left(n_{2,h} - \frac{1}{2\,p\,q} \right)^2$$

darzustellen. Sodann erhält man auf Grund von (29) bis (32):

$$(43) \qquad \mathfrak{E}_1 \left\{ \left(n_{1,h} - \frac{1}{2\,p\,q} \right)^2 \right\} = \frac{1 - 4\,p + 4\,p^2 + 4\,p^3}{4\,p^2\,q^2}\,,$$

$$(44) \qquad \mathfrak{E}_1 \left\{ \left(n_{2,h} - \frac{1}{2\,p\,q} \right)^2 \right\} = \frac{1 - 4\,q + 4\,q^2 + 4\,q^3}{4\,p^2\,q^2}$$

und auf Grund von (15) und (16):

$$(45) \qquad \mathfrak{E}_1(n_{1,h}^3) = \frac{1 + 4\,p + p^2}{q^3}\,,$$

$$(46) \qquad \mathfrak{E}_1(n_{2,h}^3) = \frac{1 + 4\,q + q^2}{p^3}\,,$$

$$(47) \qquad \mathfrak{E}_1(n_{1,h}^4) = \frac{1 + 11\,p + 11\,p^2 + p^3}{q^4}\,,$$

$$(48) \qquad \mathfrak{E}_1(n_{2,h}^4) = \frac{1 + 11\,q + 11\,q^2 + q^3}{p^4}\,.$$

Mit Hilfe der Formeln (29) bis (32) und (45) bis (48) findet man leicht:

$$(49) \quad \mathfrak{E}_1\left\{\left(n_{1,h} - \frac{1}{2\,p\,q}\right)^4\right\} = \frac{1 - 8(p - 3p^2 + p^3 + 14p^4 - 18p^5 - 22p^6 - 2p^7)}{16\,p^4\,q^4}\,,$$

$$(50) \quad \mathfrak{E}_1\left\{\left(n_{2,h} - \frac{1}{2\,p\,q}\right)^4\right\} = \frac{1 - 8(q - 3q^2 + q^3 + 14q^4 - 18q^5 - 22q^6 - 2q^7)}{16\,p^4\,q^4}\,,$$

und, auf (43) und (44) zurückgreifend:

$$(51) \qquad \mathfrak{M}_1^2\left\{\left(n_{1,h} - \frac{1}{2\,p\,q}\right)^2\right\} = \frac{p^3 - 6\,p^4 + 7\,p^5 + 10\,p^6 + p^7}{p^4\,q^4}\,,$$

$$(52) \qquad \mathfrak{M}_1^2\left\{\left(n_{2,h} - \frac{1}{2\,p\,q}\right)^2\right\} = \frac{q^3 - 6\,q^4 + 7\,q^5 + 10\,q^6 + q^7}{p^4\,q^4}\,.$$

Hieraus folgt mit Rücksicht auf (42):

$$(53) \qquad \mathfrak{M}_1^2(\sigma^2) = \frac{r_3 - 6\,r_4 + 7\,r_5 + 10\,r_6 + r_7}{2\,V\,p^4\,q^4}$$

und als Endresultat wegen der Formeln (13) bis (17) des § 1:

$$(54) \qquad \mathfrak{M}_1^2(\sigma^2) = \frac{13 - 81\,p\,q + 127\,p^2\,q^2 - 27\,p^3\,q^3}{2\,V\,p^4\,q^4}\,.$$

Setzt man hierin $p = q = \tfrac{1}{2}$, so erhält man:

$$(55) \qquad \mathfrak{M}_1^2(\sigma^2) = \frac{34}{V}\,.$$

Es möge noch in bezug auf die mathematischen Erwartungen und die mittleren Fehler von v_n und λ ein Vergleich zwischen dem V-Verfahren und dem N-Verfahren angestellt werden, und zwar in der Weise, daß in den Formeln von $\mathfrak{E}_1(v_n)$, $\mathfrak{M}_1^2(v_n)$, $\mathfrak{E}_1(\lambda)$ und $\mathfrak{M}_1^2(\lambda)$ die Größe V, soweit sie darin vorkommt, durch $\mathfrak{E}(V)$, somit nach Maßgabe der Formel (3) des § 4 durch $2\,N\,p\,q$, ersetzt wird. Die so umgeänderten Ausdrücke der betreffenden mathematischen Erwartungen und mittleren Fehler sollen mit $\breve{\mathfrak{E}}_1(v_n)$, $\breve{\mathfrak{M}}_1(v_n)$, $\breve{\mathfrak{E}}_1(\lambda)$ und $\breve{\mathfrak{M}}_1(\lambda)$ bezeichnet werden.

Aus (5) erhält man vermöge der in Frage stehenden Substitution:

$$(56) \qquad \check{\mathfrak{E}}_1(v_n) = N\, p^2\, q^2\, r_{n-2},$$

so daß sich wegen Formel (3) des § 3

$$(57) \qquad \check{\mathfrak{E}}_1(v_n) = \mathfrak{E}(v_n)$$

ergibt. Man findet ferner aus Formel (8):

$$(58) \qquad \mathfrak{M}_1^2(v_1) = V\, p\, q\,,$$

$$(59) \qquad \mathfrak{M}_1^2(v_2) = V\, p\, q(1 - p\, q)\,,$$

$$(60) \qquad \mathfrak{M}_1^2(v_3) = \tfrac{1}{2} V p\, q(1 - p\, q + 2\, p^2\, q^2)$$

und bei entsprechend großem n als Näherungsformel:

$$(61) \qquad \mathfrak{M}_1^2(v_n) = \tfrac{1}{2} V\, p\, q\, r_{n-2}\,.$$

Somit erhält man:

$$(62) \qquad \check{\mathfrak{M}}_1^2(v_1) = 2\, N\, p^2\, q^2\,,$$

$$(63) \qquad \check{\mathfrak{M}}_1^2(v_2) = 2\, N\, p^2\, q^2(1 - p\, q)\,,$$

$$(64) \qquad \check{\mathfrak{M}}_1^2(v_3) = N\, p^2\, q^2(1 - p\, q + 2\, p^2\, q^2)$$

und

$$(65) \qquad \check{\mathfrak{M}}_1^2(v_n) = N\, p^2\, q^2\, r_{n-2}\,.$$

Stellt man nunmehr die Formeln (62) bis (65) den Formeln (16), (17), (18) und (20) des § 3 gegenüber, so ergeben sich folgende Differenzen:

$$(66) \qquad \check{\mathfrak{M}}_1^2(v_1) - \mathfrak{M}^2(v_1) = -N\, p\, q(1 - p\, q)\,,$$

$$(67) \qquad \check{\mathfrak{M}}_1^2(v_2) - \mathfrak{M}^2(v_2) = -4\, N\, p^3\, q^3(2 - 7\, p\, q)\,,$$

$$(68) \qquad \check{\mathfrak{M}}_1^2(v_3) - \mathfrak{M}^2(v_3) = -N\, p^3\, q^3(3 - 13\, p\, q)\,,$$

$$(69) \qquad \check{\mathfrak{M}}_1^2(v_n) - \mathfrak{M}^2(v_n) = 0\,.$$

Bei $p = q = \tfrac{1}{2}$ findet man aus den Formeln (62), (63) und (64) einerseits und der Formel (33) des § 3 andererseits:

$$(70) \qquad \check{\mathfrak{M}}_1^2(v_1) = \frac{1}{8}\, N\,, \qquad \mathfrak{M}^2(v_1) = \frac{5}{16}\, N\,;$$

$$(71) \qquad \check{\mathfrak{M}}_1^2(v_2) = \frac{3}{32}\, N\,, \qquad \mathfrak{M}^2(v_2) = \frac{7}{64}\, N\,;$$

$$(72) \qquad \check{\mathfrak{M}}_1^2(v_3) = \frac{7}{128}\, N\,, \qquad \mathfrak{M}^2(v_3) = \frac{13}{256}\, N\,.$$

Auch bei $p \gtrless q$ hat man stets $\check{\mathfrak{M}}_1(v_1) < \mathfrak{M}(v_1)$ und $\check{\mathfrak{M}}_1(v_2) < \mathfrak{M}(v_2)$, weil $p\, q < \tfrac{1}{4}$.

Was endlich λ betrifft, so findet man, sofern man sich an die Formeln (18) und (19) des § 4 hält, durch einen Vergleich dieser Formeln mit den beiden Formeln (20) und (38) des gegenwärtigen Paragraphen:

$$(73) \qquad \check{\mathfrak{E}}_1(\lambda) = \mathfrak{E}_1(\lambda) = \mathfrak{E}(\lambda)$$

und

$$(74) \qquad \breve{\mathfrak{M}}_1^2(\lambda) = \mathfrak{M}^2(\lambda) \,.$$

Beim V-Verfahren gestalten sich die Verhältnisse noch einfacher, wenn man die vollständigen Iterationen jeder der beiden Arten A und B für sich betrachtet. Bezeichnet man die Zahl der vollständigen A-Iterationen zu n mit $v_{1,n}$ und die Zahl der vollständigen B-Iterationen zu n mit $v_{2,n}$, so findet man zunächst auf Grund der Formeln (2) und (3):

$$(75) \qquad \mathfrak{E}_1(v_{1,n}) = \tfrac{1}{2} V\, p^{n-1}\, q \,, \qquad \mathfrak{E}_1(v_{2,n}) = \tfrac{1}{2} V\, q^{n-1}\, p$$

und mit Rücksicht auf Formel (14) des § 2 des 2. Kapitels, die hier anwendbar ist, da es sich um je $\tfrac{1}{2} V$ voneinander unabhängige Einzelfälle handelt:

$$(76) \qquad \begin{cases} \mathfrak{M}_1^2(v_{1,n}) = \tfrac{1}{2} V\, p^{n-1}\, q(1 - p^{n-1}\, q) \,, \\ \mathfrak{M}_1^2(v_{2,n}) = \tfrac{1}{2} V\, q^{n-1}\, p(1 - q^{n-1}\, p) \,. \end{cases}$$

Man hat alsdann die Ausdrücke

$$(77) \qquad \lambda_1 = \frac{2\,L_1}{V} \,, \qquad \lambda_2 = \frac{2\,L_2}{V}$$

zu bilden und erhält auf Grund der Formeln (21), (22), (29), (30), (33) und (34):

$$(78) \qquad \mathfrak{E}_1(\lambda_1) = \frac{1}{q} \,, \qquad \mathfrak{E}_1(\lambda_2) = \frac{1}{p} \,;$$

$$(79) \qquad \mathfrak{M}_1^2(\lambda_1) = \frac{2\,p}{V\,q^2}, \qquad \mathfrak{M}_1^2(\lambda_2) = \frac{2\,q}{V\,p^2} \,.$$

Schließlich möge man

$$(80) \qquad \sigma_1^2 = \frac{2}{V} \sum_1^{\frac{1}{2}V} \left(n_{1,h} - \frac{1}{q}\right)^2 \,, \qquad \sigma_2^2 = \frac{2}{V} \sum_1^{\frac{1}{2}V} \left(n_{2,h} - \frac{1}{p}\right)^2$$

setzen. Unter abermaliger Heranziehung der Formeln (33) und (34) ergibt sich:

$$(81) \qquad \mathfrak{E}_1(\sigma_1^2) = \frac{p}{q^2} \,, \qquad \mathfrak{E}_1(\sigma_2^2) = \frac{q}{p^2} \,,$$

und mit Rücksicht auf die Formeln (29) bis (32) und (45) bis (48) findet man leicht:

$$\mathfrak{E}_1\!\left\{\left(n_{1,h} - \frac{1}{q}\right)^4\right\} = \frac{p + 7\,p^2 + p^3}{q^1} \,, \qquad \mathfrak{E}_1\!\left\{\left(n_{2,h} - \frac{1}{p}\right)^4\right\} = \frac{q + 7\,q^2 + q^3}{p^4} \,,$$

somit:

$$\mathfrak{M}_1^2\!\left\{\left(n_{1,h} - \frac{1}{q}\right)^2\right\} = \frac{p + 6\,p^2 + p^3}{q^4} \,, \qquad \mathfrak{M}_1^2\!\left\{\left(n_{2,h} - \frac{1}{q}\right)^2\right\} = \frac{q + 6\,q^2 + q^3}{p^4}$$

und folglich:

$$(82) \qquad \mathfrak{M}_1^2(\sigma_1^2) = \frac{2(p + 6p^2 + p^3)}{V\,q^4}\,, \qquad \mathfrak{M}_1^2(\sigma_2^2) = \frac{2(q + 6q^2 + q^3)}{V\,p^4}\,.$$

Man hat bei jedem Wert von p bzw. q:

$$\lambda = \tfrac{1}{2}(\lambda_1 + \lambda_2)\,,$$

und dementsprechend läßt sich Formel (20) aus (78) und Formel (38) aus (79) ohne weiteres gewinnen. Aber nur bei $p = q = \tfrac{1}{2}$ besteht die Beziehung

$$\sigma^2 = \tfrac{1}{2}(\sigma_1^2 + \sigma_2^2)\,.$$

In diesem Spezialfall erhält man aus (81):

$$\mathfrak{E}_1(\sigma^2) = 2\,,$$

worauf schon im Anschluß an Formel (41) hingewiesen worden ist, und findet man aus (82) in Übereinstimmung mit (55):

$$\mathfrak{M}_1^2(\sigma^2) = \frac{\tfrac{1}{2} + 6\cdot\tfrac{1}{4} + \tfrac{1}{8}}{V\cdot\tfrac{1}{16}} = \frac{34}{V}\,.$$

§ 6. Die Zahlen der eine gegebene Länge überschreitenden vollständigen Iterationen.

Bezeichnet man mit $\mathfrak{v}_n$ die Zahl der vollständigen Iterationen, die aus mehr als $n - 1$ Elementen bestehen, so hat man:

$$(1) \qquad\qquad \mathfrak{v}_n = v_n + v_{n+1} + \cdots + v_N\,,$$

und nimmt man an, daß $n < N - 1$, so gilt wegen Formel (7) des § 4 des 1. Kapitels die Beziehung:

$$(2) \qquad\qquad \mathfrak{v}_n = i_n - i_{n+1} + v_N$$

bzw.

$$(3) \qquad\qquad \mathfrak{v}_n = i_n - i_{n+1}\,,$$

wenn man, wie es hier geschehen soll, den Fall, wo v_N nicht Null ist, von vornherein von der Betrachtung ausschließt.

Die mathematische Erwartung und der mittlere Fehler von $\mathfrak{v}_n$ lassen sich auf der Grundlage von (3) leicht bestimmen. Mit Rücksicht auf Formel (23) des § 1 ist

$$(4) \qquad\qquad \mathfrak{E}(\mathfrak{v}_n) = N(r_n - r_{n+1})\,,$$

woraus wegen Formel (6) desselben Paragraphen

$$(5) \qquad\qquad \mathfrak{E}(\mathfrak{v}_n) = N\,p\,q\,r_{n-1}$$

folgt. Alsdann erhält man aus

$$(6) \qquad\qquad \mathfrak{E}(\mathfrak{v}_n^2) = \mathfrak{E}(i_n^2) + \mathfrak{E}(i_{n+1}^2) - 2\,\mathfrak{E}(i_n\,i_{n+1})$$

unter Heranziehung der Formel (33) des § 1 und der Formel (10) des § 3:

$$(7)\begin{cases}\mathfrak{E}(\mathfrak{v}_n^2) = N\left\{r_n + r_{n+1} - \dfrac{2}{p\,q}\,(r_{n+2} - r_{n+3} + r_{2n+1} - 2\,r_{2n+2} + r_{2n+3})\right.\\[2mm]
\left.\qquad\qquad + (N - 2\,n)(r_n - r_{n+1})^2 + r_n^2 - r_{n+1}^2\right\},\end{cases}$$

somit wegen (4):

$$\mathfrak{M}^2(\mathfrak{v}_n) = N\left\{r_n + r_{n+1} - \dfrac{2}{p\,q}\,(r_{n+2} - r_{n+3} + r_{2n+1} - 2\,r_{2n+2} + r_{2n+3})\right.$$
$$\left.\qquad\qquad - 2\,n\,(r_n - r_{n+1})^2 + r_n^2 - r_{n+1}^2\right\}.$$

Letztere Formel geht vermöge der Substitutionen

$$r_{n+2} - r_{n+3} = p\,q\,r_{n+1}, \qquad r_{2n+1} - 2\,r_{2n+2} + r_{2n+3} = p^2\,q^2\,r_{2n-1},$$
$$r_n - r_{n+1} = p\,q\,r_{n-1}, \qquad r_n^2 - r_{n+1}^2 = p\,q\,r_{n-1}(r_n + r_{n+1})$$

in

$$(8)\qquad \mathfrak{M}^2(\mathfrak{v}_n) = N\,p\,q\,\{r_{n-1}(1 - 2\,n\,p\,q\,r_{n-1} + r_n + r_{n+1}) - 2\,r_{2n-1}\}$$

über und liefert für $n = 1$ bis 4 die folgenden Werte von $\mathfrak{M}^2(\mathfrak{v}_n)$:

$$(9)\qquad\qquad \mathfrak{M}^2(\mathfrak{v}_1) = 4\,N\,p\,q(1 - 3\,p\,q),$$

$$(10)\qquad\qquad \mathfrak{M}^2(\mathfrak{v}_2) = N\,p\,q(1 - 3\,p\,q),$$

$$(11)\qquad\qquad \mathfrak{M}^2(\mathfrak{v}_3) = N\,p\,q(1 - 9\,p\,q + 30\,p^2\,q^2 - 28\,p^3\,q^3),$$

$$(12)\qquad\qquad \mathfrak{M}^2(\mathfrak{v}_4) = N\,p\,q(1 - 12\,p\,q + 54\,p^2\,q^2 - 79\,p^3\,q^3).$$

Formel (9) deckt sich übrigens mit Formel (10) des § 4, weil ja $\mathfrak{v}_1 = V$.

Bei hinreichend großem n kann man sich der Näherungsformel

$$(13)\qquad\qquad \mathfrak{M}^2(\mathfrak{v}_n) = N\,p\,q\,r_{n-1}$$

bedienen.

In dem besonderen Fall, wo $p = q = \tfrac{1}{2}$, verwandelt sich (7) in

$$(14)\qquad\qquad \mathfrak{E}(\mathfrak{v}_n) = \frac{N}{2^n}$$

und (8) in

$$(15)\qquad\qquad \mathfrak{M}^2(\mathfrak{v}_n) = \frac{N(2^n - 2\,n + 1)}{2^{2n}},$$

und da der Formel (33) des § 3 zufolge die Beziehung

$$\mathfrak{M}^2(\mathfrak{v}_{n-1}) = \frac{N(2^n - 2\,n + 5)}{2^{2n}}$$

besteht, so hat man in diesem Fall:

$$(16)\qquad\qquad \mathfrak{M}^2(\mathfrak{v}_n) = \mathfrak{M}^2(\mathfrak{v}_{n-1}) - \frac{N}{2^{2n-2}}$$

und bei entsprechend großem n näherungsweise:

$$(17) \qquad \mathfrak{M}^2(\mathfrak{v}_n) = \mathfrak{M}^2(v_{n-1}) \,.$$

Das V-Verfahren, angewendet auf $\mathfrak{v}_n$, ergibt zunächst, mit Rücksicht auf Formel (5) des § 5:

$$\mathfrak{E}_1(\mathfrak{v}_n) = \tfrac{1}{2} V \, p \, q (r_{n-2} + r_{n-1} + r_{n-2} + \ldots) \,,$$

somit

$$\mathfrak{E}_1(\mathfrak{v}_n) = \tfrac{1}{2} V \, p \, q \left(\frac{p^{n-2}}{q} + \frac{q^{n-2}}{p} \right) \,,$$

oder

$$(18) \qquad \mathfrak{E}_1(\mathfrak{v}_n) = \tfrac{1}{2} V \, r_{n-1} \,.$$

Sodann findet man in ähnlicher Weise wie bei Ableitung der Formel (8) des § 5:

$$\mathfrak{M}_1^2(\mathfrak{v}_n) = \tfrac{1}{2} V \left\{ p^{n-1}(1 - p^{n-1}) + q^{n-1}(1 - q^{n-1}) \right\}$$

oder

$$(19) \qquad \mathfrak{M}_1^2(\mathfrak{v}_n) = \tfrac{1}{2} V (r_{n-1} - r_{2n-2})$$

und bei hinreichend großem n näherungsweise:

$$(20) \qquad \mathfrak{M}_1^2(\mathfrak{v}_n) = \tfrac{1}{2} V \, r_{n-1} \,.$$

In dem besonderen Fall, wo $p = q = \tfrac{1}{2}$, gehen die beiden Formeln (18) und (19) in

$$(21) \qquad \mathfrak{E}_1(\mathfrak{v}_n) = \frac{V}{2^{n-1}}$$

und

$$(22) \qquad \mathfrak{M}_1^2(\mathfrak{v}_n) = \frac{2^{n-1} - 1}{2^{2n-2}}$$

über, so daß man hier, mit Rücksicht auf Formel (8) des § 5,

$$(23) \qquad \mathfrak{M}_1^2(\mathfrak{v}_n) = \mathfrak{M}_1^2(\mathfrak{v}_{n-1})$$

erhält.

Die Zahlen der vollständigen Iterationen, deren Länge zwischen bestimmten Grenzen enthalten ist, lassen sich offenbar durch die Differenz zwischen den entsprechenden Zahlen $\mathfrak{v}_n$ ausdrücken. Bezeichnet man die untere der beiden Grenzen mit n' und die obere mit n'', so ist:

$$(24) \qquad \sum_{n'}^{n''} v_n = \mathfrak{v}_{n'} - \mathfrak{v}_{n''+1} \,.$$

Dementsprechend erhält man auf der Grundlage von (7):

$$(25) \qquad \mathfrak{E}\left(\sum_{n'}^{n''} v_n \right) = N \, p \, q (r_{n'-1} - r_{n''})$$

und auf der Grundlage von (18):

$$(26) \qquad \mathfrak{E}_1\left(\sum_{n'}^{n''} v_n\right) = \tfrac{1}{2}V\left(r_{n'-1} - r_{n''}\right).$$

Es würde zu weit führen, wollte man $\mathfrak{M}^2\left(\sum_{n'}^{n''} v_n\right)$ bestimmen. Was aber $\mathfrak{M}_1^2\left(\sum_{n'}^{n''} v_n\right)$ anlangt, so hat man:

$$\mathfrak{M}_1^2\left(\sum_{n'}^{n''} v_n\right) = \tfrac{1}{2}V\left\{\sum_{n'}^{n''} p^{n-1} q\left(1 - \sum_{n'}^{n''} p^{n-1} q\right) + \sum_{n'}^{n''} q^{n-1} p\left(1 - \sum_{n'}^{n''} q^{n-1} p\right)\right\}$$

und folglich:

$$(27) \qquad \begin{cases} \mathfrak{M}_1^2\left(\sum_{n'}^{n''} v_n\right) = \tfrac{1}{2}V\left\{(p^{n'-1} - p^{n''})(1 - p^{n'-1} + p^{n''})\right. \\ \left. \qquad\qquad + (q^{n'-1} - q^{n''})(1 - q^{n'-1} + q^{n''})\right\}. \end{cases}$$

Bei $p = q = \tfrac{1}{2}$ nimmt (27) die Form

$$(28) \qquad \mathfrak{M}_1^2\left(\sum_{n'}^{n''} v_n\right) = \frac{V\left(2^{2n''-n'+1} - 2^{2n''-2n'+2} - 2^{n''} + 2^{n''-n'+2} - 1\right)}{2^{2n''}}$$

an.

Es sei $\mathfrak{w}_n$ die Zahl der einreihig-vollständigen Iterationen, die aus mehr als $n - 1$ Elementen bestehen. Man hat:

$$(29) \qquad \mathfrak{w}_n = w_n + w_{n+1} + \ldots w_N$$

und bei $n \leq N - 1$, der Formel (43) des § 4 des 1. Kapitels zufolge:

$$(30) \qquad \mathfrak{w}_n = \dot{\jmath}_n - \dot{\jmath}_{n+1}.$$

Daher denn:

$$(31) \qquad \mathfrak{E}(\mathfrak{w}_n) = \mathfrak{E}(\dot{\jmath}_n) - \mathfrak{E}(\dot{\jmath}_{n+1})$$

und wegen Formel (3) des § 2:

$$(32) \qquad \mathfrak{E}(\mathfrak{w}_n) = (N - n + 1)\, r_n - (N - n)\, r_{n+1}$$

oder auch, mit Rücksicht auf Formel (5) des § 1:

$$(33) \qquad \mathfrak{E}(\mathfrak{w}_n) = (N - n)\, p\, q\, r_{n-1} + r_n.$$

Ist n klein im Verhältnis zu N, so erscheint die Näherungsformel

$$(34) \qquad \mathfrak{E}(\mathfrak{w}_n) = N\, p\, q\, r_{n-1}$$

als in gleichem Maße berechtigt, wie die Näherungsformel (46) des § 3.

Viertes Kapitel.

Komplikationen.

§ 1.　Der Fall von mehr als zwei Arten von Elementen oder von mehr als zwei Erfolgen (das Roulettespiel).

Es ist im 3. Kapitel angenommen worden, daß die Elemente bzw. die Iterationen von zweierlei Art (A und B) sind. Nunmehr soll in Kürze auf den Fall eingegangen werden, wo beliebig viele Arten von Elementen bzw. Iterationen unterschieden werden. Es sei die Zahl dieser Arten mit ν bezeichnet. Ordnet man jeder der ν Arten eine Nummer k ($= 1$ bis ν) zu und bezeichnet man mit p_k die Wahrscheinlichkeit, daß ein Element von der Art k ist, so hat man:

$$(1) \qquad \sum_{1}^{\nu}{}_{k}\, p_k = 1 \, .$$

Man bezeichne mit $i_{k,\,n}$ die Zahl der aus Elementen der Art k bestehenden Iterationen zu n, so daß

$$(2) \qquad \sum_{1}^{\nu}{}_{k}\, i_{k,\,n} = i_n \, .$$

Die mathematische Erwartung von $i_{k,\,n}$ bestimmt sich ohne weiteres aus

$$(3) \qquad \mathfrak{E}(i_{k,\,n}) = N\, p_k^n \, .$$

Was alsdann den mittleren Fehler von $i_{k,\,n}$ anbelangt, so läßt er sich am einfachsten nach der im 3. Kapitel zur Bestimmung des mittleren Fehlers von i_n benützten Methode berechnen. Man setze, der Formel (24) des § 1 des 3. Kapitels entsprechend:

$$(4) \qquad i_{k,\,n}^2 = \sum_{1}^{N}{}_{a}\, x_{k,\,a} \sum_{1}^{N}{}_{b}\, x_{k,\,b} \, ,$$

wo unter $x_{k,\,a}$ bzw. $x_{k,\,b}$ die Zahl der aus Elementen der Art k bestehenden Iterationen zu n mit dem Anfangselement Nr. a bzw. Nr. b zu verstehen ist. Es ist:

$$(5) \qquad \mathfrak{E}(x_{k,\,a}^2) = p_k^n$$

und, sofern die beiden Sequenzen $(a,\,n)$ und $(b,\,n)$ inhaltsfremd sind:

$$(6) \qquad \mathfrak{E}(x_{k,\,a}\, x_{k,\,b}) = p_k^{2n} \, ,$$

sofern sie aber einseitig inhaltsverwandt sind:

$$(7) \qquad \mathfrak{E}(x_{k,\,a}\, x_{k,\,b}) = p_k^{2n-m} \, .$$

Der Fall der doppelseitigen Inhaltsverwandtschaft soll dadurch ausgeschlossen werden, daß man sich die Bedingung $n < \frac{1}{2}(N+1)$ als erfüllt denkt. Auf Grund der Formeln (4) bis (7) erhält man:

$$\mathfrak{E}(i_{k,n}^2) = N\left\{ p_k^n + 2\sum_1^{n-1} {}_m\, p_k^{2n-m} + (N - 2n + 1)\, p_k^{2n} \right\}$$

oder:

$$(8) \qquad \mathfrak{E}(i_{k,n}^2) = N\left\{ p_k^n + \frac{2\,(p_k^{n+1} - p_k^{2n})}{1 - p_k} + (N - 2n + 1)\, p_k^{2n} \right\},$$

und mit Rücksicht auf (3):

$$(9) \qquad \mathfrak{M}^2(i_{k,\,n}) = N\left\{ p_k^n + \frac{2\,(p_k^{n+1} - p_k^{2n})}{1 - p_k} - (2n - 1)\, p_k^{2n} \right\},$$

welch letztere Formel auch wir folgt geschrieben werden kann:

$$(10) \qquad \mathfrak{M}^2(i_{k,\,n}) = N\, p_k^n(1 - p_k^n) + \frac{2\,N\, p_k^n\{p_k(1 - p_k^n) - n\, p_k^n(1 - p_k)\}}{1 - p_k}.$$

Der ohne Rücksicht auf den Umstand, daß einige der in Betracht kommenden Sequenzen miteinander inhaltsverwandt sind, berechnete mittlere Fehler $\mathfrak{M}_f(i_{k,\,n})$ würde sich aus

$$(11) \qquad \mathfrak{M}_f^2(i_{k,\,n}) = N\, p_k^n(1 - p_k^n)$$

bestimmen. Bei hinreichend großem n hat man näherungsweise an Stelle von (9):

$$(12) \qquad \mathfrak{M}^2(i_{k,\,n}) = N\left(p_k^n + \frac{2\, p_k^{n+1}}{1 - p_k} \right) = \frac{N\, p_k^n(1 + p_k)}{1 - p_k}$$

und an Stelle von (11):

$$(13) \qquad \mathfrak{M}_f^2(i_{k,\,n}) = N\, p_k^n,$$

so daß

$$(14) \qquad \mathfrak{M}_f^2(i_{k,\,n}) : \mathfrak{M}^2(i_{k,\,n}) = \frac{1 - p_k}{1 + p_k}.$$

(Man vergleiche die Formeln (43) und (48) des § 1 des 3. Kapitels.)

Unter Beibehaltung der im § 1 des 3. Kapitels benützten Bezeichnungen x_a und x_b für die Gesamtzahlen der Iterationen zu n mit dem Anfangselement Nr. a bzw. Nr. b und unter Anwendung der neu einzuführenden abkürzenden Bezeichnung

$$(15) \qquad \sum_1^\nu {}_k\, p_k^n = P_n,$$

erhält man:

$$(16) \qquad \mathfrak{E}(i_n) = N\, P_n,$$

wo i_n die durch Formel (2) zum Ausdruck gebrachte Bedeutung hat, ferner:

$$(17) \qquad \mathfrak{E}(x_a^2) = P_n$$

und, je nachdem die beiden Sequenzen (a, n) und (b, n) inhaltsfremd oder einseitig inhaltsverwandt sind:

$$(18) \qquad \mathfrak{E}(x_a\, x_b) = P_n^2$$

oder

$$(19) \qquad \mathfrak{E}(x_a\, x_b) = \sum_1^{\nu}{}_k\, p_k^{2n-m}.$$

Hieraus folgt nunmehr, sofern $n < \tfrac{1}{2}(N + 1)$, mit Rücksicht auf Formel (24) des § 1 des 3. Kapitels, die auch hier Anwendung findet:

$$(20) \qquad \mathfrak{E}(i_n^2) = N\Big\{P_n + 2\sum_1^{\nu}{}_k \sum_1^{n-1}{}_m\, p_k^{2n-m} + (N - 2\,n + 1)\, P_n^2\Big\}$$

oder, mit Benutzung der abkürzenden Bezeichnung

$$(21) \qquad \sum_1^{\nu}{}_k \frac{p_k^n}{1 - p_k} = Q_n\,,$$

$$(22) \qquad \mathfrak{E}(i_n^2) = N\{P_n + 2(Q_{n+1} - Q_{2n}) + (N - 2\,n + 1)\, P_n^2\}\,.$$

Letztere Formel in Verbindung mit Formel (16) ergibt schließlich:

$$(23) \qquad \mathfrak{M}^2(i_n) = N\{P_n + 2(Q_{n+1} - Q_{2n}) - (2\,n - 1)\, P_n^2\}$$

oder auch

$$(24) \qquad \mathfrak{M}^2(i_n) = N\{P_n(1 - P_n) + 2(Q_{n+1} - Q_{2n}) - 2(n - 1)\, P_n^2\}\,.$$

Auf den im 3. Kapitel behandelten Spezialfall kommt man dadurch, daß man $\nu = 2$, $p_1 = p$, $p_2 = q$ setzt. Ein anderer Spezialfall, der hervorgehoben zu werden verdient, liegt vor, wenn alle Werte p_k einander gleich sind. In diesem Spezialfall erhält man, wenn man $p_k = p$ setzt:

$$(25) \qquad \nu = \frac{1}{p}\,, \quad P_n = p^{n-1}, \quad Q_n = \frac{p^{n-1}}{1 - p}\,,$$

$$(26) \qquad \mathfrak{E}(i_n) = N\, p^{n-1}\,,$$

$$(27) \qquad \mathfrak{M}^2(i_n) = N\Big\{p^{n-1} + \frac{2(p^n - p^{2n-1})}{1 - p} - (2\,n - 1)\, p^{2n-2}\Big\}$$

oder anders geschrieben

$$(28) \qquad \mathfrak{M}^2(i_n) = \frac{N\, p^{n-1}\{(1 + p)(1 - p^{n-1}) - 2(n - 1)\, p^{n-1}(1 - p)\}}{1 - p}\,.$$

Bei $n = 2$ findet man hier:

$$(29) \qquad \mathfrak{E}(i_2) = N\, p$$

und
$$(30) \qquad \mathfrak{M}^2(i_2) = N\,p(1-p)\,.$$

Dementsprechend erhält man in diesem besonderen Fall, wenn man auch jetzt, wie im 1. und 3. Kapitel mit V die Gesamtzahl der vollständigen Iterationen bezeichnet, mit Rücksicht auf Formel (15) des § 4 des 1. Kapitels (somit unter Vernachlässigung des Falles, wo $v_N = 1$):
$$(31) \qquad \mathfrak{E}(V) = N(1-p)$$
und
$$(32) \qquad \mathfrak{M}^2(V) = N\,p(1-p)\,.$$

Im Hinblick auf nachfolgende Anwendungen ist noch der Fall zu betrachten, wo die Zahlen der Iterationen von zwei verschiedenen Arten zusammengefaßt werden. Sind k und l die Ordnungsnummern, die zwei verschiedenen Arten von Elementen entsprechen, und ist i'_n die Zahl der Iterationen zu n, die, sei es aus den Elementen der Art k, sei es aus Elementen der Art l bestehen, so hat man:
$$(33) \qquad i'_n = i_{k,n} + i_{l,n}$$

und der Formel (3) zufolge:
$$(34) \qquad \mathfrak{E}(i'_n) = N(p_k^n + p_l^n)\,.$$

Bezeichnet man alsdann mit s_a bzw. s_b die Zahl derjenigen unter den i'_n Iterationen, deren Anfangselement das Element Nr. a bzw. Nr. b ist, so ist:
$$(35) \qquad i'_n\,i'_n = \sum_1^N{}^a s_a \sum_1^N{}^b s_b\,,$$
$$(36) \qquad \mathfrak{E}(s_a^2) = p_k^n + p_l^n\,,$$
$$(37) \qquad \mathfrak{E}(s_a\,s_b) = (p_k^n + p_l^n)^2$$
bzw.
$$(38) \qquad \mathfrak{E}(s_a\,s_b) = p_k^{2n-m} + p_l^{2n-m}$$

und, sofern $n < \tfrac{1}{2}(N+1)$,
$$(39) \qquad \left\{ \begin{aligned} \mathfrak{E}(i'_n\,i'_n) &= N\left\{ p_k^n + p_l^n + 2\left(\frac{p_k^{n+1} - p_k^{2n}}{1-p_k} + \frac{p_l^{n+1} - p_l^{2n}}{1-p_l}\right)\right. \\ &\qquad \left. + (N - 2n + 1)(p_k^n + p_l^n)^2\right\}\,. \end{aligned} \right.$$

Man gelangt zu diesem Ergebnis auch in der Weise, daß man von
$$(40) \qquad i'_n\,i'_n = i_{k,n}^2 + i_{l,n}^2 + 2\,i_{k,n}\,i_{l,n}$$
ausgeht. Es ist
$$(41) \qquad i_{k,n}\,i_{l,n} = \sum_1^N{}^a x_{k,a} \sum_1^N{}^b x_{l,b}\,,$$

und man hat

$$(42) \qquad \mathfrak{E}(x_{k,a}\, x_{l,b}) = 0 \,,$$

wenn die Sequenzen (a, n) und (b, n) identisch oder inhaltsverwandt sind, und

$$(43) \qquad \mathfrak{E}(x_{k,a}\, x_{l,b}) = p_k^n\, p_l^n \,,$$

wenn diese Sequenzen inhaltsfremd sind. Die Zahl der in Betracht kommenden identischen und inhaltsverwandten Sequenzen ist $N\{1 + 2(n-1)\}$. Daher denn:

$$(44) \qquad \mathfrak{E}(i_{k,n}\, i_{l,n}) = N(N - 2\,n + 1)\, p_k^n\, p_l^n \,.$$

Auf Grund der Formel (40) erhält man den Formeln (8) und (44) zufolge:

$$\mathfrak{E}(i_n'\, i_n') = N\left\{ p_k^n + p_l^n + 2\left(\frac{p_k^{n+1} - p_k^{2n}}{1 - p_k} + \frac{p_l^{n+1} - p_l^{2n}}{1 - p_l} \right) \right.$$
$$\left. + (N - 2\,n + 1)(p_k^{2n} + p_l^{2n}) \right\} + 2\,N(N - 2\,n + 1)\, p_k^n\, p_l^n \,.$$

Letztere Formel ist aber mit Formel (39) identisch. Aus (34) und (39) folgt schließlich:

$$(45) \qquad \begin{cases} \mathfrak{M}^2(i_n') = N\left\{ p_k^n + p_l^n + 2\left(\dfrac{p_k^{n+1} - p_k^{2n}}{1 - p_k} + \dfrac{p_l^{n+1} - p_l^{2n}}{1 - p_l} \right) \right. \\ \qquad\qquad \left. - (2\,n - 1)(p_k^n + p_l^n)^2 \right\} \,. \end{cases}$$

Setzt man $p_k = p_l = p$, so gehen die Formeln (34) und (35) über in

$$(46) \qquad \mathfrak{E}(i_n') = 2\,N\, p^n$$

und

$$(47) \qquad \mathfrak{M}^2(i_n') = N\left\{ 2\,p^n + \frac{4(p^{n+1} - p^{2n})}{1 - p} - 4(2\,n - 1)\, p^{2n} \right\}$$

oder, anders geschrieben,

$$(48) \qquad \frac{\mathfrak{M}^2(i_n')}{N} = 2\,p^n(1 - 2\,p^n) + \frac{4(p^{n+1} - p^{2n})}{1 - p} - 8(n - 1)\, p^{2n} \,.$$

Würde man hier den mittleren Fehler von i_n' ohne Rücksicht auf den Umstand, daß einige der in Betracht kommenden Sequenzen miteinander inhaltsverwandt sind, bestimmen, so erhielte man, wenn man den so berechneten mittleren Fehler mit $\mathfrak{M}_f(i_n')$ bezeichnet:

$$(49) \qquad \frac{\mathfrak{M}_f^2(i_n')}{N} = 2\,p^n(1 - 2\,p^n),$$

und bei einem hinreichend großen n hätte man näherungsweise:

$$(50) \qquad \mathfrak{M}_f^2(i_n') = 2\,N\, p^n$$

statt

$$(51) \qquad \mathfrak{M}^2(i'_n) = N\left(2\,p^n + \frac{4\,p^{n+1}}{1-p}\right) = \frac{2\,(1+p)\,N\,p^n}{1-p},$$

so daß sich, der Formel (14) analog:

$$(52) \qquad \mathfrak{M}_f^2(i'_n) : \mathfrak{M}^2(i'_n) = \frac{1-p}{1+p}$$

ergeben würde.

Der Fall, wo weder $i_{k,n}$ noch i_n, sondern i'_n den Gegenstand der Betrachtung bildet, liegt beim Roulettespiel vor, wenn diejenigen Iterationen (zusammen-)gezählt werden, die in einer ununterbrochenen Wiederholung des Erfolges „Rot" oder „Schwarz" bestehen, während die „Null-Fälle" außer acht gelassen werden. Man hat hier: $p = \frac{18}{37}$, und dementsprechend würden, der Formel (52) zufolge, die mittleren Fehler der Zahlen der Iterationen zu n bei höheren Werten von n, wenn man diese mittleren Fehler in der „Unabhängigkeits-Hypothese" (d. h. ohne Rücksicht darauf, daß es unter den in Betracht kommenden Sequenzen inhaltsverwandte gibt) berechnen würde, annähernd im Verhältnis von $\sqrt{19}$ zu $\sqrt{55}$ oder von $0{,}588$ zu 1, somit um etwa 41% zu niedrig ausfallen; anders ausgedrückt, wären die in der Unabhängigkeits-Hypothese berechneten mittleren Fehler im Verhältnis von $1{,}701$ zu 1 oder um etwa 70% zu erhöhen.

Bei $\nu = 2$ und $p_1 = p_2$ erhält man $p = \frac{1}{2}$ und $i'_n = i_n$, und die Formeln (46) und (47) ergeben hier in Übereinstimmung mit den Formeln (23) und (34) des § 1 des 3. Kapitels:

$$(53) \qquad \mathfrak{E}(i_n) = \frac{N}{2^{n-1}}.$$

und

$$(54) \qquad \mathfrak{M}^2(i_n) = \frac{N\,(3 \cdot 2^{n-1} - 2\,n - 1)}{2^{2n-2}}$$

oder, anders geschrieben:

$$(55) \qquad \mathfrak{M}^2(i_n) = 3\,N \cdot \frac{1}{2^{n-1}}\left(1 - \frac{1}{2^{n-1}}\right) - \frac{(n-1)\,N}{2^{2n-3}}$$

und näherungsweise bei einem entsprechend großen n:

$$(56) \qquad \mathfrak{M}^2(i_n) = \frac{3\,N}{2^{n-1}}.$$

Greift man aus den $i_{k,n}$ und i'_n Iterationen die einreihigen heraus und bezeichnet man deren Zahl mit $j_{k,n}$ und j'_n, so findet man zunächst:

$$(57) \qquad \mathfrak{E}(j_{k,n}) = (N - n + 1)\,p_k^n$$

und

$$(58) \qquad \mathfrak{E}(j'_n) = (N - n + 1)(p_k^n + p_l^n).$$

Sodann erhält man, indem man auf die Formeln (6) bis (12) des § 2 des 3. Kapitels zurückgreift, in diesen Formeln r_n durch p_k^n ersetzt und die Beziehungen

$$\sum_{1}^{n-1} m\, p_k^{2n-m} = \frac{p_k^{n+1} - p_k^{2n}}{1 - p_k}\,, \qquad \sum_{n-a+1}^{n-1} m\, p_k^{2n-m} = \frac{p_k^{n+1} - p_k^{n+a}}{1 - p_k}\,,$$

$$\sum_{2}^{n-1} a\, \frac{p_k^{n+1} - p_k^{n+a}}{1 - p_k} = \frac{(n-2)\, p_k^{n+1}}{1 - p_k} - \frac{p_k^{n+2} - p_k^{2n}}{(1 - p_k)^2}$$

berücksichtigt:

$$\mathfrak{E}(j_{k,n}^2) = (N - n + 1)\, p_k^n + \frac{2(N - n)\, p_k^{n+1}}{1 - p_k} - \frac{2(N - 2n + 2)\, p_k^{2n}}{1 - p_k}$$
$$- \frac{2(p_k^{n+2} - p_k^{2n})}{(1 - p_k)^2} + (N^2 - 4Nn + 3N + 4n^2 - 6n + 2)\, p_k^{2n}\,.$$

Letztere Formel geht vermöge der Substitution

$$\frac{p_k^{n+2}}{(1 - p_k)^2} = \frac{p_k^{n+1}}{(1 - p_k)^2} - \frac{p_k^{n+1}}{1 - p_k}$$

in

$$(59) \quad \begin{cases} \mathfrak{E}(j_{k,n}^2) = (N - n + 1)\, p_k^n + \dfrac{2(N - n + 1)\, p_k^{n+1}}{1 - p_k} - \dfrac{2(N - 2n + 2)\, p_k^{2n}}{1 - p_k} \\[2ex] \quad - \dfrac{2(p_k^{n+1} - p_k^{2n})}{(1 - p_k)^2} + (N^2 - 4Nn + 3N + 4n^2 - 6n + 2)\, p_k^{2n} \end{cases}$$

über, woraus mit Rücksicht auf (57)

$$(60) \quad \begin{cases} \mathfrak{M}^2(j_{k,n}) = (N - n + 1)\, p_k^n + \dfrac{2(N - n + 1)\, p_k^{n+1}}{1 - p_k} - \dfrac{2(N - 2n + 2)\, p_k^{2n}}{1 - p_k} \\[2ex] \quad - \dfrac{2(p_k^{n+1} - p_k^{2n})}{(1 - p_k)^2} - (2Nn - N - 3n^2 + 4n - 1)\, p_k^{2n} \end{cases}$$

oder auch

$$(61) \quad \begin{cases} \mathfrak{M}^2(j_{k,n}) = (N - n + 1)\left\{ p_k^n + \dfrac{2(p_k^{n+1} - p_k^{2n})}{1 - p_k} - (2n - 1)\, p_k^{2n} \right\} \\[2ex] \quad + n(n-1)\, p_k^{2n} + \dfrac{2(n-1)\, p_k^{2n}}{1 - p_k} - \dfrac{2(p_k^{n+1} - p_k^{2n})}{(1 - p_k)^2} \end{cases}$$

folgt. Da

$$2Nn - N - 3n^2 + 4n - 1 = N - n + 1 + 2Nn - 2N - 3n^2 + 5n - 2$$
$$= (N - n + 1) + 2N(n - 1) - 3n(n - 1) + 2(n - 1)$$
$$= (N - n + 1) + (n - 1)(2N - 3n + 2)\,,$$

so läßt sich (60) auch in der Form

$$(62) \quad \mathfrak{M}^2(j_{k,n}) = (N - n + 1)\, p_k^n (1 - p_k^n) + 2(N - n + 1)\, \frac{p_k^{n+1} - p_k^{2n}}{1 - p_k}$$

$$- (n - 1)(2N - 3n + 2)\, p_k^{2n} + \frac{2(n-1)\, p_k^{2n}}{1 - p_k} - \frac{2(p_k^{n+1} - p_k^{2n})}{(1 - p_k)^2}$$

darstellen.

Um schließlich $\mathfrak{M}^2(j_n')$ zu finden, kann man von

$$(63) \qquad \mathfrak{E}(j_n'\, j_n') = \mathfrak{E}(j_{k,n}^2) + \mathfrak{E}(j_{l,n}^2) + 2\,\mathfrak{E}(j_{k,n}\, j_{l,n})$$

ausgehen. Es sei $y_{k,a}$ die Zahl der einreihigen Iterationen zu n von der Art k mit dem Anfangselement Nr. a und $y_{l,b}$ die Zahl der einreihigen Iterationen zu n von der Art l mit dem Anfangselement Nr. b. Demnach hat man

$$(64) \qquad \mathfrak{E}(y_{k,a}\, y_{l,b}) = 0\,,$$

wenn die beiden Sequenzen (a, n) und (b, n) identisch oder inhaltsverwandt sind, und

$$(65) \qquad \mathfrak{E}(y_{k,a}\, y_{l,b}) = p_k^n\, p_l^n\,,$$

wenn die beiden Sequenzen (a, n) und (b, n) inhaltsfremd sind. So findet man denn, wenn man die Produkte $y_{k,a}\, y_{l,b}$, für welche (64) zutrifft, von vornherein ausschließt:

$$\mathfrak{E}(j_{k,n}\, j_{l,n}) = 2\,\mathfrak{E}\left(\sum_1^{N-2n+1}{}^a y_{k,a} \sum_{a+n}^{N-n+1}{}^b y_{l,b} \right),$$

somit wegen (65):

$$(66) \qquad \mathfrak{E}(j_{k,n}\, j_{l,n}) = (N - 2n + 1)(N - 2n + 2)\, p_k^n\, p_l^n\,.$$

Die drei Formeln (59), (63) und (66) ergeben nunmehr:

$$(67) \quad \begin{cases} \mathfrak{E}(j_n'\, j_n') = (N - n + 1)(p_k^n + p_l^n) + 2(N - n + 1)\left(\dfrac{p_k^{n+1}}{1 - p_k} + \dfrac{p_l^{n+1}}{1 - p_l} \right) \\[2ex] - 2(N - 2n + 2)\left(\dfrac{p_k^{2n}}{1 - p_k} + \dfrac{p_l^{2n}}{1 - p_l} \right) - 2\left\{ \dfrac{p_k^{n+1} - p_k^{2n}}{(1 - p_k)^2} + \dfrac{p_l^{n+1} - p_l^{2n}}{(1 - p_l)^2} \right\} \\[2ex] + (N^2 - 4Nn + 3N + 4n^2 - 6n + 2)(p_k^n + p_l^n)^2 \end{cases}$$

und wegen (58):

$$(68) \quad \begin{cases} \mathfrak{M}^2(j_n') = (N - n + 1)(p_k^n + p_l^n) + 2(N - n + 1)\left(\dfrac{p_k^{n+1}}{1 - p_k} + \dfrac{p_l^{n+1}}{1 - p_l} \right) \\[2ex] - 2(N - 2n + 2)\left(\dfrac{p_k^{2n}}{1 - p_k} + \dfrac{p_l^{2n}}{1 - p_l} \right) - 2\left\{ \dfrac{p_k^{n+1} - p_k^{2n}}{(1 - p_k)^2} + \dfrac{p_l^{n+1} - p_l^{2n}}{(1 - p_l)^2} \right\} \\[2ex] - (2Nn - N - 3n^2 + 4n - 1)(p_k^n + p_l^n)^2\,. \end{cases}$$

Setzt man $p_k = p_l = p$, so gehen die Formeln (58) und (68) in

$$(69) \qquad \mathfrak{E}(j_n') = 2(N - n + 1)\, p^n$$

und

$$(70) \quad \begin{cases} \mathfrak{M}^2(j_n') = (N - n + 1)\left\{2\,p^n + \dfrac{4(p^{n+1} - p^{2n})}{1 - p} - 4(2\,n - 1)\,p^{2n}\right\} \\[2ex] \qquad + 4\,n\,(n - 1)\,p^{2n} + \dfrac{4(n - 1)\,p^{2n}}{1 - p} - \dfrac{4(p^{n+1} - p^{2n})}{(1 - p)^2} \end{cases}$$

über. Bei entsprechend großen Werten von n erhält man, wenn zugleich N sehr groß ist, analog der Formel (51) näherungsweise:

$$(71) \qquad \mathfrak{M}(j_n') = \frac{2(1 + p)(N - n + 1)\,p^n}{1 - p}$$

oder auch, mit Rücksicht auf (69):

$$(72) \qquad \mathfrak{M}^2(j_n') = \frac{1 + p}{1 - p}\,\mathfrak{E}(j_n') \,.$$

Für diesen besonderen Fall (wo $p_k = p_l = p$) soll noch, im Hinblick auf spätere Darlegungen, die Zahl der vollständigen Iterationen, die aus mehr als $n - 1$ Elementen, sei es der Art k, sei es der Art l, bestehen, betrachtet werden.

Bezeichnet man diese Zahl mit $\mathfrak{v}_n'$, so hat man, unter der Bedingung, daß nicht sämtliche N Elemente von ein und derselben Art sind, der Formel (3) des § 6 des 3. Kapitels entsprechend:

$$(73) \qquad \mathfrak{v}_n' = i_n' - i_{n+1}' \,,$$

somit wegen (46):

$$(74) \qquad \mathfrak{E}(\mathfrak{v}_n') = 2\,N\,p^n(1 - p) \,.$$

Ferner ist

$$(75) \qquad \mathfrak{v}_n'\,\mathfrak{v}_n' = i_n'\,i_n' + i_{n+1}'\,i_{n+1}' - 2\,i_n'\,i_{n+1}' \,,$$

und aus (46) und (47) ergibt sich:

$$(76) \quad \mathfrak{E}(i_n'\,i_n') = N\left\{4(N - 2\,n + 1)\,p^{2n} + 2\,p^n + \frac{4(p^{n+1} - p^{2n})}{1 - p}\right\},$$

$$(77) \quad \mathfrak{E}(i_n'\,i_{n+1}') = N\left\{4(N - 2\,n - 1)\,p^{2n+2} + 2\,p^{n+1} + \frac{4(p^{n+2} - p^{2n+2})}{1 - p}\right\}.$$

Man findet zugleich in ähnlicher Weise, wie im § 3 des 3. Kapitels Formel (10) abgeleitet worden ist:

$$(78) \quad \mathfrak{E}(i_n'\,i_{n+1}') = 4\,N\left\{(N - 2\,n)\,p^{2n+1} + \frac{p^{n+1} - p^{2n+1}}{1 - p}\right\}.$$

Auf der Grundlage von (75) erhält man nunmehr wegen (76), (77) und (78) nach einigen Umformungen:

$$(79) \quad \mathfrak{E}(\mathfrak{v}_n'\,\mathfrak{v}_n') = 2\,N\left\{2(N - 2\,n)\,p^{2n}(1 - p)^2 + p^n(1 - p) + 2\,p^{2n+1}(1 - p)\right\},$$

sodann, mit Rücksicht auf (74):

$$(80) \quad \mathfrak{M}^2(\mathfrak{v}_n') = 2\,N\,p^n(1 - p)\left\{1 - 4\,n\,p^n(1 - p) + 2\,p^{n+1}\right\}$$

und schließlich bei entsprechend großem n als Näherungsformel:

$$(81) \qquad \mathfrak{M}^2(\mathfrak{v}_n') = 2\,N\,p^n(1-p)$$

oder auch wegen (74):

$$(82) \qquad \mathfrak{M}^2(\mathfrak{v}_n') = \mathfrak{E}(\mathfrak{v}_n')\,.$$

Bezeichnet man mit $\mathfrak{w}_n'$ die Zahl der einreihig-vollständigen Iterationen, die aus mehr als $n-1$ Elementen, sei es der Art k, sei es der Art l, bestehen (wobei wiederum $p_k = p_l = p$), so findet man:

$$(83) \qquad \mathfrak{w}_n' = j_n' - j_{n+1}'\,,$$

somit

$$(84) \qquad \mathfrak{E}(\mathfrak{w}_n') = \mathfrak{E}(j_n') - \mathfrak{E}(j_{n+1}')\,.$$

Was aber $\mathfrak{M}(\mathfrak{w}_n')$ anlangt, so kann man, soweit N sehr groß und n zwar klein im Verhältnis zu N, aber doch so groß ist, daß die Näherungsformel (82) als anwendbar erscheint, nach Analogie mit dieser Formel getrost

$$(85) \qquad \mathfrak{M}^2(\mathfrak{w}_n') = \mathfrak{E}(\mathfrak{w}_n')$$

setzen.

§ 2. Der Fall verbundener Elemente (die Zwillingsgeburten).

Die Unterscheidung der Geborenen nach dem Geschlecht, an die sich seit jeher wahrscheinlichkeitstheoretische Untersuchungen knüpfen, bietet auch die Möglichkeit, die Geburtenstatistik zur Exemplifizierung der Lehre von den Iterationen zu verwerten. Über die Ordnung, in welcher die männlichen und die weiblichen Geborenen aufeinanderfolgen, erteilen die Standesamtsregister Auskunft, wobei es allerdings nicht gesagt ist, daß die Reihenfolge der Eintragungen in das Register der Zeitfolge der Geburten immer genau entspricht. Man könnte meinen, daß auf eine dem Standesamtsregister entnommene Reihe von soundso vielen nach dem Geschlecht unterschiedenen Geborenen sich das Schema des 3. Kapitels ohne weiteres anwenden lasse: der Zahl N dieses Schemas würde die Gesamtzahl der in Betracht gezogenen Geborenen entsprechen, und die Wahrscheinlichkeiten p und q würden sich darauf beziehen, ob der Geborene männlich oder weiblich ist. Es macht sich aber hier ein besonderer Umstand geltend, der zu gewissen Korrekturen Anlaß gibt. Dieser Umstand betrifft die Zwillingsgeburten. (Von Mehrlingsgeburten, die drei und mehr Kinder liefern, darf ihrer großen Seltenheit wegen abgesehen werden.)

Unter den Zwillingsgeburten sind nämlich, wie bekannt, die gleichgeschlechtlichen stärker vertreten, als es der Annahme, daß je zwei zusammengehörende Zwillinge in bezug auf deren Geschlecht „unabhängig" voneinander sind, entsprechen würde. Diese „Geschlechtsattraktion" übt auf die erwartungsmäßigen Zahlen der hier in Frage stehenden Iterationen einen bestimmten Einfluß aus. Dies soll im nachfolgenden dargetan werden. Dabei wird davon abgesehen werden, daß die Verteilung der Geborenen nach dem Geschlecht (die „Sexualproportion") bei den Zwillingsgeburten nicht die gleiche zu sein braucht wie bei den Einzelgeburten. Das numerische Übergewicht der Knaben ist zwar bei den Zwillingsgeburten meist etwas schwächer als bei den Einzelgeburten ausgesprochen, aber in sehr verschiedenem Maße schwächer, und für einige Länder und Zeiträume kehrt sich das Verhältnis sogar in sein Gegenteil um (ohne daß dies aus der Kleinheit der Beobachtungszahlen zu erklären wäre)[1]. Überdies werden die erwartungsmäßigen Zahlen der betreffenden Iterationen durch die Verschiedenheit der beiden Sexualproportionen, wie sich's leicht zeigen ließe, viel weniger berührt als durch die Tatsache der Geschlechtsattraktion bei den Zwillingsgeburten. Die „störende" Wirkung dieser Tatsache soll also in der Annahme untersucht werden, daß die Wahrscheinlichkeit, männlich bzw. weiblich zu sein, für einen Einzelgeborenen und für einen Zwilling die gleiche ist (p bzw. q). Es möge außerdem angenommen werden, daß in dieser Beziehung zwischen den Zwillingen, die als erste und solchen, die als zweite (aus dem betreffenden Zwillingspaar) im Standesamtsregister eingetragen sind, kein Unterschied besteht, oder, was auf dasselbe hinausläuft, daß die Wahrscheinlichkeit für einen Zwilling aus einer „gemischten" Zwillingsgeburt, als erster bzw. als zweiter in das Register eingetragen zu werden, von seinem Geschlecht nicht abhängt.

Bezeichnet man die drei bei einer Zwillingsgeburt in Betracht kommenden Wahrscheinlichkeiten: 1. daß die beiden Zwillinge männlich, 2. daß sie verschiedenen Geschlechts und 3. daß sie beide weiblich sind, mit α, β und γ, so hat man nach dem Vorstehenden:

$$\frac{2\,\alpha + \beta}{2(\alpha + \beta + \gamma)} = p\,, \qquad \frac{\beta + 2\,\gamma}{2(\alpha + \beta + \gamma)} = q\,,$$

oder, da $\alpha + \beta + \gamma = 1$:

$$(1) \qquad \alpha = p - \frac{\beta}{2}\,, \qquad \gamma = q - \frac{\beta}{2}\,.$$

---

[1] Statistik des Deutschen Reiches. Neue Folge. Bd. 44. Berlin 1892, S. 60*. Vgl. die Veröffentlichung der „Statistique générale de la France": „Statistique internationale du mouvement de la population. Second Volume", Paris 1913, S. 68*—69* und 116*. Im Jahrzehnt 1901/10 unterschied sich die Sexualproportion bei den Zwillingsgeburten von derjenigen bei allen Geburten nur wenig namentlich in Bayern und in Sachsen. Erstere Proportion übertraf letztere in Italien. Es ist übrigens nicht außer acht zu lassen, daß die Angaben auf S. 116*, sofern sie deutsche Bundesstaaten und das Deutsche Reich betreffen, die Totgeborenen in sich begreifen.

Führt man alsdann die Bezeichnung

$$(2) \qquad \alpha + \gamma - (p^2 + q^2) = \delta$$

ein (δ kann als Maß der Geschlechtsattraktion angesehen werden), die vermöge der Substitutionen $\alpha + \gamma = 1 - \beta$ und $p^2 + q^2 = 1 - 2\,p\,q$ zu

$$(3) \qquad \beta = 2\,p\,q - \delta$$

führt, so erhält man aus (1):

$$(4) \qquad \alpha = p^2 + \frac{\delta}{2}\,, \qquad \gamma = q^2 + \frac{\delta}{2}\,\cdot$$

Hieraus folgt, wenn man von der im 3. Kapitel benutzten abkürzenden Bezeichnung $p^n + q^n = r_n$ wieder Gebrauch macht:

$$(5) \qquad \alpha + \gamma = r_2 + \delta\,,$$

$$(6) \qquad \alpha\,p + \gamma\,q = r_3 + \frac{\delta}{2}\,\cdot$$

Man bezeichne die Wahrscheinlichkeit, daß eine Geburt eine Zwillingsgeburt ist, mit z. Dementsprechend drückt $1 - z$ die Wahrscheinlichkeit aus, daß eine Geburt eine Einzelgeburt ist. Ferner bezeichne man mit E einen Einzelgeborenen, mit F einen „ersten" (d. h. als ersten aus dem betreffenden Zwillingspaar in das Register eingetragenen) und mit G einen „zweiten" (d. h. als zweiten aus dem betreffenden Zwillingspaar in das Register eingetragenen) Zwilling. Die drei Wahrscheinlichkeiten für einen Geborenen, E, F, G zu sein, sind also: $\dfrac{1 - z}{1 + z}$, $\dfrac{z}{1 + z}$, $\dfrac{z}{1 + z}\cdot$

Faßt man nunmehr die Zahl der Iterationen zu 2 ins Auge, so hat man davon auszugehen, daß sich bei den Sequenzen zu 2 die folgenden fünf Fälle unterscheiden lassen: EE, EF, FG, GE, GF. Diesen fünf möglichen Fällen kommen nach dem Vorstehenden die Wahrscheinlichkeiten $\dfrac{(1 - z)^2}{1 + z}$, $\dfrac{(1 - z)z}{1 + z}$, $\dfrac{z}{1 + z}$, $\dfrac{z(1 - z)}{1 + z}$, $\dfrac{z^2}{1 + z}$ zu. Die Wahrscheinlichkeit, daß die betreffende Sequenz eine Iteration ist, stellt sich in dem Fall FG auf $\alpha + \gamma$ oder laut Formel (5) auf $r_2 + \delta$, in jedem der übrigen vier Fälle auf r_2. Somit erhält man:

$$\mathfrak{E}(i_2) = N\left\{\frac{1}{1 + z}\,r_2 + \frac{z}{1 + z}(r_2 + \delta)\right\}$$

oder:

$$(7) \qquad \mathfrak{E}(i_2) = N\left(r_2 + \frac{z\,\delta}{1 + z}\right)\cdot$$

Bei Sequenzen zu 3 kann der Sachverhalt tabellarisch wie folgt dargestellt werden:

Mögliche Fälle	Die Wahrscheinlichkeit des betreffenden Falles	Die Wahrscheinlichkeit, daß eine Iteration vorliegt
EEE	$\dfrac{1-z}{1+z} \cdot (1-z) \cdot (1-z)$	$p^3 + q^3$
EEF	$\dfrac{1-z}{1+z} \cdot (1-z) \cdot z$	$p^3 + q^3$
EFG	$\dfrac{1-z}{1+z} \cdot z$	$p\,\alpha + q\,\gamma$
FGE	$\dfrac{z}{1+z} \cdot (1-z)$	$\alpha\,p + \gamma\,q$
FGF	$\dfrac{z}{1+z} \cdot z$	$\alpha\,p + \gamma\,q$
GEE	$\dfrac{z}{1+z} \cdot (1-z) \cdot (1-z)$	$p^3 + q^3$
GEF	$\dfrac{z}{1+z} \cdot (1-z) \cdot z$	$p^3 + q^3$
GFG	$\dfrac{z}{1+z} \cdot z$	$p\,\alpha + q\,\gamma$

Hieraus findet man unter Berücksichtigung der Formel (6):

$$\mathfrak{E}(i_3) = N \left\{ \frac{1-z}{1+z}\, r_3 + \frac{2z}{1+z} \left(r_3 + \frac{\delta}{2} \right) \right\}$$

oder:

$$(8) \qquad \mathfrak{E}(i_3) = N \left(r_3 + \frac{z\,\delta}{1+z} \right).$$

Es wäre allzu umständlich, wollte man in ähnlicher Weise die mathematischen Erwartungen der Zahlen der Iterationen von größerer Länge bestimmen. Folgendes nicht ganz strenges Verfahren möge als Ersatz dafür hingenommen werden. Mit Rücksicht darauf, daß z ein kleiner Bruch ist, begeht man keinen erheblichen Fehler, wenn man annimmt, daß eine Sequenz zu n, möge n noch so groß sein, höchstens zwei zusammengehörende (d. h. aus derselben Geburt stammende) Zwillinge enthält und wenn man die Wahrscheinlichkeit, daß in einer Sequenz zu n ein Zwillingspaar enthalten ist, gleich $(n-1)\,z$ setzt (weil für ein Zwillingspaar $n-1$ „Stellen" in Frage kommen). So gelangt man zu der Näherungsformel

$$\mathfrak{E}(i_n) = N \left[\{ 1 - (n-1)\,z \}\, r_n + (n-1)\,z(\alpha\,p^{n-2} + \gamma\,q^{n-2}) \right],$$

die wegen (4) in

$$(9) \qquad \mathfrak{E}(i_n) = N \left\{ r_n + \frac{(n-1)\,r_{n-2}\,z\,\delta}{2} \right\}$$

übergeht. Diese Formel ergibt bei $n = 2$ und 3:

$$(10) \qquad \mathfrak{E}(i_2) = N(r_2 + z\,\delta)\,,$$

$$(11) \qquad \mathfrak{E}(i_3) = N(r_3 + z\,\delta)\,,$$

somit Werte, die sich von den entsprechenden genauen Werten, wie sie die Formeln (7) und (8) liefern, kaum unterscheiden.

Aus (9) findet man leicht unter Zugrundelegung der Formel (9) des § 4 des 1. Kapitels:

$$\mathfrak{E}(v_n) = N\left\{p^2\,q^2\,r_{n-2} + \frac{(n\,p^2\,q^2\,r_{n-4} - r_{n-2} + r_n)\,z\,\delta}{2}\right\}$$

oder auch, vermöge der Substitution

$$r_{n-2} - r_n = p\,q(r_{n-3} + r_{n-2})\,,$$

$$\mathfrak{E}(v_n) = N\left\{p^2\,q^2\,r_{n-2} + \frac{(n\,p\,q\,r_{n-4} - r_{n-3} - r_{n-2})\,p\,q\,z\,\delta}{2}\right\}\,.$$

Setzt man

$$(12) \qquad \frac{(n\,p\,q\,r_{n-4} - r_{n-3} - r_{n-2})\,p\,q\,z\,\delta}{2} = \eta_n\,,$$

so ist

$$(13) \qquad \mathfrak{E}(v_n) = N\,p^2\,q^2\,r_{n-2} + N\,\eta_n\,,$$

und erscheinen demnach die Produkte $N\,\eta_n$ als Korrekturen, die durch die Zwillingsgeburten bedingt sind. Es läßt sich leicht zeigen, daß

$$(14) \qquad \sum_1^\infty n\,\eta_n = 0\,.$$

Man hat nämlich:

$$\sum_1^\infty n^2\,r_{n-4} = \frac{1}{p^4}\sum_1^\infty n^2\,p^n + \frac{1}{q^4}\sum_1^\infty n^2\,q^n = \frac{1}{p^4}\cdot\frac{p+p^2}{q^3} + \frac{1}{q^4}\cdot\frac{q+q^2}{p^3} = \frac{3}{p^3\,q^3}\,,$$

$$\sum_1^\infty n\,r_{n-3} = \frac{1}{p^3}\sum_1^\infty n\,p^n + \frac{1}{q^3}\sum_1^\infty n\,q^n = \frac{p}{p^3\,q^2} + \frac{q}{q^3\,p^2} = \frac{2}{p^2\,q^2}\,,$$

$$\sum_1^\infty n\,r_{n-2} = \frac{1}{p^2}\sum_1^\infty n\,p^n + \frac{1}{q^2}\sum_1^\infty n\,q^n = \frac{p}{p^2\,q^2} + \frac{q}{p^2\,q^2} = \frac{1}{p^2\,q^2}\,,$$

so daß

$$\sum_1^\infty n(n\,p\,q\,r_{n-4} - r_{n-3} - r_{n-2}) = \frac{3}{p^2\,q^2} - \frac{2}{p^2\,q^2} - \frac{1}{p^2\,q^2} = 0\,,$$

womit denn auch (14) bewiesen ist.

Aus (10) findet man auf der Grundlage der Formel (15) des § 4 des 1. Kapitels:

$$(15) \qquad \mathfrak{E}(V) = N(2\,p\,q - z\,\delta)\,.$$

In Übereinstimmung damit ergibt Formel (13):

$$(16) \qquad \sum_1^\infty \eta_n = \left(\frac{1}{p^2\,q^2} - \frac{1}{p^2\,q^2} - \frac{2}{p\,q}\right)\frac{p\,q\,z\,\delta}{2} = -z\,\delta\,.$$

Aus (12) und (16) erhält man:

$$(17)\quad
\begin{array}{c|l}
n & \eta_n : z\,\delta \\
\hline
1 & -1 \\
2 & \tfrac{1}{2} - 3\,p\,q \\
3 & 0 \\
4 & -\,p\,q + 5\,p^2\,q^2 \\
5 & -\,p\,q + 5\,p^2\,q^2 \\
6 & -\,p\,q + 6\tfrac{1}{2}\,p^2\,q^2 - 7\,p^3\,q^3 \\
7 & -\,p\,q + 8\,p^2\,q^2 - 14\,p^3\,q^3 \\
8 & -\,p\,q + 9\tfrac{1}{2}\,p^2\,q^2 - 23\,p^3\,q^3 + 9\,p^4\,q^4 \\
9 & -\,p\,q + 11\,p^2\,q^2 - 34\,p^3\,q^3 + 27\,p^4\,q^4 \\
\begin{array}{c}10-\infty \\ \text{(in summa)}\end{array} & -\tfrac{1}{2} + 9\,p\,q - 45\,p^2\,q^2 + 78\,p^3\,q^3 - 36\,p^4\,q^4
\end{array}$$

In dem besonderen Fall, wo $p = q = \tfrac{1}{2}$, ergibt Formel (12):

$$(18)\qquad \eta_n = \frac{(n-3)\,z\,\delta}{2^n}$$

und dementsprechend:

n	$\eta_n : z\,\delta$	n	$\eta_n : z\,\delta$	n	$\eta_n : z\,\delta$
1	-1	4	$\frac{1}{16}$	7	$\frac{1}{32}$
2	$-\frac{1}{4}$	5	$\frac{1}{16}$	8	$\frac{5}{256}$
3	0	6	$\frac{3}{64}$	9	$\frac{3}{256}$

$$\frac{1}{z\,\delta}\sum_{10}^{\infty}{}_n\,\eta_n = \frac{1}{64}\,.$$

Setzt man noch in Anlehnung an die Erfahrung: $p = 0{,}51$, $q = 0{,}49$, $\alpha = 0{,}32$, $\beta = 0{,}38$, $\gamma = 0{,}30$, somit $\delta = 0{,}1198$, und außerdem $z = 0{,}012$, somit $z\,\delta = 0{,}0014376$, so kommen die folgenden numerischen Werte von $\eta_n : z\,\delta$ und η_n zustande:

Tabelle 1.

n	$\eta_n : z\,\delta$	η_n
1	-1	$-0{,}00143760$
2	$-0{,}24970$	$-0{,}00035897$
3	0	0
4	$0{,}06235$	$0{,}00008963$
5	$0{,}06235$	$0{,}00008963$
6	$0{,}04678$	$0{,}00006725$
7	$0{,}03121$	$0{,}00004487$
8	$0{,}01953$	$0{,}00002808$
9	$0{,}01174$	$0{,}00001688$
10 — ∞ (in summa)	$0{,}01574$	$0{,}00002263$

Es soll nunmehr untersucht werden, welche Korrekturen die Zwillingsgeburten beim V-Verfahren bedingen.

Hier sind zunächst die mit e, f, g zu bezeichnenden Wahrscheinlichkeiten, daß ein als Anfangselement bzw. Einzelelement einer vollständigen Iteration auftretender Geborener ein Einzelgeborener (E), oder ein „erster" Zwilling (F), oder ein „zweiter" Zwilling (G) ist, ins Auge zu fassen. Solch ein Geborener kann, da er notwendig anderen Geschlechts als der ihm unmittelbar vorausgehende Geborene ist, als ein „ablösender" Geborener bezeichnet werden. Die Wahrscheinlichkeit für E, ablösend zu sein, ergibt sich aus folgender Betrachtung: ist E männlich, so ist die gesuchte Wahrscheinlichkeit q, weil ihr die Tatsache entspricht, daß dem E ein weiblicher Geborener vorausgeht; ist aber E weiblich, so ist die betreffende Wahrscheinlichkeit p, weil ihr die Tatsache entspricht, daß dem E ein männlicher Geborener vorausgeht. Somit ist die Wahrscheinlichkeit, daß E ablösend ist, durch $p\,q + q\,p = 2\,p\,q$ gegeben. Die gleiche Wahrscheinlichkeit, ablösend zu sein, kommt F zu. Was aber G anlangt, so muß er aus einer gemischten Zwillingsgeburt stammen, um ablösend zu sein; folglich ist die Wahrscheinlichkeit, daß G ablösend ist, durch β gegeben. So gelangt man zu den Formeln:

$$e = \frac{\dfrac{1-z}{1+z} \cdot 2\,p\,q}{\dfrac{1-z}{1+z} \cdot 2\,p\,q + \dfrac{z}{1+z} \cdot 2\,p\,q + \dfrac{z}{1+z} \cdot \beta},$$

$$f = \frac{\dfrac{z}{1+z} \cdot 2\,p\,q}{\dfrac{1-z}{1+z} \cdot 2\,p\,q + \dfrac{z}{1+z} \cdot 2\,p\,q + \dfrac{z}{1+z} \cdot \beta},$$

$$g = \frac{\dfrac{z}{1+z} \cdot \beta}{\dfrac{1-z}{1+z} \cdot 2\,p\,q + \dfrac{z}{1+z} \cdot 2\,p\,q + \dfrac{z}{1+z} \cdot \beta}$$

die in

$$(20) \qquad e = \frac{2(1-z)\,p\,q}{2\,p\,q + z\,\beta},$$

$$(21) \qquad f = \frac{2\,z\,p\,q}{2\,p\,q + z\,\beta},$$

$$(22) \qquad g = \frac{z\,\beta}{2\,p\,q + z\,\beta}$$

übergehen.

Fragt man sodann nach der Wahrscheinlichkeit, daß ein ablösender Geborener männlich ist, so erhält man für E und F ohne weiteres $\frac{1}{2}$, nämlich aus der Formel $\dfrac{p\,q}{p\,q + q\,p}$. Bei G aber ist in Betracht zu ziehen, daß für ihn die Wahrscheinlichkeit, ablösend zu sein, sich auf $\dfrac{\beta}{2\,\alpha + \beta}$ oder auf $\dfrac{\beta}{2\,\gamma + \beta}$ stellt, je nachdem er männlich oder weiblich ist. Daher beträgt die Wahrscheinlichkeit, daß ein ablösender G männlich ist:

$$\frac{p\,\dfrac{\beta}{2\,\alpha + \beta}}{p\,\dfrac{\beta}{2\,\alpha + \beta} + q\,\dfrac{\beta}{2\,\gamma + \beta}} \; .$$

Dieser Ausdruck ist aber, den Formeln (1) zufolge, ebenfalls gleich $\frac{1}{2}$.

Nach diesen vorbereitenden Feststellungen kann zur Bestimmung der Wahrscheinlichkeiten π_n (daß eine vollständige Iteration aus n Elementen bzw. Geborenen besteht) geschritten werden. Aus ähnlichen Überlegungen heraus, wie diejenigen, welche zu den Formeln (7) und (8) geführt haben, findet man:

$$(23) \qquad \pi_1 = (e + g)(\tfrac{1}{2} q + \tfrac{1}{2} p) + f\left(\frac{1}{2}\,\frac{\beta}{2\,\alpha + \beta} + \frac{1}{2}\,\frac{\beta}{2\,\gamma + \beta}\right),$$

$$(24) \quad \left\{ \begin{aligned} \pi_2 &= (e + g)\left\{\tfrac{1}{2}(1 - z)\,p\,q + \tfrac{1}{2} z\,\frac{\beta}{2} + \tfrac{1}{2}(1 - z)\,q\,p + \tfrac{1}{2} z\,\frac{\beta}{2}\right\} \\ &\quad + f\left(\frac{1}{2}\,\frac{2\,\alpha}{2\,\alpha + \beta}\,q + \frac{1}{2}\,\frac{2\,\gamma}{2\,\gamma + \beta}\,p\right), \end{aligned} \right.$$

$$(25) \quad \left\{ \begin{aligned} \pi_3 &= (e + g)\left\{\tfrac{1}{2}(1 - z)^2\,p^2\,q + \tfrac{1}{2}(1 - z)^2\,q^2\,p + \tfrac{1}{2}(1 - z)\,p\,z\,\frac{\beta}{2}\right. \\ &\quad \left. + \tfrac{1}{2}(1 - z)\,q\,z\,\frac{\beta}{2} + \tfrac{1}{2} z\,\alpha\,q + \tfrac{1}{2} z\,\gamma\,p\right\} \\ &\quad + f\left\{\frac{1}{2}\,\frac{2\,\alpha}{2\,\alpha + \beta}(1 - z)\,p\,q + \frac{1}{2}\,\frac{2\,\gamma}{2\,\gamma + \beta}(1 - z)\,q\,p\right. \\ &\quad \left. + \frac{1}{2}\,\frac{2\,\alpha}{2\,\alpha + \beta}\,z\,\frac{\beta}{2} + \frac{1}{2}\,\frac{2\,\gamma}{2\,\gamma + \beta}\,z\,\frac{\beta}{2}\right\}. \end{aligned} \right.$$

Setzt man in (23), (24) und (25) die Werte von e, f, g aus (20), (21) und (22) ein, so kommt man nach einigen Umformungen zu:

$$(26) \qquad \pi_1 = \frac{1}{2} - \frac{z\,\delta}{2\{2\,p\,q(1 + z) - z\,\delta\}},$$

$$(27) \qquad \pi_2 = p\,q + \frac{(1 - 4\,p\,q)\,z\,\delta + z^2\,\delta^2}{2\{2\,p\,q(1 + z) - z\,\delta\}},$$

$$(28) \qquad \pi_3 = \tfrac{1}{2}\,p\,q + \frac{2\,p\,q\,z\,\delta - (1 + z)\,z^2\,\delta^2}{4\{2\,p\,q(1 + z) - z\,\delta\}}.$$

Statt in ähnlicher Weise die Wahrscheinlichkeiten π_4, π_5 usw. zu bestimmen, kann man für dieselben hinreichend genaue Näherungsausdrücke auf viel einfacherem Wege finden, indem man nämlich die Voraussetzung macht, daß eine vollständige Iteration, möge sie noch so lang sein, höchstens zwei Zwillinge, sei es aus einer Geburt, sei es aus zwei verschiedenen Geburten, enthält[2]). Diese Voraussetzung läuft auf die Vernachlässigung von Ausdrücken, in welche zweite und höhere Potenzen von z eingehen, hinaus. Dementsprechend ist die Wahrscheinlichkeit z, wenn es sich um eine vollständige Iteration zu n handelt, mit dem Faktor $n-1$, oder 0, oder 1 in Ansatz zu bringen, je nachdem die betreffende Iteration mit E, oder mit F, oder mit G beginnt, und was insbesondere eine mit E beginnende Iteration anbelangt, so ist hier die Wahrscheinlichkeit $(n-1)\,z$ in die beiden Summanden $(n-2)\,z$ und z zu zerlegen, von denen sich der erste auf den Fall bezieht, daß die Iteration ein Zwillingspaar und der zweite auf den Fall, daß sie nur einen Zwilling enthält. Auf diese Weise findet man:

$$
(29)\quad
\begin{cases}
\pi_n = \dfrac{e}{2}\left\{1 - (n-1)\,z\right\}\left(p^{n-1}\,q + q^{n-1}\,p\right) \\[2ex]
\quad + \dfrac{e}{2}\,(n-2)\,z\left(\alpha\,p^{n-3}\,q + \gamma\,q^{n-3}\,p\right) \\[2ex]
\quad + \dfrac{e}{2}\,z\left(p^{n-2}\,\dfrac{\beta}{2} + q^{n-2}\,\dfrac{\beta}{2}\right) \\[2ex]
\quad + \dfrac{f}{2}\left(\dfrac{2\alpha}{2\alpha+\beta}\,p^{n-2}q + \dfrac{2\gamma}{2\gamma+\beta}\,q^{n-2}p\right) \\[2ex]
\quad + \dfrac{g}{2}\,(1-z)(p^{n-1}q + q^{n-1}p) + \dfrac{g}{2}\,z\left(p^{n-2}\,\dfrac{\beta}{2} + q^{n-2}\,\dfrac{\beta}{2}\right).
\end{cases}
$$

Hieraus erhält man unter Berücksichtigung der Formeln (1), (3) und (4) und unter Anwendung der abkürzenden Bezeichnung r_n für $p^n + q^n$:

$$
(30)\quad \pi_n = \frac{p\,q\,r_{n-2}}{2} - \frac{(e+g)\,r_{n-2}\,z\,\delta}{4} + \frac{\left\{(n-2)\,e\,z + f\right\}\,p\,q\,r_{n-4}\,\delta}{4}.
$$

Setzt man in dieser Formel $1 - f - g$ für e ein und vernachlässigt man im Resultat diejenigen Ausdrücke, welche das Produkt $f\,z$ oder $g\,z$ enthalten (was, mit Rücksicht auf die Formeln (21) und (22), im Einklang steht mit der Ignorierung der zweiten und höheren Potenzen von z, auf welcher die ganze Ableitung beruht), wobei noch das „iso-

---

[2]) Vorhin, bei Betrachtung des N-Verfahrens, ist auf die Fälle, wo eine Sequenz nur einen Zwilling oder zwei nicht zusammengehörende Zwillinge enthält, keine Rücksicht genommen worden, weil diese Fälle, sofern es sich um die Wahrscheinlichkeit handelt, daß die betreffende Sequenz eine Iteration ist, sich mit dem Fall, wo die Sequenz aus lauter Einzelgeborenen besteht, vollkommen decken.

liert" auftretende f durch z zu ersetzen ist (was ebenfalls auf eine Ignorierung der zweiten und höheren Potenzen von z hinausläuft), so gelangt man zu:

$$(31) \qquad \pi_n = \frac{p\,q\,r_{n-2}}{2} + \frac{\{(n-1)\,p\,q\,r_{n-4} - r_{n-2}\}\,z\,\delta}{4}.$$

Letztere Formel geht vermöge der Substitution $pq\,r_{n-4} = r_{n-3} - r_{n-2}$ in

$$(32) \qquad \pi_n = \frac{p\,q\,r_{n-2}}{2} + \frac{(n\,p\,q\,r_{n-4} - r_{n-3})\,z\,\delta}{4}$$

über. Setzt man alsdann

$$(33) \qquad \frac{(n\,p\,q\,r_{n-4} - r_{n-3})\,z\,\delta}{4} = \vartheta_n,$$

so ist

$$(34) \qquad \mathfrak{E}_1(v_n) = \tfrac{1}{2}V\,p\,q\,r_{n-2} + V\,\vartheta_n,$$

und erscheinen demnach die Produkte $V\,\vartheta_n$ als durch die Zwillingsgeburten bedingte Korrekturen, welche beim V-Verfahren an den erwartungsmäßigen Zahlen der vollständigen Iterationen von bestimmter Länge angebracht werden müssen.

Aus (33) findet man in derselben Weise wie oben aus (13) die Beziehungen (14) und (16) abgeleitet worden sind:

$$(35) \qquad \sum_{1}^{\infty}{}_{n}\,\vartheta_n = 0,$$

$$(36) \qquad \sum_{1}^{\infty}{}_{n}\,n\,\vartheta_n = \frac{z\,\delta}{4\,p^2\,q^2},$$

$$(37) \qquad \sum_{1}^{\infty}{}_{n}\,n^2\,\vartheta_n = \frac{(4 - 9\,p\,q)\,z\,\delta}{4\,p^3\,q^3}.$$

Formel (33) im Zusammenhang mit Formel (35) ergibt folgendes:

$$(38)\quad
\begin{array}{c|l}
n & \vartheta_n : z\,\delta \\
\hline
1 & -\dfrac{1}{4\,p\,q} \\[2mm]
2 & \dfrac{1}{4\,p\,q} - 1 \\[2mm]
3 & \tfrac{1}{4} \\
4 & -\tfrac{1}{4} + 2\,p\,q \\
5 & -\tfrac{1}{4} + 1\tfrac{3}{4}\,p\,q \\
6 & -\tfrac{1}{4} + 2\tfrac{1}{4}\,p\,q - 3\,p^2\,q^2 \\
7 & -\tfrac{1}{4} + 2\tfrac{3}{4}\,p\,q - 5\tfrac{3}{4}\,p^2\,q^2 \\
8 & -\tfrac{1}{4} + 3\tfrac{1}{4}\,p\,q - 9\tfrac{1}{4}\,p^2\,q^2 + 4\,p^3\,q^3 \\
9 & -\tfrac{1}{4} + 3\tfrac{3}{4}\,p\,q - 13\tfrac{1}{2}\,p^2\,q^2 + 11\tfrac{3}{4}\,p^3\,q^3 \\
\begin{array}{c}10 - \infty \\ \text{(in summa)}\end{array} & 2\tfrac{1}{4} - 15\tfrac{3}{4}\,p\,q + 31\tfrac{1}{2}\,p^2\,q^2 - 15\tfrac{3}{4}\,p^3\,q^3
\end{array}$$

Die Werte, die man hiernach für ϑ_n bei $n = 1$, 2 und 3 erhält, stimmen mit denjenigen, welche den Formeln (26), (27) und (28) entsprechen, überein, sofern man die zweiten und höheren Potenzen von z vernachlässigt.

Durch den Einfluß, den die Zwillingsgeburten auf die erwartungsmäßigen Zahlen der vollständigen Iterationen von verschiedener Länge ausüben, werden auch die mathematischen Erwartungen von λ und σ^2 in Mitleidenschaft gezogen. Wegen (36) erhält man jetzt an Stelle der Formel (20) des § 5 des 3. Kapitels:

$$(39) \qquad \mathfrak{E}_1(\lambda) = \frac{1}{2\,p\,q} + \frac{z\,\delta}{4\,p^2\,q^2}.$$

Was aber die Größe σ^2 betrifft, so bestimmt sie sich jetzt nicht mehr aus Formel (39) des § 5 des 3. Kapitels, sondern sinngemäß aus:

$$(40) \qquad \sigma^2 = \frac{1}{V} \sum_{1}^{V}{}_h \left(n_h - \frac{1}{2\,p\,q} - \frac{z\,\delta}{4\,p^2\,q^2} \right)^2.$$

Man hat nun wegen (37):

$$\mathfrak{E}_1 \left(\sum_{1}^{V}{}_h n_h^2 \right) = V \left\{ \frac{2 - 5\,p\,q}{2\,p^2\,q^2} + \frac{(4 - 9\,p\,q)\,z\,\delta}{4\,p^3\,q^3} \right\}$$

und wegen (36):

$$\mathfrak{E}_1 \left(\sum_{1}^{V}{}_h n_h \right) = V \left(\frac{1}{2\,p\,q} + \frac{z\,\delta}{4\,p^2\,q^2} \right),$$

und findet aus (40) unter Vernachlässigung der Glieder, die $z\,\delta$ im im Quadrat enthalten,

$$(41) \qquad \mathfrak{E}_1(\sigma^2) = \frac{3 - 10\,p\,q}{4\,p^2\,q^2} + \frac{3(1 - 3\,p\,q)\,z\,\delta}{4\,p^3\,q^3}$$

anstatt der Formel (41) des § 5 des 3. Kapitels.

In dem besonderen Fall, wo $p = q = \frac{1}{2}$, ergibt Formel (33)

$$(42) \qquad \vartheta_n = \frac{(n - 2)\,z\,\delta}{2^{n-1}}$$

und demgemäß:

n	$\vartheta_n : z\,\delta$	n	$\vartheta_n : z\,\delta$	n	$\vartheta_n : z\,\delta$
1	-1	4	$\frac{1}{4}$	7	$\frac{5}{64}$
2	0	5	$\frac{3}{16}$	8	$\frac{3}{64}$
3	$\frac{1}{4}$	6	$\frac{1}{8}$	9	$\frac{7}{256}$

$$\frac{1}{z\,\delta} \sum_{10}^{\infty}{}_n \vartheta_n = \frac{9}{256}.$$

Die beiden Formeln (39) und (41) führen in diesem Fall zu:

$$(43) \qquad \mathfrak{E}_1(\lambda) = \frac{1}{2\,p\,q} + 4\,z\,\delta$$

bzw.

$$(44) \qquad \mathfrak{E}_1(\lambda) = 2 + 4\,z\,\delta$$

und

$$(45) \qquad \mathfrak{E}_1(\sigma^2) = \frac{3 - 10\,p\,q}{4\,p^2\,q^2} + 12\,z\,\delta$$

bzw.

$$(46) \qquad \mathfrak{E}_1(\sigma^2) = 2 + 12\,z\,\delta\,.$$

Setzt man aber wiederum $p = 0{,}51$, $q = 0{,}49$, $\alpha = 0{,}32$, $\beta = 0{,}38$, $\gamma = 0{,}30$ und zugleich $z = 0{,}012$, somit $z\,\delta = 0{,}0014376$, so erhält man die nachstehenden Werte von $\vartheta_n : z\,\delta$ und ϑ_n, sowie von $\mathfrak{E}_1(\lambda)$ und $\mathfrak{E}_1(\sigma^2)$:

Tabelle 2.

n	$\vartheta_n : z\,\delta$	ϑ_n
1	—1,00040	—0,00143818
2	0,00040	0,00000058
3	0,25000	0,00035940
4	0,24980	0,00035911
5	0,18732	0,00026929
6	0,12492	0,00017958
7	0,07814	0,00011233
8	0,04695	0,00006750
9	0,02741	0,00003940
$10 - \infty$ (in summa)	0,03546	0,00005098

$$(47) \qquad \mathfrak{E}_1(\lambda) = \frac{1}{2\,p\,q} + 0{,}005755$$

bzw.

$$(48) \qquad \mathfrak{E}_1(\lambda) = 2{,}000800 + 0{,}005755 = 2{,}006555\,,$$

$$(49) \qquad \mathfrak{E}_1(\sigma^2) = \frac{3 - 10\,p\,q}{4\,p^2\,q^2} + 0{,}017293$$

bzw.

$$(50) \qquad \mathfrak{E}_1(\sigma^2) = 2{,}005604 + 0{,}017293 = 2{,}022897\,.$$

Es möge schließlich darauf hingewiesen werden, daß auch hier $\mathfrak{E}_1(v_n)$ in $\mathfrak{E}(v_n)$ übergeht, wenn man in dem Ausdruck von $\mathfrak{E}_1(v_n)$ die Größe V durch ihre mathematische Erwartung ersetzt. Auf diese Weise ergibt sich nämlich aus (15) und (34):

$$\check{\mathfrak{E}}_1(v_n) = N(2\,p\,q - z\,\delta)(\tfrac{1}{2}\,p\,q\,r_{n-2} + \vartheta_n)\,,$$

woraus unter Heranziehung von (33) und unter Vernachlässigung des Ausdrucks, der $z\,\delta$ im Quadrat enthält,

$$\check{\mathfrak{E}}_1(v_n) = N\left\{p^2\,q^2\,r_{n-2} - \frac{p\,q\,r_{n-2}\,z\,\delta}{2} + \frac{p\,q(n\,p\,q\,r_{n-4} - r_{n-3})\,z\,\delta}{2}\right\}$$

hervorgeht, so daß man, wie ein Vergleich letzterer Formel mit den Formeln (12) und (13) zeigt, in der Tat zu $\check{\mathfrak{E}}_1(v_n) = \mathfrak{E}(v_n)$ gelangt.

———

Fünftes Kapitel.

Beispiele.

§ 1. Statistische und mathematische Ziffernreihen.

Es gab im Deutschen Reich am 1. Dezember 1910 3783 Gemeinden, deren Einwohnerzahl, sei es an diesem Zeitpunkt, sei es am 1. Dezember 1905, mindestens 2000 betrug. Diese Gemeinden liegen systematisch (nach Staaten und Landesteilen) geordnet vor[1]). Somit bilden ihre Einwohnerzahlen eine aus 3783 Elementen bestehende Reihe. Unterscheidet man nun zwei Arten A und B solcher Elemente, indem man z. B. der Art A die Einwohnerzahlen, die mit Null enden, und der Art B die Einwohnerzahlen, die mit einer anderen Ziffer als Null enden, zuweist, so läßt sich die gegebene Reihe in soundso viele Teilreihen zerlegen, die aus lauter Elementen derselben Art bestehen, somit als vollständige Iterationen erscheinen. Man erhält im ganzen 646 vollständige Iterationen, oder es ist: $V = 646$ bei $N = 3783$. Über die Verteilung der vollständigen Iterationen nach ihrer Länge und auch nach ihrer Art gibt Tabelle 1 Auskunft. Die eingeklammerten

Tabelle 1.

n	v_n	n	v_n	n	v_n	n	v_n	n	v_n
1	2	3	4	5	6	7	8	9	10
1	307 (283)	11	10	21	6	31	1	41	1
2	67 (36)	12	9	22	6	32	2	42	2 } 4
3	30 (4)	13	8	23	7 } 24	33	2 } 8	44	1
4	27	14	10	24	3	34	2	46	1
5	21	15	6	25	2	35	1	50	1 } 2
6	21	16	7	26	1	36	1	57	1
7	13	17	5	27	3 } 5	37	1 } 5	70	2 } 2
8	18	18	3 } 18	29	1	38	2		
9	15	19	1			39	1		
10	16	20	2						

———

[1]) Statistik des Deutschen Reiches. Bd. 240, 2. Teil, Berlin 1914, S. [2]—[46].

Zahlen (2. Spalte) beziehen sich auf die Iterationen der Art A (die „Null-Iterationen"). Von den 307, 67 und 30 Iterationen zu 1, 2 und 3 gehören also 283, 36 und 4 der Art A und 24, 31 und 26 der Art B an, während sämtliche Iterationen zu 4 und mehr von der Art B sind.

Nimmt man an, daß die Wahrscheinlichkeit für die Endziffer der Einwohnerzahl einer Gemeinde, Null zu sein, gleich 0,1 ist, so bestimmen sich hier die erwartungsmäßigen Zahlen der vollständigen Iterationen verschiedener Länge entweder nach Formel (3) des § 3 des 3. Kapitels oder nach Formel (5) des § 5 desselben Kapitels (je nachdem man als gegeben N oder V ansieht, d. h. je nachdem man das N-Verfahren oder das V-Verfahren anwendet), in der Weise, daß man in diesen Formeln $p = 0,1$ (dementsprechend $q = 0,9$, $r_{n-2} = (0,1)^{n-2} + (0,9)^{n-2}$) und $N = 3783$ bzw. $V = 646$ setzt. So sind die ersten 15 Zahlen der 2. bzw. 6. Spalte der Tabelle 2 ermittelt worden. Die folgenden 7 Zahlen derselben Spalten haben sich durch Einsetzen von 0,1 für p und 3783 für N bzw. 646 für V in die Formel (25) bzw. (26) des § 6 des 3. Kapitels ergeben, und die letzte Zahl

Tabelle 2.

n	$\mathfrak{E}(v_n)$ bzw. $\mathfrak{E}(\Sigma v_n)$	$\mathfrak{A}$	$\mathfrak{M}$	$\lvert\mathfrak{A}\rvert : \mathfrak{M}$	$\mathfrak{E}_1(v_n)$ bzw. $\mathfrak{E}_1(\Sigma v_n)$	$\mathfrak{A}_1$	$\mathfrak{M}_1$	$\lvert\mathfrak{A}_1\rvert : \mathfrak{M}_1$
	N-Verfahren				V-Verfahren			
1	2	3	4	5	6	7	8	9
1	340,47	—33,47	19,26	1,74	323	—16	7,62	2,10
2	61,28	+ 5,72	8,42	0,68	58,14	+ 8,86	7,27	1,22
3	30,64	— 0,64	5,78	0,11	29,07	+ 0,93	5,19	0,18
4	25,13	+ 1,87	5,16	0,36	23,84	+ 3,16	4,70	0,67
5	22,37	— 1,37	4,73	0,29	21,22	— 0,22	4,45	0,05
6	20,10	+ 0,90	4,48	0,20	19,07	+ 1,93	4,23	0,46
7	18,09	— 5,09	4,25	1,20	17,16	— 4,16	4,03	1,03
8	16,28	+ 1,72	4,04	0,43	15,45	+ 2,55	3,83	0,67
9	14,66	+ 0,34	3,83	0,09	13,90	+ 1,10	3,65	0,30
10	13,19	+ 2,81	3,63	0,77	12,51	+ 3,49	3,47	1,01
11	11,87	— 1,87	3,45	0,54	11,26	— 1,26	3,30	0,38
12	10,68	— 1,68	3,27	0,51	10,14	— 1,14	3,13	0,36
13	9,62	— 1,62	3,10	0,52	9,12	— 1,12	2,98	0,38
14	8,65	+ 1,35	2,94	0,46	8,21	+ 1,79	2,83	0,63
15	7,79	— 1,79	2,79	0,64	7,39	— 1,39	2,69	0,52
16—20	28,71	—10,71			27,23	— 9,23	4,99	1,85
21—25	16,95	+ 7,05			16,08	+ 7,92	3,91	2,03
26—30	10,01	— 5,01			9,50	— 4,50	3,04	1,48
31—35	5,91	+ 2,09			5,61	+ 2,39	2,34	1,02
36—40	3,49	+ 1,51			3,31	+ 1,69	1,81	0,93
41—45	2,06	+ 1,94			1,95	+ 2,05	1,39	1,47
46—50	1,22	+ 0,78			1,16	+ 0,84	1,08	0,78
über 50	1,75	+ 0,25			1,66	+ 0,34	1,29	0,26

derselben Spalte ist aus Formel (7) bzw. (18) des genannten Paragraphen bestimmt worden. Die Abweichungen der wirklichen von den erwartungsmäßigen Zahlen der vollständigen Iterationen sind unter $\mathfrak{A}$ bzw. $\mathfrak{A}_1$ in der 3. und 7. Spalte der Tabelle 2 enthalten. Die 4. Spalte der Tabelle gibt unter $\mathfrak{M}$ die mittleren Fehler der Zahlen der Iterationen an. Diese mittleren Fehler sind für $n = 1$ bis 4 nach den genauen Formeln (16) bis (19) und für $n = 5$ bis 15 nach der Näherungsformel (20) des § 3 des 3. Kapitels berechnet worden. Was aber die analogen in der 8. Spalte unter $\mathfrak{M}_1$ angegebenen mittleren Fehler anlangt, so liegen ihnen die Formel (8) des § 5 und die Formeln (19) und (27) des § 6 des 3. Kapitels zugrunde. Schließlich zeigen die 5. und 9. Spalte der Tabelle an, wie sich der absolute Betrag der betreffenden Abweichung zu dem zugehörigen mittleren Fehler verhält.

Schon ein unmittelbarer Vergleich der empirischen Zahlen in Tabelle 1 mit den entsprechenden theoretischen Zahlen in Tabelle 2 (2. und 6. Spalte) ruft den Eindruck einer befriedigenden Übereinstimmung hervor. Dieser Eindruck wird verstärkt namentlich durch Betrachtung der in der 5. und 9. Spalte der Tabelle 2 enthaltenen Quotienten. Erhebt man die 23 Quotienten der 9. Spalte zum Quadrat und zieht man aus den so erhaltenen Werten den arithmetischen Durchschnitt, so erhält man 1,08 — ein Ergebnis, das sich recht gut der Tatsache anpaßt, daß die mathematische Erwartung der betreffenden Quadrate, somit auch ihres arithmetischen Durchschnitts gleich 1 ist. Man kann auch die im § 3 des 2. Kapitels betrachtete Größe χ^2 berechnen. Nur daß man diese Berechnung für jede der beiden Arten von Iterationen getrennt ausführen muß, weil sich nämlich die Gesamtzahl (V) der vollständigen Iterationen nicht zufällig, sondern „konstant", und zwar je zur Hälfte, auf die beiden Arten von Iterationen verteilt. Für die Null-Iterationen, deren Zahlen mit $v_{1,n}$ und $\mathfrak{v}_{1,n}$ bezeichnet werden mögen, gestaltet sich die Berechnung von χ^2, wenn man die Iterationen zu 4 und mehr zusammenfaßt, wie folgt:

Tabelle 3.

n	$v_{1,n}$ bzw. $\mathfrak{v}_{1,n}$	$\mathfrak{E}_1(v_{1,n})$ bzw. $\mathfrak{E}_1(\mathfrak{v}_{1,n})$	$\mathfrak{A}_1$	$\mathfrak{A}_1^2 : \mathfrak{E}_1(v_{1,n})$ bzw. $\mathfrak{A}_1^2 : \mathfrak{E}_1(\mathfrak{v}_{1,n})$
1	2	3	4	5
1	283	290,7	—7,7	0,20
2	36	29,07	+6,93	1,65
3	4	2,91	+1,09	0,41
4 und mehr	—	0,32	—0,32	0,32

$$\chi^2 = 2{,}58$$

In diesem Fall hat man aber laut Formel (33) des § 3 des 2. Kapitels: $\mathfrak{E}(\chi^2) = 3$ und laut Formel (46) desselben Paragraphen $\mathfrak{M}(\chi^2) = \sqrt{6}$ oder $\mathfrak{M}(\chi^2) = 2{,}45$, so daß die festgestellte Abweichung der Größe χ^2 von ihrer mathematischen Erwartung, absolut genommen, 17% $\left(= \dfrac{0{,}42}{2{,}45}\right)$ des maßgebenden mittleren Fehlers ausmacht. Bei den Iterationen der anderen Art findet man, wenn man die der Tabelle 2 zugrunde liegende Gruppierung der Daten beibehält: $\chi^2 = 20{,}95$. Hier ist $\mathfrak{E}(\chi^2) = 22$ und $\mathfrak{M}(\chi^2) = \sqrt{44}$ oder $\mathfrak{M}(\chi^2) = 6{,}63$, so daß die festgestellte Abweichung der Größe χ^2 von ihrer mathematischen Erwartung, absolut genommen, 16% $\left(= \dfrac{1{,}05}{6{,}63}\right)$ des maßgebenden mittleren Fehlers beträgt.

Den Formeln (3) und (10) des § 4 des 3. Kapitels zufolge erhält man: $\mathfrak{E}(V) = 680{,}9$ und $\mathfrak{M}(V) = 31{,}5$. Die Abweichung $V - \mathfrak{E}(V)$ beträgt demnach $-34{,}9$ und übertrifft ihrer absoluten Größe nach den maßgebenden mittleren Fehler um 11%.

Man findet ferner auf der Grundlage der Formeln (20) und (38) des § 5 des 3. Kapitels: $\mathfrak{E}_1(\lambda) = 5{,}56$ und $\mathfrak{M}_1(\lambda) = 0{,}26$, während sich λ auf $\dfrac{3783}{646} = 5{,}86$ stellt. Die Abweichung $\lambda - \mathfrak{E}_1(\lambda)$ beträgt also 0,30 und übertrifft den maßgebenden mittleren Fehler um 16%.

Es ist noch σ zum Gegenstand der Betrachtung gemacht worden. Die Formeln (41), (54) und (55) des § 5 des 3. Kapitels lieferten die Werte: $\sigma^2 = 76{,}23$ bzw. $\sigma = 8{,}73$, $\mathfrak{E}_1(\sigma^2) = 64{,}81$, $\mathfrak{M}_1(\sigma^2) = 8{,}90$, und durch Anwendung der Näherungsformeln (46) und (47) des § 1 des 2. Kapitels auf diesen Fall ergab sich: $\mathfrak{E}_1(\sigma) = 8{,}03$, $\mathfrak{M}_1(\sigma) = 0{,}55$. Die Abweichung $\sigma - \mathfrak{E}_1(\sigma)$ beträgt also 0,70, übertrifft somit den maßgebenden mittleren Fehler um 27%.

Wie man sieht, sind die vollständigen Iterationen im Durschschnitt etwas länger und die Abweichungen ihrer Einzellängen von ihrer erwartungsmäßigen Länge im Durchschnitt etwas größer als es den Vorausberechnungen entsprochen hätte, wobei jedoch diese Unstimmigkeiten sehr wohl zufällige sein können.

Zerlegt man die Gesamtzahl der 646 vollständigen Iterationen in 13 „Abteilungen“, indem man der Reihe nach je 50 Iterationen aus der Zahl der ersten 600 zu einer Abteilung zusammenfaßt und aus den übrigbleibenden 46 Iterationen eine 13. Abteilung bildet und bestimmt man in der nämlichen Weise, wie es für alle Iterationen zusammengenommen geschehen ist, die Werte λ und σ gesondert für jede der 13 Abteilungen, so ergibt sich folgendes Zahlenbild (Tabelle 4):

Tabelle 4.

Abteilung	λ	$\mathfrak{A}_1$	$|\mathfrak{A}_1| : \mathfrak{M}_1$	σ	$\mathfrak{A}_1$	$|\mathfrak{A}_1| : \mathfrak{M}_1$
1	2	3	4	5	6	7
I	7,56	+2,00	2,11	13,60	+5,79	2,91
II	4,10	—1,46	1,54	4,65	—3,16	1,59
III	7,50	+1,94	2,04	10,55	+2,74	1,38
IV	6,58	+1,02	1,07	9,19	+1,38	0,69
V	4,96	—0,60	0,63	6,71	—1,10	0,55
VI	6,44	+0,88	0,93	8,18	+0,37	0,19
VII	5,06	—0,50	0,53	6,29	—1,52	0,76
VIII	5,20	—0,36	0,38	8,10	+0,29	0,15
IX	5,24	—0,32	0,34	6,79	—1,02	0,51
X	5,40	—0,16	0,17	7,86	+0,05	0,03
XI	6,14	+0,58	0,61	9,71	+1,90	0,95
XII	5,00	—0,56	0,59	7,50	—0,31	0,16
XIII	7,04	+1,48	1,49	10,80	+3,01	1,45

Hier war $\mathfrak{E}_1(\lambda)$, wie bei ungeteilter Betrachtung der 646 Iterationen, gleich 5,56 zu setzen. Was aber $\mathfrak{M}_1(\lambda)$, $\mathfrak{E}_1(\sigma)$ und $\mathfrak{M}_1(\sigma)$ anlangt, so ergaben sich auf der Grundlage der betreffenden Formeln für jede der Abteilungen I—XII die Werte: $\mathfrak{M}_1(\lambda) = 0,95$, $\mathfrak{E}_1(\sigma) = 7,81$, $\mathfrak{M}_1(\sigma) = 1,99$ und für die Abteilung XIII die Werte: $\mathfrak{M}_1(\lambda) = 0,99$, $\mathfrak{E}_1(\sigma) = 7,79$, $\mathfrak{M}_1(\sigma) = 2,07$. Unter $\mathfrak{A}_1$ ist in der 3. Spalte der Tabelle die Abweichung $\lambda - \mathfrak{E}_1(\lambda)$ und in der 6. Spalte die Abweichung $\sigma - \mathfrak{E}_1(\sigma)$ zu verstehen. Das arithmetische Mittel der zum Quadrat erhobenen Quotienten $|\mathfrak{A}_1| : \mathfrak{M}_1$ stellt sich bei λ (4. Spalte) auf 1,30 und bei σ (7. Spalte) auf 1,35, während die mathematische Erwartung der betreffenden Quadrate bzw. ihrer arithmetischen Mittel 1 ist. Es ist aber zu bedenken, daß den in Frage stehenden Mittelwerten nur je 13 Einzelwerte zugrunde liegen, sowie daß die beiden Maßzahlen λ und σ nicht unabhängig voneinander sind. So darf man denn auch in bezug auf Tabelle 4 von einer guten Übereinstimmung zwischen Theorie und Erfahrung sprechen.

Die Liste der größeren Gemeinden des Deutschen Reiches nach der Volkszählung von 1910 soll noch in anderer Weise zur Exemplifizierung der Lehre von den Iterationen verwendet werden. Man bilde aus den ersten 2000 Einwohnerzahlen dieser Liste der Reihe nach 10 Abteilungen zu je 200 Zahlen und unterscheide wiederum zwei Arten dieser Zahlen, A und B, wobei jetzt der Art A diejenigen Einwohnerzahlen zugewiesen werden sollen, deren zweitletzte Ziffer eine gerade Zahl ist, und der Art B diejenigen, deren zweitletzte Ziffer eine ungerade Zahl ist[2]). Als Iterationen erscheinen dementsprechend Reihen von Einwohner-

---

[2]) Hielte man sich auch hier an die Endziffern, so würde sich das Material dieses zweiten Beispiels mit demjenigen des ersten zum Teil decken, was vermieden werden sollte.

zahlen, deren zweitletzte Ziffern sämtlich gerade bzw. ungerade Zahlen sind. Dabei ist in jeder Abteilung die letzte Einwohnerzahl als ein der ersten Einwohnerzahl vorgeordnetes Element angesehen worden, so daß es unter den vollständigen Iterationen jeweils eine zweireihige geben konnte[3]). Das Ergebnis, zu dem in diesem Fall die Auszählung der vollständigen Iterationen verschiedener Länge geführt hat, ist in Tabelle 5 zur Darstellung gebracht.

Tabelle 5.

1	I	II	III	IV	V	VI	VII	VIII	IX	X	I—X
	2	3	4	5	6	7	8	9	10	11	12
v_1	46	43	62	52	53	40	55	58	57	37	503
v_2	32	31	25	23	23	38	27	22	23	25	269
v_3	4	10	13	12	16	9	13	18	9	7	111
v_4	9	7	4	6	6	5	6	6	8	8	65
v_5	4	5	3	5	2	3	3	4	5	3	37
v_6	1	2	3	—	—	—	1	—	1	4	12
v_7	1	—	—	1	—	2	1	—	1	1	7
v_8	—	—	—	—	—	1	—	—	—	—	1
v_9	1	—	—	—	1	—	—	—	—	—	2
v_{10}	—	—	—	1	1	—	—	—	—	—	2
v_{14}	—	—	—	—	—	—	—	—	—	1	1
V	98	98	110	100	102	98	106	108	104	86	1010
$\mathfrak{v}_6$	3	2	3	2	2	3	2	—	2	6	25
i_6	7	2	3	7	9	7	3	—	3	15	56

Es sind alsdann für $N = 2000$ bzw. $N = 200$ die mathematischen Erwartungen und die mittleren Fehler der Zahlen der Iterationen verschiedener Länge bestimmt worden, wobei $p = q = \frac{1}{2}$ gesetzt worden ist und dementsprechend die Formeln (32) und (33) des § 3 des 3. Kapitels sowie die Formeln (14) und (15) des § 6 desselben Kapitels und schließlich die Formeln (53) und (56) des § 1 des 4. Kapitels Anwendung finden konnten. Die so erhaltenen Werte sind in die 2. und 4. bzw. 6. und 8. Spalte der Tabelle 6 eingetragen worden. In der 3. Spalte der Tabelle finden sich unter $\mathfrak{A}$ die Abweichungen der in der 12. Spalte der Tabelle 5 enthaltenen Zahlen von ihren mathematischen Erwartungen und in der 7. Spalte unter $\overline{\mathfrak{A}}$ die quadratischen Mittel von je 10 Abweichungen der in der 2. bis 11. Spalte der Tabelle 5 enthaltenen Zahlen von ihren mathematischen Erwartungen. Schließlich sind in der 5. Spalte die Quotienten $|\mathfrak{A}| : \mathfrak{M}$ und in der 9. Spalte die Quotienten $\overline{\mathfrak{A}} : \mathfrak{M}$ angegeben. Das arithmetische Mittel der Quadrate der 6 oberen Quotienten $\overline{\mathfrak{A}} : \mathfrak{M}$, dessen mathematische Erwartung gleich 1 ist, stellt sich auf 0,97.

---

[3]) Im ersten Beispiel waren alle vollständigen Iterationen einreihig, weil die erste unter den 3783 Einwohnerzahlen mit Null und die letzte nicht mit Null endet.

Tabelle 6.

	I—X zusammen				I—X einzeln			
	$\mathfrak{C}$	$\mathfrak{A}$	$\mathfrak{M}$	$|\mathfrak{A}|:\mathfrak{M}$	$\mathfrak{C}$	$\overline{\mathfrak{A}}$	$\mathfrak{M}$	$\overline{\mathfrak{A}}:\mathfrak{M}$
1	2	3	4	5	6	7	8	9
v_1	500	+ 3	25	0,12	50	7,93	7,91	1,00
v_2	250	+19	14,79	1,28	25	5,28	4,68	1,13
v_3	125	—14	10,08	1,39	12,5	4,20	3,19	1,32
v_4	62,5	+ 2,5	7,26	0,34	6,25	1,42	2,30	0,62
v_5	31,25	+ 5,75	5,28	1,09	3,125	1,16	1,67	0,69
v_6	31,25	— 6,25	5,09	1,23	3,125	1,58	1,61	0,98
V	1000	+10	22,36	0,45	100	6,54	7,07	0,93
i_6	62,5	— 6,5	12,73	0,51	6,25	4,18	4,03	1,04

Wendet man auf dasselbe Material in analoger Weise das V-Verfahren an, indem man 10 Abteilungen zu je 100 vollständigen Iterationen bildet, so gelangt man zu den in den Tabellen 7 und 8 dargestellten Ergebnissen.

Tabelle 7.

	I	II	III	IV	V	VI	VII	VIII	IX	X	I—X
1	2	3	4	5	6	7	8	9	10	11	12
v_1	47	44	57	48	54	40	51	58	50	46	495
v_2	33	31	23	26	21	39	25	20	24	25	267
v_3	4	11	13	12	16	9	13	13	10	11	112
v_4	9	7	2	7	5	5	6	5	9	10	65
v_5	4	5	2	5	2	4	3	4	6	2	37
v_6	1	2	3	—	—	—	1	—	1	4	12
v_7	1	—	—	1	—	2	1	—	—	1	6
v_8	—	—	—	—	—	1	—	—	—	—	1
v_9	1	—	—	—	1	—	—	—	—	—	2
v_{10}	—	—	—	1	1	—	—	—	—	—	2
v_{14}	—	—	—	—	—	—	—	—	—	1	1
v_6	3	2	3	2	2	3	2	—	1	6	24

Tabelle 8.

	I—X zusammen				I—X einzeln			
	$\mathfrak{C}_1$	$\mathfrak{A}_1$	$\mathfrak{M}_1$	$|\mathfrak{A}_1|:\mathfrak{M}_1$	$\mathfrak{C}_1$	$\overline{\mathfrak{A}_1}$	$\mathfrak{M}_1$	$\overline{\mathfrak{A}_1}:\mathfrak{M}_1$
1	2	3	4	5	6	7	8	9
v_1	500	— 5	15,81	0,32	50	5,43	5	1,09
v_2	250	+17	13,69	1,24	25	5,86	4,33	1,35
v_3	125	—13	10,43	1,25	12,5	3,29	3,30	1,00
v_4	62,5	+ 2,5	7,65	0,33	6,25	2,30	2,42	0,95
v_5	31,25	+ 5,75	5,50	1,05	3,125	1,46	1,74	0,84
v_6	31,25	— 7,25	5,50	1,32	3,125	1,66	1,74	0,95

Das arithmetische Mittel der Quadrate der Quotienten $\overline{\mathfrak{A}} : \mathfrak{M}_1$ (9. Spalte) beträgt 1,09. Die 10 Abteilungen enthalten zusammen 1984 Elemente (Einwohnerzahlen), so daß sich die durchschnittliche Länge einer vollständigen Iteration (λ) auf 1,984 stellt. Den Formeln (20) und (38) des § 5 des 3. Kapitels zufolge hat man in diesem Fall: $\mathfrak{E}_1(\lambda) = 2$ und $\mathfrak{M}_1(\lambda) = 0{,}045$. Die Abweichung $\lambda - \mathfrak{E}_1(\lambda)$ ist also $-0{,}016$ und macht, absolut genommen, 36% des maßgebenden mittleren Fehlers aus. Ferner erhält man mit Hilfe der Formeln (39), (41) und (55) des § 5 des 3. Kapitels: $\sigma^2 = 1{,}948$, $\mathfrak{E}_1(\sigma^2) = 2$, $\mathfrak{M}_1(\sigma^2) = 0{,}184$. Die Abweichung $\sigma^2 - \mathfrak{E}_1(\sigma^2)$ ist demnach $-0{,}052$ und beträgt, absolut genommen, 28% des maßgebenden mittleren Fehlers. Schließlich berechnet sich für die Abteilungen I—X zusammen χ^2 zu 5,40. Hier ist keine Trennung der Iterationen in die beiden Arten erforderlich, weil $p = q$. Man findet daher χ^2 in der Weise, daß man die in der 3. Spalte der Tabelle 8 unter $\mathfrak{A}_1$ stehenden Zahlen zum Quadrat erhebt, die so erhaltenen Werte durch die entsprechenden in der 2. Spalte derselben Tabelle unter $\mathfrak{E}_1$ stehenden Zahlen dividiert und die ermittelten Quotienten zusammenaddiert. Den Formeln (33) und (42) des § 3 des 2. Kapitels zufolge erhält man zugleich: $\mathfrak{E}(\chi^2) = 5$ und $\mathfrak{M}(\chi^2) = 3{,}17$. Die Abweichung $\chi^2 - \mathfrak{E}(\chi^2)$ stellt sich also auf 0,40 oder auf 13% des maßgebenden mittleren Fehlers.

Tabelle 9 bringt die Resultate der numerischen Auswertung von λ, σ^2 und χ^2 für die einzelnen Abteilungen. Hierbei war, wie vorhin, $\mathfrak{E}_1(\lambda) = 2$, $\mathfrak{E}_1(\sigma^2) = 2$, $\mathfrak{E}(\chi^2) = 5$ und im Unterschied von dem vorhin betrachteten Fall $\mathfrak{M}_1(\lambda) = 0{,}141$, $\mathfrak{M}_1(\sigma^2) = 0{,}583$ und $\mathfrak{M}(\chi^2) = 3{,}24$ zu setzen.

Tabelle 9.

Abt.	λ	$\mathfrak{A}_1$	$\lvert\mathfrak{A}_1\rvert : \mathfrak{M}_1$	σ^2	$\mathfrak{A}_1$	$\lvert\mathfrak{A}_1\rvert : \mathfrak{M}_1$	χ^2	$\mathfrak{A}$	$\lvert\mathfrak{A}\rvert : \mathfrak{M}$
1	2	3	4	5	6	7	8	9	10
I	2,03	+0,03	0,21	2,13	+0,13	0,22	9,98	+4,98	1,54
II	2,04	+0,04	0,28	1,60	—0,40	0,69	3,96	—1,04	0,32
III	1,78	—0,22	1,56	1,44	—0,56	0,96	4,46	—0,54	0,17
IV	2,06	+0,06	0,43	2,22	+0,22	0,38	1,76	—3,24	1,00
V	1,93	—0,07	- 0,50	2,21	+0,21	0,36	3,00	—2,00	0,62
VI	2,07	+0,07	0,50	1,91	—0,09	0,15	11,32	+6,32	1,95
VII	1,92	—0,08	0,57	1,56	—0,44	0,75	0,47	—4,53	1,40
VIII	1,77	—0,23	1,63	1,27	—0,73	1,25	5,92	+0,92	0,28
IX	2,00	0,00	0,00	1,66	—0,34	0,58	5,84	+0,84	0,26
X	2,24	+0,24	1,70	3,48	+1,48	2,54	5,80	+0,80	0,25

Erhebt man die in der 4., 7. und 10. Spalte der Tabelle 9 enthaltenen Quotienten zum Quadrat und berechnet man gesondert für jede dieser drei Spalten das arithmetische Mittel der betreffenden Quadrate, so findet man die drei Werte 0,91, 1,07 und 0,99, die von der ihnen gemeinsamen mathematischen Erwartung 1 nicht merklich abweichen. Zugleich möge darauf hingewiesen werden, daß das arithmetische Mittel der in der 8. Spalte der Tabelle enthaltenen Werte χ^2 sich auf 5,25 stellt und daß die Abweichung dieses Mittels von seiner mathematischen Erwartung (5) nur 25% des maßgebenden mittleren Fehlers $\left(1,02 = 3,24 : \sqrt{10}\right)$ ausmacht.

Es zeigt sich somit an der Hand der Tabellen 6, 8 und 9, daß in dem Beispiel, auf das sich diese Tabellen beziehen, die Ergebnisse der Erfahrung in jeder Hinsicht dem stochastischen Standpunkt entsprechen.

Als Gegenstück zu diesem Beispiel einer statistischen Ziffernreihe soll nunmehr eine mathematische Ziffernreihe in genau derselben Weise einer wahrscheinlichkeitstheoretischen Behandlung unterzogen werden. Es wird sich hierbei um die Endziffern der siebenstelligen Briggischen Logarithmen von dem Numerus 1001 an handeln[4], wobei auch hier als Iterationen ununterbrochene Wiederholungen von geraden bzw. ungeraden Zahlen betrachtet werden sollen und Abteilungen von je 200 Zahlen bzw. von je 100 vollständigen Iterationen zu bilden sein werden. Die folgenden Tabellen 10 bis 14, in denen die Ergebnisse der in Frage stehenden Untersuchung niedergelegt sind, sind den vorstehenden Tabellen 5 bis 9 getreu nachgebildet und bedürfen daher keiner weiteren Erklärungen.

Tabelle 10.

	I	II	III	IV	V	VI	VII	VIII	IX	X	I—X
1	2	3	4	5	6	7	8	9	10	11	12
v_1	37	62	41	48	45	65	42	46	46	57	489
v_2	23	27	36	21	28	24	23	25	24	20	251
v_3	11	13	6	14	9	2	9	21	27	18	130
v_4	6	5	3	10	4	9	—	5	2	6	50
v_5	6	5	2	3	7	1	7	1	2	5	39
v_6	—	—	1	1	1	1	1	—	—	—	5
v_7	—	—	2	1	1	2	5	—	1	—	12
v_8	2	—	1	—	1	1	—	2	—	—	7
v_9	—	—	1	—	—	—	1	—	—	—	2
v_{10}	—	—	1	—	—	—	—	—	—	—	1
v_{12}	—	—	—	—	—	1	—	—	—	—	1
v_{14}	1	—	—	—	—	—	—	—	—	—	1
V	86	112	94	98	96	106	88	100	102	106	988
v_6	3	—	6	2	3	5	7	2	1	—	29
i_6	15	—	17	3	6	15	15	6	2	—	79

---

[4] **Vega.** Logarithmisch-trigonometrisches Handbuch. 25. Auflage, Berlin 1914, S. 6ff.

Tabelle 11.

	I—X zusammen				I—X einzeln			
	$\mathfrak{C}$	$\mathfrak{A}$	$\mathfrak{M}$	$\|\mathfrak{A}\|:\mathfrak{M}$	$\mathfrak{C}$	$\bar{\mathfrak{A}}$	$\mathfrak{M}$	$\bar{\mathfrak{A}}:\mathfrak{M}$
1	2	3	4	5	6	7	8	9
v_1	500	—11	25	0,44	50	9,13	7,91	1,15
v_2	250	+ 1	14,79	0,07	25	4,30	4,68	0,92
v_3	125	+ 5	10,08	0,50	12,5	7,33	3,19	2,30
v_4	62,5	—12,5	7,26	1,72	6,25	3,12	2,30	1,36
v_5	31,25	+ 7,75	5,28	1,47	3,125	2,39	1,67	1,43
v_6	31,25	— 2,25	5,09	0,44	3,125	2,31	1,61	1,43
V	1000	—12	22,36	0,54	100	7,85	7,07	1,11
i_6	62,5	+16,5	12,73	1,30	6,25	6,72	4,03	1,67

Tabelle 12.

	I	II	III	IV	V	VI	VII	VIII	IX	X	I—X
1	2	3	4	5	6	7	8	9	10	11	12
v_1	46	56	39	53	47	61	45	49	48	54	498
v_2	27	22	43	18	28	24	28	22	20	20	252
v_3	11	13	7	14	9	2	13	22	27	14	132
v_4	7	4	3	10	6	7	—	5	2	8	52
v_5	5	5	2	3	7	—	7	1	2	4	36
v_6	1	—	1	1	1	1	—	—	—	—	5
v_7	—	—	2	1	1	3	4	—	1	—	12
v_8	2	—	1	—	1	1	2	1	—	—	8
v_9	—	—	1	—	—	—	1	—	—	—	2
v_{10}	—	—	1	—	—	—	—	—	—	—	1
v_{12}	—	—	—	—	—	1	—	—	—	—	1
v_{14}	1	—	—	—	—	—	—	—	—	—	1
v_6	4	—	6	2	3	6	7	1	1	—	30

Tabelle 13.

	I—X zusammen				I—X einzeln			
	$\mathfrak{C}_1$	$\mathfrak{A}_1$	$\mathfrak{M}_1$	$\|\mathfrak{A}_1\|:\mathfrak{M}_1$	$\mathfrak{C}_1$	$\bar{\mathfrak{A}}_1$	$\mathfrak{M}_1$	$\bar{\mathfrak{A}}_1:\mathfrak{M}_1$
1	2	3	4	5	6	7	8	9
v_1	500	— 2	15,81	0,13	50	5,98	5	1,20
v_2	250	+ 2	13,69	0,15	25	6,81	4,33	1,57
v_3	125	+ 7	10,43	0,67	12,5	6,79	3,30	2,06
v_4	62,5	—10,5	7,65	1,37	6,25	3,04	2,42	1,26
v_5	31,25	+ 4,75	5,50	0,86	3,125	2,34	1,74	1,34
v_6	31,25	— 1,25	5,50	0,23	3,125	2,49	1,74	1,43

Tabelle 14.

Abt.	λ	$\mathfrak{A}_1$	$|\mathfrak{A}_1|:\mathfrak{M}_1$	σ^2	$\mathfrak{A}_1$	$|\mathfrak{A}_1|:\mathfrak{M}_1$	χ^2	$\mathfrak{A}$	$|\mathfrak{A}|:\mathfrak{M}$
1	2	3	4	5	6	7	8	9	10
I	2,22	+0,22	1,56	3,62	+1,62	2,78	2,12	— 2,88	0,89
II	1,80	—0,20	1,42	1,30	—0,70	1,20	6,16	+ 1,16	0,36
III	2,15	+0,15	1,06	2,91	+0,91	1,56	22,54	+17,54	5,41
IV	1,99	—0,01	0,07	1,75	—0,25	0,43	5,03	+ 0,03	0,01
V	2,10	+0,10	0,71	2,20	+0,20	0,34	6,34	+ 1,34	0,41
VI	1,90	—0,10	0,71	3,18	+1,18	2,02	17,14	+12,14	3,75
VII	2,28	+0,28	1,99	3,42	+1,42	2,44	16,73	+11,73	3,62
VIII	1,92	—0,08	0,57	1,36	—0,64	1,10	10,74	+ 5,74	1,77
IX	1,94	—0,06	0,43	1,26	—0,74	1,27	22,64	+17,64	5,44
X	1,88	—0,12	0,85	1,36	—0,64	1,10	5,35	+ 0,35	0,11

Bei Zusammenfassung der Abteilungen I—X scheint die Theorie mit der Erfahrung im Einklang zu stehen: diesen Eindruck erwecken namentlich die Quotienten der 5. Spalte sowohl in Tabelle 11 wie in Tabelle 13. Auch die Werte λ, σ^2 und χ^2, die eine zusammenfassende Bearbeitung der Daten liefert, passen sich der für jede dieser Maßzahlen geltenden wahrscheinlichkeitstheoretischen Norm gut an: man erhält $\lambda = 2{,}018$, $\sigma^2 = 2{,}236$, $\chi^2 = 3{,}95$, bei $\mathfrak{E}_1(\lambda) = 2$, $\mathfrak{E}_1(\sigma^2) = 2$, $\mathfrak{E}(\chi^2) = 5$, $\mathfrak{M}_1(\lambda) = 0{,}045$, $\mathfrak{M}_1(\sigma^2) = 0{,}184$, $\mathfrak{M}(\chi^2) = 3{,}17$. Die festgestellten Abweichungen der Werte λ, σ^2 und χ^2 von ihren mathematischen Erwartungen betragen somit: 0,018, 0,236 und —1,05 und machen, absolut genommen, 40%, 128% und 33% der maßgebenden mittleren Fehler aus.

Sehr wenig befriedigend hingegen fallen die Ergebnisse einer nach Abteilungen getrennten Bearbeitung derselben Daten aus: unter den Quotienten in der 9. Spalte der Tabellen 11 und 13 bleibt nur ein einziger hinter 1 zurück; das arithmetische Mittel der Quadrate dieser Quotienten stellt sich in Tabelle 11 (bei den 6 oberen Quotienten) auf 2,23 und in Tabelle 13 auf 2,26. Und was die analogen Quotienten in Tabelle 14 anlangt, so berechnet sich das arithmetische Mittel ihrer Quadrate in dem Fall von λ (4. Spalte) zu 1,17, in dem Fall von σ^2 (7. Spalte) zu 2,60 und in dem Fall von χ^2 (10. Spalte) zu 9,03. Dabei ist von den 10 Abweichungen $\chi^2 - \mathfrak{E}(\chi^2)$, wie aus der 9. Spalte der Tabelle 14 zu ersehen ist, eine einzige negativ, und beträgt das arithmetische Mittel der 10 Werte χ^2 11,48. Der mittlere Fehler dieses arithmetischen Mittels ist aber gleich 1,02, wird also von der hier zutage tretenden Abweichung (6,48) mehr als 6 mal übertroffen.

Man kann wohl sagen, daß diesem Beispiel gegenüber der stochastische Standpunkt versagt. Denn ließe sich die Tatsache, daß die Endziffer eines siebenstelligen Logarithmus eine gerade oder ungerade Zahl ist, als zufälliges Ereignis, dem die Wahrscheinlichkeit $\tfrac{1}{2}$ zukommt, auffassen, so müßten die betreffenden wahrscheinlichkeitstheoretischen Kriterien bei einer beliebigen Einteilung der einschlägigen Daten in Erfüllung gehen.

Ebenso ungünstig erwies sich das Ergebnis in einem anderen ähnlichen Beispiel, das hier als letztes vorgebracht werden soll: es sind die 20., 30., 40., 50. und 60. Dezimalstelle der Briggischen Logarithmen von 100 aufeinanderfolgenden Primzahlen, beginnend mit 101, ins Auge gefaßt worden[5]), wobei wiederum darauf gesehen wurde, ob an der betreffenden Stelle eine gerade oder ungerade Zahl steht. Es ergaben sich die beiden Tabellen 15 und 16, die den Tabellen 10 und 11 entsprechen. In Tabelle 15 beziehen sich die unter I bis V in der 2. bis 6. Spalte stehenden Zahlenreihen der Reihe nach auf die 20. bis 60. Dezimalstelle.

Tabelle 15.

	I	II	III	IV	V	I—V
1	2	3	4	5	6	7
v_1	37	38	27	24	30	156
v_2	12	12	21	15	18	78
v_3	3	3	6	5	2	19
v_4	3	6	—	2	4	15
v_5	2	1	1	3	1	8
v_7	—	—	—	—	1	1
v_8	1	—	1	1	—	3
V	58	60	56	50	56	280
$\mathfrak{v}_5$	3	1	2	4	2	12

Tabelle 16.

	I—V zusammen				I—V einzeln			
	$\mathfrak{E}$	$\mathfrak{A}$	$\mathfrak{M}$	$\lvert\mathfrak{A}\rvert:\mathfrak{M}$	$\mathfrak{E}$	$\overline{\mathfrak{A}}$	$\mathfrak{M}$	$\overline{\mathfrak{A}}:\mathfrak{M}$
1	2	3	4	5	6	7	8	9
v_1	125	+31	12,5	2,48	25	8,28	5,59	1,48
v_2	62,5	+15,5	7,40	2,09	12,5	4,67	3,31	1,41
v_3	31,25	—12,25	5,04	2,43	6,25	2,86	2,25	1,27
v_4	15,625	— 0,625	3,63	0,17	3,125	2,00	1,62	1,23
$\mathfrak{v}_5$	15,625	— 3,625	3,35	1,08	3,125	1,25	1,50	0,83
V	250	+30	11,18	2,66	50	6,87	5	1,37

Daß die untersuchten mathematischen Ziffernreihen einer stochastischen Prüfung nicht standhalten, darf nicht überraschen. Stellt doch eine derartige Reihe keine empirische Vielheit, sondern ein rein apriori-

---

[5]) François Callet. Tables portatives de logarithmes etc., Paris 1795 (Tirage 1855). S. 204—208. Die letzte der in Betracht kommenden Primzahlen ist 691.

sches Gebilde dar[6]). So ist denn auch mit den beiden letzten Beispielen nur bezweckt worden, gleichsam eine Kontrastwirkung zu erzielen, um auf diese Weise die vorher in betreff der statistischen Ziffernreihen gewonnenen Ergebnisse ins rechte Licht zu setzen.

§ 2. Die Geborenen männlichen und weiblichen Geschlechts.

Die amtliche Statistik der natürlichen Bevölkerungsbewegung berücksichtigt u. a. bei den Geborenen stets das Geschlecht, indem sie die Zahlen der in den einzelnen Kalenderjahren oder auch Kalendermonaten geborenen Knaben und Mädchen getrennt nachweist. Darüber aber, wie die Geborenen des männlichen und weiblichen Geschlechts zeitlich aufeinanderfolgen, erteilen die betreffenden amtlichen statistischen Publikationen keinen Aufschluß. Um sich über die Reihenfolge der Geborenen zu unterrichten, muß man daher auf die Uraufzeichnungen, d. h. auf die Standesamtsregister zurückgreifen. An der Hand dieser Aufzeichnungen läßt sich jeweils eine beliebig lange Reihe aufeinanderfolgender Geborener dem Register entnehmen und in Teilreihen zerlegen, die aus lauter Knaben oder lauter Mädchen bestehen, somit als vollständige Iterationen aufgefaßt werden können. Dies hat K. Marbe für die vier Städte Würzburg, Fürth, Augsburg und Freiburg i. B. ausgeführt, indem er je 49 152 Geburtsfälle, die als erste seit Errichtung der Standesämter dieser Städte in die Register ein-

---

[6]) Ob es nicht trotzdem Fälle gibt, wo ein mathematischer Sachverhalt in einer bestimmten Beziehung für Anwendungen der Wahrscheinlichkeitstheorie Raum bietet, ist eine Frage für sich, die hier nicht zur Diskussion steht. Nur so viel möchte ich hierzu, namentlich F. M. Urban („Über den Begriff der mathematischen Wahrscheinlichkeit", in der Vierteljahrsschrift f. wiss. Philosophie und Soziologie, N. F. X, 1911, S. 1ff. und 145ff.) gegenüber, bemerken, daß eine Entscheidung dieser Frage in bejahendem Sinne in keiner näheren Beziehung zu der objektivistischen Auffassung des Zufalls bzw. zur objektivistischen Deutung des Begriffs der mathematischen Wahrscheinlichkeit steht. Denn hierfür kommt es auf die Kategorie nicht sowohl der „logischen" als vielmehr der „physischen" Zufälligkeit an. Vgl. A. Meinong, Über Möglichkeit und Wahrscheinlichkeit, Leipzig 1915, S. 243, Fußnote 1. Es ist daher an Urbans Darlegungen zu beanstanden, daß er die Fälle einer experimentellen Nachprüfung geometrischer Wahrscheinlichkeiten (siehe z. B. a. a. O., S. 149 über Buffons Nadelproblem) in eine Reihe mit den Fällen stellt, in denen wahrscheinlichkeitstheoretische Maßstäbe an rein mathematische Materien (wie etwa die Logarithmen aufeinanderfolgender Zahlen oder die Zahl π) angelegt werden. Dort greift doch immer ein empirisches Moment ein (so beim Aufwerfen einer Nadel), hier aber nicht, was einen grundsätzlichen Unterschied bedingt. Freilich denkt ein so hervorragender Vertreter des objektivistischen Standpunkts in der Wahrscheinlichkeitstheorie wie Cournot (Traité de l'enchaînement des idées fondamentales dans les sciences et dans l'histoire, Paris 1861, I, S. 96—100) über den „Zufall in der Mathematik" ähnlich wie Urban.

getragen worden sind, dazu verwandte[1]). Die von Marbe gezählten
vollständigen Iterationen verschiedener Länge sind in Tabelle 1 wiedergegeben. Die in der 2. bis 5. Spalte unter I bis IV stehenden Zahlen
beziehen sich der Reihe nach auf die vier obengenannten Städte und
die in der 6. Spalte unter I—IV stehenden Zahlen gelten für die vier
Städte zusammen. Dabei ist davon abgesehen worden, daß es sich
bei Marbe um einreihig-vollständige Iterationen handelt. Bei II
und IV, wo als Gesamtzahl der vollständigen Iterationen sich nach
Marbe eine gerade Zahl ergibt, sind sämtliche vollständige Iterationen
einreihig; auf I und III hingegen, wo die betreffende Zahl nach Marbe
ungerade ist, entfällt je eine zweireihige vollständige Iteration. Also
kommen im ganzen zwei zweireihige Iterationen in Betracht, die als
vier (entsprechend kürzere) Iterationen gezählt worden sind, was bei
dem großen Umfang des Materials offenbar nicht weiter ins Gewicht
fällt[2]).

Tabelle 1.

1	I 2	II 3	III 4	IV 5	I—IV 6
v_1	12 305	12 028	12 154	12 136	48 623
v_2	6 184	6 056	5 990	6 052	24 282
v_3	3 174	3 156	3 086	3 134	12 550
v_4	1 489	1 580	1 536	1 564	6 169
v_5	780	735	813	761	3 089
v_6	362	397	395	379	1 533
v_7	187	186	202	197	772
v_8	98	102	94	118	412
v_9	41	58	44	40	183
v_{10}	23	21	31	22	97
v_{11}	9	16	13	12	50
v_{12}	7	6	8	5	26
v_{13}	3	3	3	5	14
v_{14}	—	—	1	—	1
v_{15}	1	2	—	1	4
v_{16}	—	—	—	—	—
v_{17}	—	—	1	—	1
V	24 663	24 346	24 371	24 426	97 806
$\mathfrak{v}_{10}$	43	48	57	45	193

[1]) Marbe, Gleichförmigkeit, S. 240—241 und 278—279.
[2]) Die Zahlen der 6. Spalte der Tabelle 1 ergaben sich durch Zusammenaddie-
rung der entsprechenden Zahlen der 2. bis 5. Spalte. Sie stimmen mit den von
Marbe a. a. O., S. 285 unter A angeführten Zahlen nicht genau überein: es
tritt bei v_1 ein Unterschied um 4 und bei v_3, v_5 und v_6 um je 1 zutage. Diese
praktisch belanglosen Differenzen erklären sich dadurch, daß Marbe bei Zusammenfassung des Materials der vier Städte die vier Geburtenreihen anein-
andergefügt hat. Siehe a. a. O., S. 278 und 295.

Um an die Daten der Tabelle 1 den stochastischen Maßstab anzulegen, muß vorerst die in Frage kommende Wahrscheinlichkeit p, daß der Geborene männlichen Geschlechts ist, aus der Erfahrung ermittelt werden. Von den 196 608 Geborenen, um die es sich bei den vier Städten insgesamt handelt, waren 100 465 Knaben. Dementsprechend ließ sich der empirische Wert von p aus $p = \dfrac{100\,465}{196\,608}$ bestimmen. Die wirklichen Zahlen der geborenen Knaben in den vier Städten stellten sich der Reihe nach auf 25 120, 25 142, 25 008, 25 195[3]). Ihnen steht — in der Voraussetzung, daß die Wahrscheinlichkeit einer Knabengeburt in jeder der vier Städte dieselbe ist — als erwartungsmäßige Zahl der geborenen Knaben die Zahl 25 116 $\left(= \dfrac{100\,465}{4}\right)$ gegenüber. Die betreffenden Abweichungen der wirklichen von den erwartungsmäßigen Zahlen sind also: $+4$, $+26$, -108, $+79$, und da der maßgebende mittlere Fehler sich zu 96 $\left(= \sqrt{\tfrac{3}{4} \cdot 49\,152\, p(1-p)}\right.$ berechnet, so machen die angegebenen Abweichungen, absolut genommen, 4%, 27%, 112%, 82% des mittleren Fehlers aus und vertragen sich daher sehr wohl mit der Annahme, daß sie zufälligen Ursprungs sind. Es ist hierbei nicht außer acht zu lassen, daß die Formeln des 3. und 4. Kapitels, streng genommen, ihre Gültigkeit verlieren, wenn p a posteriori bestimmt wird, daß aber darüber um so eher hinweggesehen werden darf, je größer die Versuchszahl ist, die dem betreffenden empirischen Werte von p zugrunde liegt.

Mit Hilfe des so ermittelten Wertes von p sind nach Formel (13) des § 2 des 4. Kapitels die erwartungsmäßigen Zahlen der vollständigen Iterationen von $n = 1$ an bis $n = 9$ berechnet worden, wobei für η_n die in Tabelle 1 des genannten Paragraphen angegebenen Werte eingesetzt worden sind. Zur Berechnung der erwartungsmäßigen Zahl der vollständigen Iterationen, die aus 10 und mehr Elementen bestehen, ist Formel (5) des § 6 des 3. Kapitels mit der aus Tabelle 1 des § 2 des 4. Kapitels sich ergebenden Korrektur benutzt worden. Die auf diese Weise gewonnenen Werte $\mathfrak{E}(v_n)$, $\mathfrak{E}(v_{10})$ und $\mathfrak{E}(V)$ sind in die 2. und 6. Spalte der Tabelle 2 eingetragen worden, die der Tabelle 6 des § 1 dieses Kapitels genau nachgebildet ist. Auch hier bedeutet $\mathfrak{A}$ die jeweilige Abweichung der betreffenden wirklichen Zahl der vollständigen Iterationen von ihrer mathematischen Erwartung und $\overline{\mathfrak{A}}$ das quadratische Mittel solcher Abweichungen, deren Anzahl hier jeweils 4 beträgt. Zur Bestimmung der in der 4. Spalte der Tabelle 2 stehenden Werte $\mathfrak{M}(v_n)$ ist Formel (33) des § 3 des 3. Kapitels benutzt worden, nachdem es sich gezeigt hatte, daß die in diesem

---

[3]) **Marbe**, Gleichförmigkeit, S. 284 und 299.

Fall genaueren Formeln (16) bis (19) desselben Paragraphen numerische Werte liefern, welche von denjenigen, zu denen Formel (33) führt, nicht merklich verschieden sind. Dementsprechend ist $\mathfrak{M}(\mathfrak{v}_{10})$ nach Formel (15) des § 6 des 3. Kapitels berechnet worden. Schließlich ist $\mathfrak{M}(V)$ aus Formel (10) des § 4 des 3. Kapitels bestimmt worden[4]).

Tabelle 2.

| | I—IV zusammen | | | | I—IV einzeln | | | |
	$\mathfrak{E}$	$\mathfrak{A}$	$\mathfrak{M}$	$|\mathfrak{A}|:\mathfrak{M}$	$\mathfrak{E}$	$\overline{\mathfrak{A}}$	$\mathfrak{M}$	$\overline{\mathfrak{A}}:\mathfrak{M}$
1	2	3	4	5	6	7	8	9
v_1	48845,6	—222,6	247,9	0,90	12211,4	113,3	123,9	0,91
v_2	24481,7	—199,7	146,6	1,36	6120,4	86,4	73,3	1,18
v_3	12276,1	+273,9	99,9	2,74	3069,0	76,0	50,0	1,52
v_4	6158,6	+ 10,4	72,0	0,14	1539,7	34,6	36,0	0,96
v_5	3091,1	— 2,1	52,3	0,04	772,8	28,4	26,2	1,08
v_6	1552,2	— 19,2	37,8	0,51	388,0	14,9	18,9	0,79
v_7	779,8	— 7,8	27,1	0,29	194,9	7,0	13,6	0,51
v_8	391,9	+ 20,1	19,3	1,04	98,0	10,4	9,7	1,07
v_9	197,1	— 14,1	13,8	1,02	49,3	8,0	6,9	1,16
$\mathfrak{v}_{10}$	199,7	— 6,7	13,7	0,49	49,9	5,6	6,9	0,81
V	97974	—168	222	0,76	24493	132	111	1,19

Tabelle 2 weist eine im allgemeinen befriedigende Übereinstimmung zwischen Theorie und Erfahrung auf. Das arithmetische Mittel der zum Quadrat erhobenen 10 oberen Quotienten der 5. bzw. 9. Spalte stellt sich auf 1,29 bzw. 1,06. Von den 40 Abweichungen, die den oberen 10 Werten $\overline{\mathfrak{A}}$ der 7. Spalte zugrunde liegen, sind, wie man aus einem Vergleich der Zahlen der 6. Spalte mit den entsprechenden Zahlen der 2. bis 5. Spalte der Tabelle 1 ersehen kann, 19 positiv und 21 negativ. Bedenken vom stochastischen Standpunkt aus erregen nur die Zahlen v_3, die sämtlich in plus von ihrer mathematischen Erwartung abweichen und namentlich bei zusammenfassender Betrachtung der vier Städte eine unwahrscheinlich hohe positive Abweichung ($\mathfrak{A}$) ergeben.

Das V-Verfahren erfordert in diesem Fall, daß man für jede der vier Städte die Werte $\mathfrak{E}_1(v_n)$ bzw. $\mathfrak{E}_1(\mathfrak{v}_{10})$ besonders berechnet. Hierzu haben Formel (34) im Zusammenhang mit Tabelle 2 des § 2 des 4. Kapitels und Formel (18) des § 6 des 3. Kapitels mit der sich aus der genannten Tabelle ergebenden Korrektur gedient. Die so berechneten erwartungsmäßigen Zahlen $\mathfrak{E}_1(v_n)$ und $\mathfrak{E}_1(\mathfrak{v}_{10})$ finden sich unter $\mathfrak{E}_1$ in Tabelle 3 (2., 4., 6. und 8. Spalte). In derselben Tabelle (3., 5., 7. und 9. Spalte) sind unter $\mathfrak{A}_1$ die Differenzen $v_n - \mathfrak{E}_1(v_n)$ bzw. $\mathfrak{v}_{10} - \mathfrak{E}_1(\mathfrak{v}_{10})$ angegeben.

---

[4]) Streng genommen hätte man auch bei den mittleren Fehlern die Zwillingsgeburten berücksichtigen müssen. Dies hätte sich aber nicht gelohnt.

Tabelle 3.

	I		II		III		IV	
	$\mathfrak{E}_1$	$\mathfrak{A}_1$	$\mathfrak{E}_1$	$\mathfrak{A}_1$	$\mathfrak{E}_1$	$\mathfrak{A}_1$	$\mathfrak{E}_1$	$\mathfrak{A}_1$
1	2	3	4	5	6	7	8	9
v_1	12296,0	+ 9,0	12138,0	—110,0	12150,4	+ 3,6	12177,9	—41,9
v_2	6162,8	+21,2	6083,6	— 27,6	6089,8	—99,8	6103,6	—51,6
v_3	3090,2	+83,8	3050,5	+105,5	3053,7	+32,3	3060,6	+73,4
v_4	1550,3	—61,3	1530,4	+ 49,6	1531,9	+ 4,1	1535,4	+28,6
v_5	778,1	+ 1,9	768,1	— 33,1	768,9	+44,1	770,6	— 9,6
v_6	390,7	—28,7	385,7	+ 11,3	386,1	+ 8,9	387,0	— 8,0
v_7	196,3	— 9,3	193,8	— 7,8	194,0	+ 8,0	194,4	+ 2,6
v_8	98,7	— 0,7	97,4	+ 4,6	97,5	— 3,5	97,7	+20,3
v_9	49,6	— 8,6	49,0	+ 9,0	49,0	— 5,0	49,1	— 9,1
v_{10}	50,3	— 7,3	49,6	— 1,6	49,7	+ 7,3	49,8	— 4,8

Es sind alsdann in derselben Weise die Werte $\mathfrak{E}_1(v_n)$ bzw. $\mathfrak{E}_1(v_{10})$ und $\mathfrak{A}_1$ für die vier Städte zusammen berechnet und in die 2. und 3. Spalte der Tabelle 4 eingetragen worden. Die in der 4. Spalte dieser Tabelle unter $\mathfrak{M}_1$ stehenden Werte sind nach den Formeln

$$(1) \qquad \mathfrak{M}_1^2(v_n) = V\,\pi_n(1 - \pi_n)$$

und

$$(2) \qquad \mathfrak{M}_1^2(v_{10}) = V \sum_{10}^{\infty}{}^n \pi_n \cdot \left(1 - \sum_{10}^{\infty}{}^n \pi_n\right)$$

bestimmt worden, die man im gegebenen Fall, mit Rücksicht darauf, daß p nur wenig von $\frac{1}{2}$ verschieden ist, als hinreichend genaue Näherungsformeln gelten lassen kann. In der 6. Spalte der Tabelle 4 stehen unter $\overline{\mathfrak{A}}_1$ die quadratischen Mittel von je 4 Werten $\mathfrak{A}_1$ aus Tabelle 3 und in der 7. Spalte unter $\overline{\mathfrak{M}}_1$ die quadratischen Mittel von je vier ebenfalls nach den Formeln (1) und (2) berechneten mittleren Fehlern der Zahlen v_n bzw. v_{10}. Jedem dieser vier mittleren Fehler entspricht ein verschiedener Wert von V; weil aber die Summe dieser vier verschiedenen Werte von V demjenigen Wert von V gleich ist, der für die Werte $\mathfrak{M}_1(v_n)$ bzw. $\mathfrak{M}_1(v_{10})$ der 4. Spalte der Tabelle 4 in Betracht kam, so brauchten letztere Werte nur halbiert zu werden, um die gesuchten Werte $\overline{\mathfrak{M}}_1$ zu ergeben. Das arithmetische Mittel der zum Quadrat erhobenen Quotienten der 5. bzw. 8. Spalte der Tabelle 4 beträgt 1,29 bzw. 1,00, und von den 40 Abweichungen $\mathfrak{A}_1$ der Tabelle 3 sind 20 positiv und 20 negativ. Im allgemeinen führt also das V-Verfahren zu einem ebenso günstigen Ergebnis wie das N-Verfahren; was aber im besonderen die Zahlen der Iterationen zu 3 betrifft, so erscheinen sie auch hier als unverhältnismäßig hoch.

Tabelle 4.

	I—IV zusammen				I—IV einzeln		
	$\mathfrak{C}_1$	$\mathfrak{A}_1$	$\mathfrak{M}_1$	$|\mathfrak{A}_1|:\mathfrak{M}_1$	$\overline{\mathfrak{A}}_1$	$\overline{\mathfrak{M}}_1$	$\overline{\mathfrak{A}}_1:\overline{\mathfrak{M}}_1$
1	2	3	4	5	6	7	8
v_1	48762,3	—139,3	156,4	0,89	59,1	78,2	0,76
v_2	24439,7	—157,7	135,4	1,17	58,8	67,7	0,87
v_3	12255,0	+295,0	103,5	2,85	78,4	51,8	1,51
v_4	6148,0	+ 21,0	75,9	0,28	42,0	37,9	1,11
v_5	3085,7	+ 3,3	54,7	0,06	28,0	27,3	1,03
v_6	1549,5	— 16,5	39,0	0,42	16,5	19,5	0,85
v_7	778,4	— 6,4	27,8	0,23	7,4	13,9	0,53
v_8	391,2	+ 20,8	19,7	1,06	10,6	9,9	1,07
v_9	196,7	— 13,7	14,0	0,98	8,1	7,0	1,16
v_{10}	199,3	— 6,3	14,1	0,45	5,7	7,1	0,79

Tabelle 5 enthält in der 2., 6. und 10. Spalte die Werte von λ, σ^2 und χ^2 sowohl für die vier Städte zusammen (I—IV) wie für jede dieser Städte im einzelnen. In der 3. und 7. Spalte stehen unter $\mathfrak{A}_1$ die Abweichungen $\lambda - \mathfrak{C}_1(\lambda)$ bzw. $\sigma^2 - \mathfrak{C}_1(\sigma^2)$. Auf Grund der Formeln (47) und (49) ergab sich: $\mathfrak{C}_1(\lambda) = 2{,}0068$ und $\mathfrak{C}_1(\sigma^2) = 2{,}0241$. Die in der 4. und 8. Spalte unter $\mathfrak{M}_1$ angegebenen Werte beruhen auf den Formeln (38) und (54) des § 5 des 3. Kapitels. Schließlich ist noch in bezug auf die Werte χ^2 in der 10. Spalte zu bemerken, daß sie die Summen der Quotienten $\mathfrak{A}_1^2 : \mathfrak{C}_1$ darstellen, die man erhält, wenn man für $\mathfrak{A}_1$ und $\mathfrak{C}_1$ ihre Werte aus Tabelle 3 bzw. aus Tabelle 4 einsetzt, und daß demnach bei Bestimmung von χ^2 eine ähnliche Ungenauigkeit wie bei Anwendung der Formeln (1) und (2) begangen worden ist. Diese Ungenauigkeit war nicht zu vermeiden, weil aus den benutzten Marbeschen Daten nicht zu ersehen ist, wie sich die Iterationen auf die beiden in Betracht kommenden Arten verteilen. Im gegebenen Fall ist $\mathfrak{C}(\chi^2) = 9$ und $\mathfrak{M}(\chi^2) = \sqrt{18} = 4{,}24$. Das arithmetische Mittel der vier Werte von χ^2, die sich für I bis IV ergeben haben, beträgt 9,14. Auch was λ und σ^2 anbelangt, sind die Ergebnisse im ganzen befriedigend. Höchstens kann man die für I (Würzburg) festgestellten Werte von λ und σ^2 als zu niedrig beanstanden.

Tabelle 5.

	λ	$\mathfrak{A}_1$	$\mathfrak{M}_1$	$|\mathfrak{A}_1|:\mathfrak{M}_1$	σ^2	$\mathfrak{A}_1$	$\mathfrak{M}_1$	$|\mathfrak{A}_1|:\mathfrak{M}_1$	χ^2
1	2	3	4	5	6	7	8	9	10
I—IV	2,0102	+0,0034	0,0045	0,76	2,0136	—0,0105	0,0187	0,56	11,08
I	1,9930	—0,0138	0,0090	1,53	1,9428	—0,0813	0,0373	2,18	9,89
II	2,0189	+0,0121	0,0091	1,33	2,0369	+0,0128	0,0375	0,34	10,37
III	2,0168	+0,0100	0,0091	1,10	2,0596	+0,0355	0,0375	0,95	6,76
IV	2,0123	+0,0055	0,0091	0,60	2,0160	—0,0081	0,0374	0,22	9,56

Es darf bei Beurteilung der statistischen Ergebnisse im Falle von aus Knaben- bzw. Mädchengeburten gebildeten Iterationen das eine nicht außer acht gelassen werden: unmittelbar entscheidend für das Zustandekommen der Iterationen ist die Reihenfolge nicht der Geburten selbst, auch nicht der Anmeldungen, sondern der Eintragungen in das Standesamtsregister, und da erscheint es keineswegs als von vornherein ausgeschlossen, daß sich unter Umständen gewisse Rücksichten auf das Geschlecht der in das Register einzutragenden Geborenen geltend machen, welche Abweichungen der bei den Eintragungen sich zeigenden Reihenfolge von der Reihenfolge der Geburten bzw. der Anmeldungen mit sich bringen.

Man nehme z. B. an, daß der Standesamtsbeamte, dem die Registerführung obliegt, wenn er mehrere gleichzeitig oder kurz nacheinander eingelaufene Anmeldungen in das Register einzutragen hat, eine Sonderung der einzutragenden Geborenen nach dem Geschlecht vornimmt und etwa erst alle in Betracht kommenden Knaben zur Aufzeichnung bringt, um ihnen die in Betracht kommenden Mädchen folgen zu lassen. Solch eine Praxis würde selbstverständlich nicht ohne Einfluß auf das Entstehen von Iterationen aus männlichen bzw. weiblichen Geburten bleiben, und zwar würden sich dadurch mehr oder weniger Iterationen von bestimmter Länge, als es der tatsächlichen Reihenfolge der Geburten bzw. der Anmeldungen entspricht, ergeben, je nachdem das in Frage stehende „Sonderungsverfahren" jeweils auf eine größere oder kleinere Zahl von Geburten Anwendung fände.

Den Marbeschen Daten zufolge entfielen im Durchschnitt auf den Tag in I (Würzburg) etwa 5,0, in II (Fürth) etwa 4,5, in III (Augsburg) etwa 6,4 und in IV (Freiburg i. B.) etwa 4,1 Geburten[5]). Daher dürfte hier das Sonderungsverfahren gerade das Zustandekommen vollständiger Iterationen zu 3 begünstigen (weil Fälle, in denen an ein und demselben Tag 3 Knaben oder 3 Mädchen als geboren angemeldet worden sind, recht oft vorgekommen sein müssen), und zwar auf Kosten einerseits der kürzeren, andererseits der längeren vollständigen Iterationen, wobei es freilich nicht ausgeschlossen ist, daß unter Umständen das Sonderungsverfahren auch eine vollständige Iteration z. B. zu 1 oder zu 10 zutage fördert, die sonst nicht in die Erscheinung getreten wäre.

Im übrigen sind die einschlägigen Zusammenhänge zu kompliziert, als daß sich die betreffenden Wirkungen im einzelnen leicht aufzeigen ließen. Mit Sicherheit kann man aber die Behauptung aufstellen, daß wenn das Sonderungsverfahren durchgehends, d. h. jeweils etwa auf die an ein und demselben Tage zur Anmeldung gelangenden Geburten

---

[5]) Näherungsweise berechnet aus den Angaben Marbes (Gleichförmigkeit, S. 299) über die Zeiträume, auf die sich sein Material bezieht.

angewendet würde, hieraus eine Gesamtzahl der vollständigen Iterationen und eine Verteilung derselben nach ihrer Länge resultieren würden, die mit den Vorausberechnungen der Wahrscheinlichkeitstheorie wenig gemeinsam hätten. Es könnte sich also im gegebenen Fall, wo sich zwischen Theorie und Erfahrung im ganzen eine gute Übereinstimmung zeigt, nur darum handeln, daß ein geringer Bruchteil der in Frage kommenden Geburtenmenge von jenem die Reihenfolge der Geburten verschiebenden Faktor betroffen wird.

Es möge sich z. B. um 1008 Geburten, somit um kaum mehr als $\frac{1}{2}\%$ aller Geborenen des Marbeschen Beispiels (196 608) handeln, und man fingiere, um das Wesentliche des in Frage stehenden Sachverhalts recht deutlich hervortreten zu lassen, daß die „falsche" Registrierung diese 1008 Geborenen zu 336 vollständigen Iterationen zu 3 zusammengefaßt hat. Man hätte somit hier: $v_1 = v_2 = v_4 = v_5 = \ldots = 0$, $v_3 = 336$, $V = 336$ und demgegenüber praeter propter: $\mathfrak{E}(v_1) = 252$, $\mathfrak{E}(v_2) = 126$, $\mathfrak{E}(v_3) = 63$ usw. und $\mathfrak{E}(V) = 504$. Es ergäben sich also für das gesamte Material bei den Zahlen der vollständigen Iterationen zu 1, 2, 3 usw. und bei der Zahl aller vollständigen Iterationen die folgenden „systematischen Fehler": -252, -126, $+273$, $-31{,}5$, $-15{,}75$ usw. und -168 (vgl. Tabelle 2, 3. Spalte). Das Bezeichnende für diese systematischen Fehler ist, daß sie, an der Größe der betreffenden zufälligen bzw. mittleren Fehler gemessen, von Belang sind, sofern es sich um die Zahlen der vollständigen Iterationen von geringer Länge (und um die Gesamtzahl der vollständigen Iterationen) handelt, bei längeren Iterationen hingegen nur wenig, und zwar um so weniger, je größer n wird, ins Gewicht fallen: bei $n = 8$ z. B. stellt sich der systematische Fehler auf $-2{,}0$, während der mittlere Fehler (Tabelle 2, 4. Spalte) 19,3 beträgt.

Wie man sieht, ließen sich die Ergebnisse, zu denen das in diesem Paragraphen behandelte Beispiel führt, soweit sie doch nicht ganz mit den Erwartungen der Theorie im Einklang stehen, durch eine im obigen näher charakterisierte Unvollkommenheit der Registrierung der Geburten erklären. Zwingend ist die vorgeschlagene Erklärung freilich um so weniger, als die zutage tretenden Unstimmigkeiten, namentlich bei den Iterationen zu 1 und 2, nicht ausnahmslos in allen vier Städten denselben Charakter tragen: in I (Würzburg) ist die Zahl der Iterationen zu 1 und zu 2 nicht, wie bei den drei anderen Städten und wie bei den vier Städten zusammen, kleiner, sondern größer als zu erwarten war; dementsprechend ergibt sich auch laut Tabelle 5 (3. Spalte) für I eine hinter der Erwartung zurückbleibende, für II, III und IV sowie für I bis IV zusammen eine die Erwartung übertreffende durchschnittliche Länge der vollständigen Iterationen (λ). Es wäre aber ein müßiges Beginnen, noch andere ähnliche Erklärungen zu ersinnen, die dem statistischen Befund besser angepaßt wären, zumal da im gegebenen Fall die Versuchszahlen doch nicht groß genug sind, um eine einigermaßen sichere Schätzung der betreffenden systematischen Fehler zu gestatten. Immerhin zeigt der obige Erklärungsversuch, daß eine Rücksichtnahme der registrierenden Organe auf das Geschlecht der Geborenen, falls sie, was an sich durchaus wahrscheinlich ist, nur für einen geringen Bruchteil des betreffenden statistischen Materials in Betracht kommt, systematische Fehler im Gefolge haben kann, die sich ungefähr so äußern, wie es den vorliegenden statistischen Daten entspricht.

———

Sechstes Kapitel.

Kritik.

§ 1. Marbes „Naturphilosophische Untersuchungen zur Wahrscheinlichkeitslehre“ und die durch diese Schrift hervorgerufenen Erörterungen und Forschungen über Iterationen (Lexis, Czuber, Bruns u. a.).

Die Frage, ob Iterationen verschiedener Länge in Wirklichkeit annähernd mit derselben Häufigkeit vorkommen, wie es nach den Regeln der Wahrscheinlichkeitsrechnung zu erwarten ist, ist von K. Marbe zum Gegenstand eines speziellen Studiums gemacht worden. Zum erstenmal hat er diese Frage in seiner Schrift „Naturphilosophische Untersuchungen zur Wahrscheinlichkeitslehre“ behandelt, und zwar an einer Reihe von Beispielen, die, abgesehen von einem einzigen (das aus 400 von ihm selbst ausgeführten „Wappen- und Schriftversuchen“ mit einem Fünfzigpfennigstück bestanden hat), das Roulettespiel betrafen. Dabei galt als Iteration („reine Gruppe“ nach Marbe) eine ununterbrochene Wiederholung eines der beiden Spielresultate Rot oder Schwarz, und gezählt wurden jeweils die einreihigen Iterationen. Es hat sich somit um die im § 1 des 4. Kapitels mit j'_n bezeichneten Zahlen gehandelt. Marbe hat denn auch die in Frage stehenden erwartungsmäßigen Zahlen der Iterationen verschiedener Länge nach Formel (69) des genannten Paragraphen berechnet und in dieser Formel $p = \frac{18}{37}$ gesetzt.

Aus einem Vergleich der Zahlen j'_n mit ihren mathematischen Erwartungen $\mathfrak{E}(j'_n)$ hat Marbe zwei Schlußfolgerungen gezogen (S. 25—26): 1. daß von einem bestimmten Wert von n an j'_n hinter $\mathfrak{E}(j'_n)$ zurückbleibt, und zwar im Verhältnis zu $\mathfrak{E}(j'_n)$ um so mehr, je größer n wird; und 2. daß von einem bestimmten (höheren) Wert von n an, der sich beim Roulettespiel auf etwa 13 stellt, sich erfahrungsgemäß immer $j_n' = 0$ ergibt, obschon $\mathfrak{E}(j_n'')$ mehr oder weniger erheblich größer als 0 sein kann.

Marbe erblickte hierin eine Widerlegung nicht sowohl der Wahrscheinlichkeitstheorie als vielmehr der herrschenden Auffassung, daß die Wahrscheinlichkeitstheorie auf gewisse Erscheinungen, so namentlich auf Glücksspiele, anwendbar sei. Es existiere, behauptete Marbe, überhaupt kein Gebiet des wirklichen Geschehens, dem die Konstruktionen der Wahrscheinlichkeitstheorie adäquat wären. Dies folge aus gewissen allgemeinen Überlegungen[1]) und werde durch die Erfahrung, nämlich durch das gekennzeichnete, der Wahrscheinlichkeitstheorie widersprechende Verhalten der Zahlen der Iterationen von bestimmter Länge bestätigt.

In den von Marbe vorgebrachten Beispielen handelte es sich, sofern sie die von ihm behauptete Diskrepanz zwischen Theorie und Erfahrung aufweisen, um ziemlich kleine Zahlen von Iterationen. Es lag daher der Einwand nahe, daß die betreffenden Unstimmigkeiten auch rein zufällige sein könnten, bedingt durch den beschränkten Umfang des verwerteten statistischen Materials. Als erster hat Lipps diesen Einwand gegen Marbe erhoben, ohne ihn jedoch irgendwie zu substanziieren[2]).

---

[1]) Untersuchungen, S. 30—39. Diese Überlegungen werden dadurch nicht überzeugender, daß sie Marbe mit der Etikette „naturphilosophisch" versieht. Siehe meinen Aufsatz „Wahrscheinlichkeitstheorie und Erfahrung" (Zeitschrift für Philosophie und philosophische Kritik, Bd. 121, 1903, S. 81—82).

[2]) Gottl. Friedr. Lipps. Die Theorie der Kollektivgegenstände (Philosophische Studien, herausgeg. von W. Wundt, 17. Bd., 1901), S. 116—117 (= Separatabdruck, S. 39—40) und S. 575. Vgl. Marbes „Berichtigung" (ebendaselbst, S. 462—465). Lipps beschränkt sich übrigens auf den im Text angeführten Einwurf nicht, sondern hält Marbe noch folgendes Beispiel entgegen: „Es sind zwei Varietäten einer Pflanzenspezies denkbar, deren relative Häufigkeiten oder Wahrscheinlichkeiten für einen gewissen Landstrich bestimmt werden sollen. Die beiden Varietäten können nun gleichmäßig gemischt sein; dann wird man keine reinen Gruppen finden. Es kann aber auch die eine Varietät bloß auf den Bergen und die andere bloß in der Ebene vorkommen; dann wird man beliebig große reine Gruppen finden, falls man ausschließlich auf den Bergen oder in der Ebene botanisiert; man kann ferner eine beliebige Mischung der beiden Varietäten erhalten, wenn man die Pflanzen den verschiedenartigen Standorten entnimmt." Marbe erwiderte darauf (a. a. O., S. 465), er hätte gar nicht behauptet, daß es unmöglich wäre, „Beispiele zu fingieren, in denen beliebig große reine Gruppen vorkommen können". In der Tat: nicht nur „fingieren", sondern auch nachweisen lassen sich solche Beispiele mit Leichtigkeit. Das Lippssche Gegenargument ist denn auch nur insofern interessant, als es recht deutlich zeigt, wohin es führt, wenn man, wie er es tut, die mathematische Wahrscheinlichkeit mit der (relativen) Häufigkeit identifiziert (a. a. O., S. 107 = Separatabdruck, S. 29—30) und mit dieser Identifizierung (ausnahmsweise) Ernst macht. Hierdurch wird nämlich jeglichen Vergleichen zwischen Wahrscheinlichkeitstheorie und Erfahrung

Im Unterschied von Lipps hat alsdann Lexis des näheren zu zeigen versucht, daß die von Marbe festgestellten Abweichungen der wirklichen von den erwartungsmäßigen Zahlen der Iterationen mit der Wahrscheinlichkeitsrechnung keineswegs unvereinbar wären. Wenn sie diesen Eindruck erweckten, so läge es an der Methode, nach welcher Marbe die Iterationen zählt.

„Marbe bildet", führt Lexis aus[3]), „aus einer und derselben Versuchsreihe durch Verschiebung des Anfangspunktes der Abzählung eine große Anzahl von Gruppen, die nicht voneinander unabhängig sind, sondern teilweise die auch in anderen vorkommenden Fälle enthalten. So werden z. B. aus den 400 Versuchen mit der Münze zunächst 100 Gruppen zu 4 aus den Fällen 1—4, 5—8, ... 397—400, dann aber auch noch je 99 Gruppen aus den Fällen 2—5, 6—9, ... 394—397, aus den Fällen 3—6, 7—10, ... 395—398 und aus den Fällen 4—7, 8—11, ... 396—399, im ganzen also 397 Gruppen gebildet. Die wahrscheinlichste Zahl des Vorkommens reiner Vierer-Gruppen, sei es der einen oder der anderen Art, unter 397 ist $\frac{2}{2^4} \cdot 397$ oder rund 50, die wirklich gefundene Zahl aber war 69, also ziemlich viel größer. Dagegen kamen unter 393, 392 und 391 auf ähnliche Art durch vielfache Abzählung gebildeten Gruppen zu 8, 9 und 10 gar keine reinen Gruppen vor, während die wahrscheinlichsten Zahlen bei den angenommenen Versuchszahlen rund 3, 2 und 1 gewesen wären. Hierzu ist nun zu bemerken, daß das beobachtete Ereignis in dem als einheitlicher Vorgang aufgefaßten sukzessiven Zusammentreffen von 4 Wurfresultaten besteht. Die physische Möglichkeit der verschiedenen Formen dieses Ereignisses wird aber bei 400 Versuchen nicht 400 mal, sondern nur 100 mal ausprobiert. Ob ich 100 mal viermal nacheinander eine Münze oder 100 mal je vier Münzen auf einmal werfe, ist vom Standpunkte der Wahrscheinlichkeitsrechnung ganz dasselbe. Im letzteren Falle aber ist ohne weiteres klar, daß die physische Erprobung der Möglichkeit eines bestimmten Resultats, nämlich des Herauskommens von 4 mal Wappen oder 4 mal Schrift, nur 100 mal stattfindet. Bei den sukzessiven Wurfgruppen zu vier aber ist die Sachlage nicht anders. Der physische Tatbestand ist der, daß

---

der Boden entzogen. Diese statistische Deutung des Begriffs der mathematischen Wahrscheinlichkeit ist für die Fechnersche Schule überhaupt charakteristisch und findet u. a. ihren Ausdruck darin, daß die Wahrscheinlichkeitsrechnung zu einer „Quotenrechnung" degradiert wird (Bruns in den Berichten der math.-phys. Klasse der Kgl. Sächs. Gesellsch. d. Wiss., Bd. LVIII, 1906, S. 571, mit Berufung auf F. Hausdorff). Die Unhaltbarkeit dieses Standpunktes weist J. v. Kries (Prinzipien der Wahrscheinlichkeitsrechnung, S. 15—18) treffend nach.

[3]) W. Lexis, Abhandlungen zur Theorie der Bevölkerungs- und Moralstatistik, Jena 1903, S. 222—226, Fußnote.

400 Würfe stattgefunden haben. Es steht uns aber frei, den ersten, die beiden oder die drei ersten Würfe außer acht zu lassen, und wir erhalten dann drei andere Reihen von Vierer-Gruppen, die aber dieselbe tatsächliche physische Grundlage haben, wie die erste, also nicht als neue, selbständige Erprobungen der Möglichkeit des ‚günstigen' Falles gelten können. Diese vier Reihen sind demnach, abgesehen von dem Unterschied zwischen 100 und 99 in der Zahl der Fälle, in bezug auf die untersuchte Frage als identisch, als Ausdruck derselben Möglichkeitsprobe zu betrachten. Denn die bloße Verschiedenheit der Abzählung derselben physischen Ereignisse zu gleich großen Gruppen macht ebensowenig einen für die Wahrscheinlichkeitsrechnung in Betracht kommenden Unterschied des Tatbestandes des Versuches aus, wie ein solcher zwischen einem Wurf mit vier Münzen und vier Würfen mit einer Münze besteht. Die wahrscheinlichste Zahl des Vorkommens des günstigen Falles ist in unserem Beispiel in der Reihe von 100 selbständigen Gruppen $12\frac{1}{2}$, die von Marbe beobachtete Zahl stellt sich, wenn wir den Durchschnitt aus den Ergebnissen der vier äquivalenten Reihen nehmen, auf $17\frac{1}{4}$. Nun ist aber die Wahrscheinlichkeit dieser relativ wahrscheinlichsten Ergebniszahl absolut keineswegs groß; sie beträgt $\dfrac{100!}{12!\,88!}\left(\dfrac{7}{8}\right)^{88}\left(\dfrac{1}{8}\right)^{12}$ oder nach der Stirlingschen Näherungsformel ungefähr 0,113 [4]). Bestimmt man die wahrscheinliche Abweichung nach der Formel $\pm\varrho\,\sqrt{100\cdot 2\cdot(0,125\times 0,875)}$, wo $\varrho = 0,4769$, so findet man $\pm 2,23$, d. h. es ist ebenso wahrscheinlich, daß bei 100 Versuchen 10,27 bis 14,73 günstige Fälle (also reine Vierer-Gruppen) vorkommen, als daß irgendeine andere Zahl derselben herauskommt. Nach dieser Versuchszahl von 100, nicht nach der von 397, ist also die Wahrscheinlichkeit des wahrscheinlichsten Falles zu beurteilen, und mit dem theoretisch bestimmten Vorkommen nicht die Zahl der in 397 Gruppen beobachteten Fälle, sondern nur der vierte Teil dieser letzteren zu vergleichen.‘‘

Dasselbe gilt nach Lexis mutatis mutandis für längere reine Gruppen. Fragt man z. B. nach der zu erwartenden Zahl reiner Gruppen zu 8 bei 400 Einzelversuchen, so handele es sich um „höchstens 50 selbständige Erprobungen‘‘. Die Wahrscheinlichkeit einer reinen Gruppe zu 8 ist $\frac{1}{128}$ und der wahrscheinlichste Fall bei 50 Erprobungen sei der, daß keine reine Gruppe zu 8 erscheint. Denn das Produkt $50\cdot\frac{1}{128}$ ist kleiner als 1 oder anders: 50 ist kleiner als 128. „Wenn die Zahl der selbständigen Erprobungen‘‘, liest man bei Lexis,

---

[4]) In Wirklichkeit erhält man, wenn man von der Stirlingschen Näherungsformel Gebrauch macht, 0,12135 (und wenn man sich an die exakte Formel hält, 0,12050), aber das berührt das Wesen der Lexisschen Ausführungen natürlich nicht.

„kleiner ist als der reziproke Wert der Wahrscheinlichkeit der fraglichen reinen Gruppe, so ist der wahrscheinlichste Fall, daß keine reine Gruppe herauskommt[5]), und die Wahrscheinlichkeit dieses Falles wächst um so mehr, je größer jener reziproke Wert und je kleiner die Zahl der Proben wird. Wenn also Marbe unter den von ihm benutzten größtenteils nur formal gebildeten 393 Gruppen zu 8, 392 zu 9, 391 zu 10 statt der erwarteten 3, 2, 1 gar keine reinen Gruppen fand, so steht das mit der Wahrscheinlichkeitsrechnung durchaus nicht in Widerspruch, weil diese großen Gruppenzahlen vom Standpunkte der Wahrscheinlichkeitsrechnung nur die Bedeutung von 50, 44 und 40 selbständigen physischen Versuchsgruppen haben, d. h. weil man unter den 8 bzw. 9 oder 10 Gruppenreihen mit verschiedenen Anfangsfällen nur eine Reihe, gleichviel welche, als das Resultat des Gesamtversuchs betrachten und mit dem entsprechenden Ergebnis der Wahrscheinlichkeitsrechnung vergleichen darf. (Die unvollständigen letzten Gruppen kann man übrigens durch die am Anfang außer acht gelassenen Glieder ergänzen, um in jeder der zur Auswahl stehenden Reihen genau die gleiche Gliederzahl zu erhalten.) Will man die obige Auffassung bestreiten, so muß man auch in Abrede stellen, daß ein Wurf mit n Münzen für die Wahrscheinlichkeitsrechnung gleichbedeutend sei mit n Würfen mit einzelnen Münzen.“

Lexis unterwirft noch der so orientierten Betrachtung die von Marbe in betreff des Roulettespiels beigebrachten Tatsachen und gelangt zu dem Schluß, durch diese Tatsachen werde „nur bestätigt, daß die physische Möglichkeit eines zusammengesetzten Ereignisses durch Ausprobieren nur nach einer reell begründeten Zahl von Beobachtungsgruppen zu schätzen ist, die nicht durch eine bloß formale weitere Gruppenbildung vermehrt werden darf“. Auch hätte von anderen Autoren, die Glücksspielresultate vom Standpunkte der Wahrscheinlichkeitstheorie aus untersuchten, keiner daran gedacht, „die Gruppen in der Weise Marbes zu vervielfältigen“.

Um die Lexissche Auffassung auf einen allgemeinen (algebraischen) Ausdruck zu bringen, mögen, unter Beibehaltung der alten, die folgenden neuen Bezeichnungen eingeführt werden: die Zahl der Iterationen („reinen Gruppen“) zu n, die sich ergibt, wenn man die betreffenden

---

[5]) Bezeichnet man die Versuchszahl („die Zahl der selbständigen Erprobungen“) mit s, die betreffende Wahrscheinlichkeit („die Wahrscheinlichkeit der fraglichen reinen Gruppe“) mit p und die wahrscheinlichste Ereigniszahl (das Erscheinen einer reinen Gruppe von gegebener Länge als Ereignis aufgefaßt) mit ξ so erhält man die Ungleichung $\dfrac{s\,p}{1-p} < 1$ bzw. $s < \dfrac{1}{p} - 1$ als Bedingung, die erfüllt sein muß, damit $\xi = 0$, nicht aber $s < \dfrac{1}{p}$, wie Lexis behauptet. Grundsätzlich hat jedoch diese Ungenauigkeit nichts zu bedeuten.

Sequenzen („Gruppen") in der Weise, wie es Lexis empfiehlt, bildet und dabei mit dem Element („Fall") Nr. h beginnt, sei $a_{h,n}$; das arithmetische Mittel der Zahlen $a_{1,n}$, $a_{2,n}$, ... $a_{n,n}$ (es wird vorausgesetzt, daß $N \geqq 2n - 1$) sei a_n; der wahrscheinlichste Wert einer beliebigen zufälligen Größe x sei $\mathfrak{W}(x)$. Man denke sich ferner, daß jene „Ergänzung der unvollständigen letzten Gruppen", die Lexis selbst in Vorschlag bringt, tatsächlich vorgenommen wird. Dadurch wird herbeigeführt, daß zu den einreihigen Sequenzen, welche $a_{h,n}$ Iterationen liefern, sofern $h > 1$ ist, möglicherweise eine zweireihige Sequenz hinzutritt. Wenn man aber der Einfachheit halber außerdem annimmt, daß n in N aufgeht, so wird stets solch eine zweireihige Sequenz entstehen.

Unter den gemachten Voraussetzungen, welche bei so großen Werten von N, wie diejenigen, mit denen Marbe und Lexis operieren, praktisch nicht weiter in Betracht kommen, bestehen die syntagmatischen Beziehungen:

$$(1) \qquad \sum_{1}^{n} {}^{h}\, a_{h,n} = i_n$$

und

$$(2) \qquad a_n = \frac{i_n}{n}.$$

Formel (2) ist darin begründet, daß man ex definitione

$$(3) \qquad a_n = \frac{1}{n} \sum_{1}^{n} {}^{h}\, a_{h,n}$$

hat.

Werden nur zwei Arten von Elementen unterschieden, so erhält man

$$(4) \qquad \mathfrak{E}(a_{h,n}) = \frac{N}{n}\, r_n,$$

$$(5) \qquad \mathfrak{M}^2(a_{h,n}) = \frac{N}{n}\, r_n(1 - r_n)$$

und zugleich

$$(6) \qquad \mathfrak{E}(a_n) = \frac{N}{n}\, r_n.$$

Die Formeln (4) und (6) wendet Lexis direkt an; von Formel (5) macht er zwar keinen unmittelbaren Gebrauch, aber sie bringt gerade das zum Ausdruck, was er so nachdrücklich behauptet: nämlich daß man es hier nur mit $\dfrac{N}{n}$ (voneinander unabhängigen) Versuchen zu tun hat und daß man einer Beurteilung der Differenzen zwischen $a_{h,n}$ und $\mathfrak{E}(a_{h,n})$ eben diese Versuchszahl zugrunde legen muß. Bis hierher hat Lexis unbedingt recht. Wenn er aber darüber hinaus die Versuchszahl $\frac{N}{n}$ zugleich als maßgebend für die Beurteilung der Differenzen zwischen $\mathfrak{a}_n$ und $\mathfrak{E}(\mathfrak{a}_n)$ hinstellt, so trifft das nicht mehr zu.

Bezeichnet man den dem Lexisschen Standpunkt entsprechenden mittleren Fehler von $\mathfrak{a}_n$ mit $\mathfrak{M}_L(\mathfrak{a}_n)$, so hat man:

$$(7) \qquad \mathfrak{M}_L^2(\mathfrak{a}_n) = \frac{N}{n}\, r_n(1 - r_n)$$

(man vergleiche im obigen Zitat die Berechnung des wahrscheinlichen Fehlers der Zahl der Iterationen zu 4), während der korrekt berechnete mittlere Fehler von $\mathfrak{a}_n$ sich wegen (2) auf der Grundlage der Formel (34) des § 1 des 3. Kapitels aus

$$(8) \qquad \mathfrak{M}^2(\mathfrak{a}_n) = \frac{N}{n^2}\left\{ r_n + \frac{2}{p\,q}\,(r_{n+2} - r_{2n+1}) - (2n - 1)\, r_n^2 \right\}$$

bestimmt.

In dem besonderen Fall, wo $p = q = \frac{1}{2}$, gehen die beiden Formeln (7) und (8) in

$$(9) \qquad \mathfrak{M}_L^2(\mathfrak{a}_n) = \frac{N(2^{n-1} - 1)}{2^{2n-2}\, n}$$

und

$$(10) \qquad \mathfrak{M}^2(\mathfrak{a}_n) = \frac{N(3 \cdot 2^{n-1} - 2n - 1)}{2^{2n-2}\, n^2}$$

über, so daß hier

$$(11) \qquad \mathfrak{M}_L^2(\mathfrak{a}_n) - \mathfrak{M}^2(\mathfrak{a}_n) = \frac{N\{(n - 3)\, 2^{n-1} + n + 1\}}{2^{2n-2}\, n^2}.$$

Für $n = 2$ erhält man in diesem Fall

$$(12) \qquad \mathfrak{M}_L^2(\mathfrak{a}_2) = \frac{N}{8}\,, \qquad \mathfrak{M}^2(\mathfrak{a}_2) = \frac{N}{16};$$

somit kommt das richtige Resultat zustande, wenn man so rechnet, als ob N unabhängige Einzelversuche vorlägen, während die Lexissche Rechnungsmethode einen mittleren Fehler liefert, der im Verhältnis von $\sqrt{2}$ zu 1 zu hoch ist (vgl. die Bemerkungen im Anschluß an Formel (46) des § 1 des 3. Kapitels).

Was nun aber speziell die längeren Iterationen betrifft, die insofern eine besondere Aufmerksamkeit verdienen, als gerade ihre Zahl nach Marbes Feststellungen hinter den Erwartungen zurückblieb, so ergeben sich hier die beiden Näherungsformeln

$$(13) \qquad \mathfrak{M}_L^2(\mathfrak{a}_n) = \frac{N}{n}\,(p^n + q^n)$$

und der Formel (43) des § 1 des 3. Kapitels zufolge

$$(14) \qquad \mathfrak{M}^2(\mathfrak{a}_n) = \frac{N}{n^2}\left(\frac{1+p}{1-p}\,p^n + \frac{1+q}{1-q}\,q^n\right).$$

Demnach besteht bei $p = q$ die Beziehung:

$$(15) \qquad \mathfrak{M}_L(\mathfrak{a}_n) : \mathfrak{M}(\mathfrak{a}_n) = \sqrt{\frac{n}{3}} = 0{,}577\sqrt{n}\,.$$

Auf eine analoge Beziehung kommt man beim Roulettespiel. Bezeichnet man die Zahl der nach der Lexisschen Methode gebildeten Iterationen zu n, die aus einem der beiden Erfolge Rot oder Schwarz bestehen, mit $\mathfrak{a}'_{h,\,n}$, wobei h wiederum auf die Nummer des Elements hinweist, von dem an die Zählung beginnt, und setzt man

$$(16) \qquad \frac{1}{n}\sum_{1}^{n}{}_h\,\mathfrak{a}'_{h,\,n} = \mathfrak{a}'_n,$$

so findet man unter Anwendung einer im § 1 des 4. Kapitels gebrauchten Bezeichnung:

$$(17) \qquad \mathfrak{a}'_n = \frac{i'_n}{n}$$

und den Formeln (46) und (51) des angegebenen Paragraphen zufolge:

$$(18) \qquad \mathfrak{E}(\mathfrak{a}'_n) = \frac{2\,N\,p^n}{n}\,,$$

sowie näherungsweise (bei hinreichend großem n)

$$(19) \qquad \mathfrak{M}^2(\mathfrak{a}'_n) = \frac{2(1+p)\,N\,p^n}{n^2(1-p)}\,,$$

wo $p = \dfrac{18}{37}$. Nach Lexis würde sich aber der mittlere Fehler von $\mathfrak{a}'_n$ näherungsweise aus

$$(20) \qquad \mathfrak{M}_L^2(\mathfrak{a}'_n) = \frac{2\,N\,p^n}{n}$$

bestimmen, und man erhält demnach:

$$(21) \qquad \mathfrak{M}_L(\mathfrak{a}'_n) : \mathfrak{M}(\mathfrak{a}'_n) = \sqrt{\frac{n(1-p)}{1+p}} = \sqrt{\frac{19\,n}{55}} = 0{,}582\sqrt{n}\,.$$

Den Formeln (15) und (21) zufolge rechnet Lexis z. B. bei $n = 12$ mit einem mittleren Fehler, der das Zweifache bzw. etwas mehr als das Zweifache des entsprechenden korrekt berechneten mittleren Fehlers ausmacht.

Es ist also nicht statthaft, wie es Lexis tut, die Durchschnittswerte $\mathfrak{a}_n$ bzw. $\mathfrak{a}'_n$ in bezug auf die zufälligen Fehler, die ihnen erwartungsgemäß anhaften, den Einzelwerten $\mathfrak{a}_{h,\,n}$ bzw. $\mathfrak{a}'_{h,\,n}$ gleichzusetzen. Gewiß darf man den in Frage stehenden Durchschnittswerten nicht dasjenige „Gewicht“ beilegen, das ihnen zukommen würde, wenn die betreffenden Einzelwerte $a_{1,n}$, $a_{2,n}$, ... bzw. $a'_{1,n}$, $a'_{2,n}$ ... voneinander unabhängig wären (das erweist sich nur ausnahmsweise, nämlich im Fall von a_n bei $p = q = \frac{1}{2}$ und $n = 2$, als richtig), aber man verfällt sozusagen in das entgegengesetzte Extrem, wenn man mit Lexis den Durchschnittscharakter der Größen a_n bzw. a'_n einfach ignoriert.

Dies verbietet sich auch bei Betrachtung der wahrscheinlichsten Werte dieser Größen. Was Lexis hierüber ausführt, trifft auf die Zahlen $a_{h,n}$ (und $a'_{h,n}$) zu; es verliert aber seine Gültigkeit, wenn es auf die Zahlen a_n (und a'_n) ausgedehnt wird. Denn aus der nach Maßgabe der beiden Formeln (4) und (6) bestehenden Identität

$$(22) \qquad \mathfrak{E}(a_n) = \mathfrak{E}(a_{h,n})$$

folgt die Identität

$$(23) \qquad \mathfrak{W}(a_n) = \mathfrak{W}(a_{h,n})$$

noch lange nicht. Insbesondere darf aus $\mathfrak{W}(a_{h,n}) = 0$ nicht auf $\mathfrak{W}(a_n) = 0$ oder, was wegen (2) gleichviel bedeutet, auf $\mathfrak{W}(i_n) = 0$ geschlossen werden.

So kann man denn Lexis nicht vorbehaltlos zustimmen, wenn er die in Marbes Beispielen sich ergebenden Abweichungen der Zahlen i_n (und i'_n) von ihren mathematischen Erwartungen als „normal“ hinstellt. Diese Abweichungen wären vielmehr nach Maß und Richtung wohl geeignet, die Aufmerksamkeit auf sich zu lenken, wenn ihnen vertrauenswürdige statistische Daten zugrunde lägen[6].

Auch darin, daß Lexis das von Marbe befolgte Prinzip der „vielfachen Abzählung“, d. h. der Verwendung von Sequenzen, die zum Teil miteinander inhaltsverwandt sind, schlechterdings verwirft, wird man ihm nicht beipflichten können. Richtig ist, daß sich auf der Grundlage dieses Prinzips Ereigniszahlen, nämlich die Zahlen i_n (und i'_n), ergeben, die in bezug auf die ihnen anhaftenden zufälligen Fehler anders zu beurteilen sind, als wenn sie aus N voneinander unabhängigen Versuchen hervorgegangen wären[7]. Aber prinzipiell muß man das Operieren mit den Zahlen i_n (und i'_n) gelten lassen, wenn dabei auf die betreffenden zufälligen Abweichungen in korrekter Weise Rück-

---

[6] Näheres darüber am Schluß dieses Paragraphen.

[7] Man vergleiche hierzu 3. Kapitel, § 1 (am Schluß) und 4. Kapitel, § 1. Ich hatte übrigens in meinem in Fußnote 1 zitierten Artikel (S. 74—76), früher als Lexis, darauf hingewiesen, daß die fehlende Unabhängigkeit der von Marbe gebildeten „Gruppen“ die Anlegung der üblichen wahrscheinlichkeitstheoretischen Maßstäbe an seine Ergebnisse ausschließt.

sicht genommen wird. Das Operieren mit diesen Zahlen involviert nicht notwendig das Bestreben, aus dem gegebenen statistischen Material mehr herauszuholen, als es die Wahrscheinlichkeitstheorie gestattet[8]). Damit soll selbstverständlich nicht gesagt werden, daß das von Lexis empfohlene Prinzip der „Gruppenbildung“, demzufolge zum Gegenstand der Betrachtung die Zahlen $a_{h,n}$ bzw. $a'_{h,n}$ gemacht werden, abzulehnen wäre. Theoretisch ist dasselbe unanfechtbar; praktisch aber bietet es neben dem Nachteil einer gewissen „Materialverschwendung“ den Vorzug der denkbar größten Einfachheit und Durchsichtigkeit, weil nämlich vermöge dieses Prinzips das Problem der Iterationen auf das übliche (Bernoullische) Schema der Wahrscheinlichkeitsrechnung zurückgeführt wird.

Gegen das für Marbe charakteristische Operieren mit den Größen i_n oder genauer j_n richtet sich auch die Kritik Grünbaums[9]). Er stellt den Größen j_n (den Zahlen der „reinen Gruppen“) die Größen w_j (die Zahlen der „isolierten Gruppen“) gegenüber, macht auf diejenige zwischen den Größen j_n und w_j bestehende syntagmatische Beziehung aufmerksam, welche in Formel (32) des § 4 des 1. Kapitels ihren Ausdruck findet[10]), und knüpft daran die Forderung, daß man bei Bestimmung der mathematischen Erwartungen der Zahlen j_n von den mathematischen Erwartungen der Zahlen w_n ausgehe. Dies wird damit motiviert, daß die letzteren Zahlen die „ursprünglichen“ wären,

---

[8]) Ich selbst hatte mich in dem in Fußnote 1 genannten Artikel (S. 80) gegen „das Prinzip einer mehrmaligen Verwendung jedes Spielresultats“ erklärt, weil mir damals die Ausdrücke von $\mathfrak{M}(i_n)$ und $\mathfrak{M}(i'_n)$ nicht zu Gebote standen (die Brunsschen Schriften, die diese Ausdrücke enthalten, sind erst 1906 erschienen). Aus demselben Grunde neigte ich dazu, für die zufälligen Abweichungen der Zahlen i_n und i'_n von ihren mathematischen Erwartungen einen zu weiten Spielraum anzunehmen.

[9]) Heinrich Grünbaum, Isolierte und reine Gruppen und die Marbesche Zahl „p“. Würzburg 1904. Vor Grünbaum hatte vom mathematischen Standpunkte aus E. Grimsehl (Zeitschrift für Philosophie und philosophische Kritik, Bd. 118, 1901, S. 154—167) sehr entschieden gegen Marbe Stellung genommen. Darauf gehe ich im Text nicht ein, weil ich mich schon in dem in Fußnote 1 genannten Aufsatz mit der Grimsehlschen Kritik beschäftigt habe und gezeigt zu haben glaube, daß sie in der Hauptsache verfehlt war. Aber auch Marbes Erwiderung auf Grimsehls Angriffe (Vierteljahrsschrift für wissenschaftliche Philosophie und Soziologie, Bd. XXVI, 1902, S. 339—360) ist von Verstößen gegen das ABC der Wahrscheinlichkeitsrechnung nicht frei. So berechnet er z. B. (S. 347) — darin übrigens mit seinem Gegner (a. a. O., S. 155) vollkommen übereinstimmend — die Wahrscheinlichkeit, daß beim 6maligen Aufwerfen eines Würfels eine bestimmte Augenzahl einmal erscheint, nach der Formel $1 - (\frac{5}{6})^6$ die 0,665 ergibt, während der korrekte Ausdruck $6 \cdot \frac{1}{6} \cdot (\frac{5}{6})^5 = 0{,}402$ ist!

[10]) Diese allgemeine Formel fehlt bei Grünbaum, aber er bringt (S. 12) die entsprechenden besonderen Formeln für $n = 1$ bis $n = N$, die bei mir auf S. 29 (unten) angeführt sind.

während die ersteren aus ihnen „durch eine Reihe von Funktionsbeziehungen" hervorgingen[11]).

So wenig überzeugend diese Motivierung ist, so läßt sich an sich gegen die von Grünbaum in Vorschlag gebrachte indirekte Methode kein Einspruch erheben. Richtig angewendet, würde diese Methode darin bestehen, daß man, der Formel (32) des § 4 des 1. Kapitels entsprechend, $\mathfrak{E}(j_n)$ aus

$$(24) \qquad \mathfrak{E}(j_n) = \sum_0^{N-n} (k+1)\,\mathfrak{E}(w_{n+k})$$

berechnet, wobei für $\mathfrak{E}(w_{n+k})$ die sich aus den Formeln (38) und (42) des § 3 des 4. Kapitels ergebenden Werte einzusetzen wären. Auf diese Weise käme man nach ziemlich langwierigen Umformungen auf Formel (3) des § 2 des 3. Kapitels zurück. Es würde sich also an der Sachlage nichts ändern und man wäre berechtigt, nach dem „Zweck der Übung" zu fragen.

Grünbaum verwirft aber Formel (24). Er meint, daß die in Frage stehende Summierung sich nicht von $k = 0$ bis $k = N - n$, sondern nur so weit zu erstrecken habe, als die Bedingung $\mathfrak{E}(w_{n+k}) \geqq 1$ erfüllt ist; denn „eine Erwartung in einer Anzahl kleiner als 1 bedeutet für eine isolierte Gruppe keine eigentliche Erwartung mehr". Es sei z. B. $p = q = \frac{1}{2}$, $n = 11$ und $\mathfrak{E}(w_{11}) = 1$. Formel (24) ergibt hier, wenn man, wie es Grünbaum tut und was bei großem N erlaubt ist, statt der genauen Formel (42) des § 2 des 3. Kapitels, die Näherungsformel $\mathfrak{E}(w_n) = N\,p^2\,q^2\,r_{n-2}$, somit im gegebenen Fall $\mathfrak{E}(w_n)$ $= N : 2^{n+1}$ benützt, woraus $\mathfrak{E}(w_{n+1}) : \mathfrak{E}(w_n) = 1 : 2$ folgt, und wenn man außerdem mit Grünbaum die obere Summierungsgrenze in (24) gleich ∞ setzt, was ebenfalls statthaft ist:

$$(25) \qquad \mathfrak{E}(j_{11}) = 1 + 2 \cdot \tfrac{1}{2} + 3 \cdot \tfrac{1}{4} + 4 \cdot \tfrac{1}{8} + \ldots = 4\,.$$

Demgegenüber stellt sich die in der von Grünbaum angegebenen Weise modifizierte oder „gestutzte" mathematische Erwartung von j_n, die mit $\mathfrak{E}_G(j_n)$ bezeichnet werden möge, als

$$(26) \qquad \mathfrak{E}_G(j_{11}) = 1$$

dar, weil nämlich alle Summanden in (25), denen die Ungleichung $\mathfrak{E}(w_{n+k}) < 1$ entspricht, jetzt in Wegfall kommen. Das „Prokrustesverfahren", dem Grünbaum die mathematischen Erwartungen von j_n unterwirft, führt zu einer merklichen Ermäßigung dieser mathematischen Erwartungen gerade in dem Fall der größten praktisch noch in Be-

---

[11]) Die in Frage stehenden „Funktionsbeziehungen" laufen ja, wie Formel (45) des § 4 des 1. Kapitels zeigt, einfach darauf hinaus, daß die Größen w_n die zweiten Differenzen der Größen j_n sind. Bis zu dieser Erkenntnis ist aber Grünbaum nicht vorgedrungen.

tracht kommenden Werte von n, wo die Zahlen j_n in Marbes Beispielen hinter $\mathfrak{E}(j_n)$ mehr oder weniger erheblich zurückbleiben. So glaubt denn auch Grünbaum, die von Marbe behaupteten Unstimmigkeiten zwischen Wahrscheinlichkeitsrechnung und Erfahrung dadurch aus der Welt schaffen zu können, daß er die Größen $\mathfrak{E}(j_n)$ in $\mathfrak{E}_G(j_n)$ umändert.

Das von Grünbaum proklamierte Prinzip, demzufolge mathematische Erwartungen, die kleiner als 1 sind, in den sie enthaltenden Formeln durch 0 zu ersetzen seien, bedarf wohl keiner Widerlegung. Vielleicht ist aber ein Hinweis darauf nicht überflüssig, daß dieses Prinzip unter Umständen nicht etwa bloß ungenaue, sondern direkt widersinnige Ergebnisse im Gefolge hat. Es handle sich z. B. um die mathematische Erwartung der Zahl der Fälle, in denen beim 600maligen Aufwerfen eines Würfels die Augenzahl 1 erscheint. Die gesuchte mathematische Erwartung ist unmittelbar durch $600 \cdot \frac{1}{6} = 100$ gegeben. Zu demselben Ergebnis gelangt man auf indirektem Wege, wenn man die aus 600 Einzelversuchen bestehende Versuchsreihe z. B. in 200 Versuchsreihen zu je 3 Versuchen zerlegt, die mathematische Erwartung der Zahl der Fälle, in denen 1 erscheint, für jede dieser Teilreihen gleich $\frac{1}{2}$ setzt und nach Maßgabe des für die mathematischen Erwartungen geltenden Additionssatzes den Bruch $\frac{1}{2}$ mit 200 multipliziert. Dem Grünbaumschen Prinzip zufolge hätte man aber $\frac{1}{2}$ durch 0 zu ersetzen und erhielte auf diese Weise im Endresultat 0 statt 100!

Grünbaums gestutzte mathematische Erwartungen würden es eigentlich gar nicht verdienen, daß man sich bei ihnen aufhält, wenn sie nicht die uneingeschränkte Zustimmung Czubers gefunden und dadurch eine gewisse Berühmtheit erlangt hätten[12]). Czuber ist wie Grünbaum der Meinung, Marbe überschätze die erwartungsmäßigen Zahlen der „reinen Gruppen", d. h. die Größen $\mathfrak{E}(j_n)$, weil die Formel (3) des § 2 des 3. Kapitels, deren sich Marbe bedient, darauf beruhe, daß man nach Maßgabe von (24) auch noch solche Werte von $\mathfrak{E}(w_{n+k})$ in Rechnung stellt, die kleiner als 1 sind. Die Summierung, auf welche (24) hinweist, sei vielmehr „nur so weit zu führen, als isolierte Gruppen vermöge ihrer Wahrscheinlichkeit überhaupt noch zu erwarten sind", und darum seien alle Werte von $\mathfrak{E}(w_{n+k})$, die kleiner als 1 sind, zu streichen. Auf diese Weise werden die Größen $\mathfrak{E}(j_n)$ entsprechend gekürzt, und es ergibt sich Czuber zufolge, daß „alle die von Marbe konstatierten Anomalien ... in völlig befriedigender Weise verschwinden".

Die einzige Erklärung dafür, daß sich Czuber zum Operieren mit den gestutzten mathematischen Erwartungen hat verleiten lassen,

---

[12]) Czuber I, S. 162—166 (= 2. Auflage, S. 144—149).

dürfte in einer Vermengung der beiden Begriffe der mathematischen Erwartung und des wahrscheinlichsten Wertes einer zufälligen Größe liegen. Will man nämlich mit der Czuberschen Redewendung von etwas, „das überhaupt noch zu erwarten ist“, einen präzisen Sinn verbinden, so kommt man von selbst auf den Begriff des wahrscheinlichsten Wertes einer Ereigniszahl. Es sei x die in Frage stehende Ereigniszahl und, einer bereits gebrauchten Bezeichnung entsprechend, $\mathfrak{W}(x)$ ihr wahrscheinlichster Wert. Man kann auch $\mathfrak{W}(x)$ als die „wahrscheinlichste“ und $\mathfrak{E}(x)$ als die „erwartungsmäßige“ Ereigniszahl bezeichnen. Als Kriterium eines Ereignisses, „das überhaupt noch zu erwarten ist“, hätte man die Ungleichung bzw. Gleichung $\mathfrak{W}(x) \geqq 1$. Umgekehrt würde die Gleichung $\mathfrak{W}(x) = 0$ bedeuten, daß das betreffende Ereignis „nicht zu erwarten ist“.

Es ist nun keineswegs gesagt, daß man bei $\mathfrak{E}(x) < 1$ stets $\mathfrak{W}(x) = 0$ erhält. Das trifft nicht einmal für das Bernoullische Schema zu[13]): es sei z. B. die Versuchszahl gleich 3 und die betreffende Ereigniswahrscheinlichkeit gleich 0,3; demnach ist $\mathfrak{E}(x) = 0,9$, und den vier in Betracht kommenden Ereigniszahlen 0, 1, 2, 3 entsprechen die Wahrscheinlichkeiten 0,343, 0,441, 0,189, 0,027, so daß $\mathfrak{W}(x) = 1$. Um jedoch die Aufmerksamkeit von dem Wesentlichen nicht abzulenken, soll — was gewissermaßen eine Konzession dem Grünbaum-Czuberschen Standpunkt gegenüber bedeutet — angenommen werden, daß aus $\mathfrak{E}(x) < 1$ unbedingt $\mathfrak{W}(x) = 0$ folgt.

So würde es sich bei der in Frage stehenden Kürzung der Werte $\mathfrak{E}(j_n)$ darum handeln, daß man in (24) die erwartungsmäßigen durch die wahrscheinlichsten Zahlen der vollständigen Iterationen (der „isolierten Gruppen“), somit $\mathfrak{E}(w_{n+k})$ durch $\mathfrak{W}(w_{n+k})$, und dementsprechend auch $\mathfrak{E}(j_n)$ durch $\mathfrak{W}(j_n)$ ersetzt. Diese Substitution wäre ganz in der Ordnung, wenn neben der allgemeinen Beziehung $\mathfrak{W}(c\,x) = c\,\mathfrak{W}(x)$, die der Beziehung (4) des § 1 des 2. Kapitels entspricht und zu Recht besteht, die allgemeine Beziehung

$$(27) \qquad \mathfrak{W}(x + y + z + \ldots) = \mathfrak{W}(x) + \mathfrak{W}(y) + \mathfrak{W}(z) + \ldots,$$

wo x, y, $z \ldots$ beliebige zufällige Größen sind, zutreffen würde, oder wenn, anders ausgedrückt, der für die mathematischen Erwartungen geltende Additionssatz in analoger Weise auf die wahrscheinlichsten Werte anwendbar wäre. Aber das ist eben nicht der Fall. Es sei wiederum auf das Beispiel der 600 Würfelversuche, die sich als 200 Versuchsreihen zu je 3 Versuchen auffassen lassen, verwiesen: die wahrscheinlichste Ereigniszahl (Zahl der Fälle, in denen die Augenzahl 1 erscheint) ist für jede Teilreihe 0, für die Gesamtreihe aber nicht 0, sondern 100.

---

[13]) Vgl. Fußnote 5.

Czubers Irrtum wird bis zu einem gewissen Grade verständlich, wenn man bedenkt, daß die Identifizierung der beiden Begriffe der mathematischen Erwartung und des wahrscheinlichsten Wertes einer Ereigniszahl gang und gäbe ist [14]). Diese Identifizierung ist denn auch praktisch in denjenigen Fällen unschädlich, wo es sich um entsprechend große Ereigniszahlen handelt, da in diesen Fällen — von leicht konstruierbaren, aber selten in die Erscheinung tretenden besonderen Gestaltungen abgesehen — die beiden in Frage stehenden Größen sich numerisch kaum voneinander unterscheiden. Und gerade mit solchen Fällen hat man es bei Anwendungen der Wahrscheinlichkeitsrechnung auf Statistik meistens zu tun. Czuber hat es gewissermaßen übersehen, daß es sich damit im gegebenen Fall anders verhält, und ist sozusagen das Opfer einer laxen Terminologie geworden [15]).

---

[14]) Czuber selbst spricht bei seinen Erörterungen über Marbe in demselben Sinne einmal von den „erwartungsmäßigen" (S. 165), ein anderes Mal von den „wahrscheinlichsten" (S. 166) Zahlen bestimmter Gruppen.

[15]) In bezug auf Grünbaum wäre es gewagt, von einer Vermengung der Begriffe der mathematischen Erwartung und des wahrscheinlichsten Wertes zu sprechen, weil er, nach seiner Darstellung zu urteilen, keinen dieser beiden Begriffe auch nur dem Namen nach zu kennen scheint. Das Wort „Erwartung" wird von ihm vielfach gebraucht, aber nicht im Sinne von mathematischer Erwartung. Für mathematische Erwartung einer Ereigniszahl sagt er vielmehr „wahrscheinliche" (nicht „wahrscheinlichste") Zahl. Grünbaums Darstellung ist, vom Standpunkte der Wahrscheinlichkeitstheorie aus gesehen, überhaupt höchst primitiv und unpräzis. Von einer genaueren Würdigung der Differenzen zwischen den betreffenden theoretischen und empirischen Zahlen an der Hand der zugehörigen mittleren Fehler ist bei ihm nirgends die Rede. Bezeichnend ist für ihn auch das starre Festhalten an dem einfachsten Fall, wo $p = q = \frac{1}{2}$; die für diesen Fall geltenden Formeln wendet er ohne weiteres auf das Roulettespiel an und erhält in dem auf S. 21 behandelten Beispiel als erwartungsmäßige Zahlen der vollständigen Iterationen zu 9 bis 12: 7,7 3,9. 1,9, 0,9, während die korrekt berechneten Zahlen 6,4, 3,1, 1,5, 0,7 sind. Solche Ungenauigkeiten fallen freilich dem im Text aufgezeigten Grundfehler Grünbaums gegenüber nicht schwer ins Gewicht. Angesichts des Umstandes aber, daß Grünbaum, auch abgesehen von jenem Grundfehler, nichts weniger als „saubere Arbeit" geleistet hat, nimmt es sich erst recht eigenartig aus, daß er selbst seine Ausführungen als eine „genaue Analyse" charakterisiert (S. 12) und daß auch Czuber (S. 163) keinen Anstand nimmt, von einer „eingehenden Analyse", die Grünbaum durchgeführt hätte, zu sprechen. Auch Grünbaums Prioritätsanspruch auf „die Methode der isolierten Gruppen" (a. a. O., S. 3), die darin besteht, daß vollständige oder genauer einreihig-vollständige Iterationen zum Gegenstand der Betrachtung gemacht werden, ist zurückzuweisen: mit den vollständigen Iterationen hatten schon Multatuli (Millionen-Studien, aus dem Holländischen übersetzt von W. Spohr, Minden i. W., 1900, S. 211—214, im Original 1873 erschienen), auf welchen Marbe (Gleichförmigkeit, S. 279) hinweist, und K. Pearson (The Chances of Death etc. London 1897, I, S. 53—62) operiert. Beide setzten dabei, ebenso wie später Grünbaum: $p = q = \frac{1}{2}$. Was insbesondere Pearson anlangt, so untersuchte er Ergebnisse des Roulettespiels auf ihre Übereinstimmung mit den Erwartungen der Theorie und ließ die „Null-Fälle" einfach außer Betracht, eben um $p = q = \frac{1}{2}$

Formel (3) des § 2 des 3. Kapitels und Formel (69) des § 1 des 4. Kapitels, deren sich Marbe zur Bestimmung der erwartungsmäßigen Zahlen der einreihigen Iterationen von gegebener Länge bedient hat, sind also gegen Grünbaums und Czubers Kritik wohl gesichert, und der von dieser Seite unternommene Versuch, durch Kürzung der betreffenden erwartungsmäßigen Zahlen die Marbeschen Resultate mit der Wahrscheinlichkeitstheorie in (eine bessere) Übereinstimmung zu bringen, muß als gescheitert angesehen werden[16]).

Eine andere Frage ist es, ob nicht diese Übereinstimmung — wie es Grünbaum und Czuber ebenfalls behaupten — in der Weise erzielt werden kann, daß man zum Gegenstand der Betrachtung an

---

zu erhalten. Es ist zugleich für diese Untersuchung charakteristisch, daß sie vorzugsweise auf dem V-Verfahren beruht. So konnte Pearson die mittleren Fehler der Zahlen der Iterationen („runs“) nach der Formel (9) des § 5 des 3. Kapitels bestimmen, die dem üblichen (Bernoullischen) Schema entspricht. Wenn also Pearson im Zusammenhang mit seiner Untersuchung sagt: „the theory of runs is a very simple one“ (a. a. O., S. 53), so ist es, wie wenn man unter Hinweis auf die Gleichung $x^4 = 81$ behaupten würde, daß die Theorie der Gleichungen vierten Grades sehr einfach sei.

[16]) Marbe selbst ist darüber entgegengesetzter Meinung. Er sagt jetzt (Gleichförmigkeit, S. 277): „Die Einsicht, daß mein Verfahren unerlaubt sei, lag damals im Gebiet der Wahrscheinlichkeitslehre nicht explicite vor. Freilich wurden alsbald von manchen Stellen Bedenken gegen dies Verfahren laut. Aber erst aus dem Büchlein von Grünbaum aus dem Jahre 1904 ergab sich, daß die Unrichtigkeit meines Verfahrens in bekannten Sätzen der Wahrscheinlichkeits-lehre implicite enthalten war. Grünbaum zeigte nämlich, daß bei meinem Ver-fahren ein Zurückbleiben der wirklichen Anzahlen der reinen Gruppen hinter den wahrscheinlichsten Anzahlen aus rein mathematischen Gründen erfolgen müsse. Hiermit war der empirische Nachweis meiner Thesen gefallen. Es war klar, daß das Prinzip der Willkürlichkeit der Gruppeneinteilungen falsch sei und daß mein auf dieses Prinzip gestützter Kunstgriff verfehlt war.“ Marbe hat sich also von Grünbaum überzeugen lassen, daß er die erwartungsmäßigen Zahlen der Itera-tionen (der „reinen Gruppen“) verkehrt berechnet hätte. Marbe beruft sich im zitierten Passus mit auf andere Kritiker seiner Schrift; aber was z. B. mich be-trifft, so hatte ich in dem in Fußnote 1 genannten Aufsatz (S. 76) im Gegenteil ausdrücklich anerkannt, daß das von ihm befolgte Prinzip der Gruppenbildung an der Formel, nach welcher die erwartungsmäßigen Zahlen der Iterationen zu bestimmen sind, nichts ändere und daß demzufolge diese Zahlen von ihm ganz korrekt berechnet worden seien; und derselbe Standpunkt kam später in den Brunsschen Darlegungen zum Ausdruck (siehe weiter im Text). Welche „be-kannten Sätze der Wahrscheinlichkeitslehre“ es sind, aus denen sich die An-wendung der in Frage stehenden Formel im gegebenen Falle verbieten soll, sagt Marbe nicht. In Wirklichkeit stützt sich ja der von Marbe zu seinem Lehr-meister erkorene Grünbaum in seiner Kritik auf eine bis dahin gänzlich un-bekannt gewesene Vorschrift, daß mathematische Erwartungen, die kleiner als 1 sind, „pro nihilo habeantur“. Diese Vorschrift ist erst durch Grünbaum in die Wahrscheinlichkeitsrechnung, nämlich in Czubers „Wahrscheinlichkeitsrech-nung“, hereingekommen, und hoffentlich findet sie sich in der nächsten Auflage dieses Werkes nicht mehr: weder „explicite“, noch „implicite“.

Stelle sämtlicher Iterationen bzw. sämtlicher einreihigen Iterationen die vollständigen bzw. die einreihig-vollständigen Iterationen macht. Dies soll nunmehr an der Hand der Marbeschen Tabelle XI (S. 25), welche die auf das Roulettespiel sich beziehenden Ergebnisse zusammenfaßt, geprüft werden.

Man findet auf Grund der Formeln (69), (72), (84) und (85) des § 1 des 4. Kapitels (wobei $p = \frac{18}{37}$) einerseits:

Tabelle 1.

n	j_n'	$\mathfrak{E}(j_n')$	$\mathfrak{A} = j_n' - \mathfrak{E}(j_n')$	$\mathfrak{M}(j_n')$	$|\mathfrak{A}| : \mathfrak{M}(j_n')$
1	2	3	4	5	6
10	83	117,70	—34,70	18,46	1,88
11	29	57,15	—28,15	12,86	2,19
12	4	27,75	—23,75	8,96	2,65
13	0	13,48	—13,48	6,25	2,16
14	0	6,54	— 6,54	4,35	1,50

und andererseits:

Tabelle 2.

n	w_n'	$\mathfrak{E}(w_n')$	$\mathfrak{A} = w_n' - \mathfrak{E}(w_n')$	$\mathfrak{M}(w_n')$	$|\mathfrak{A}| : \mathfrak{M}(w_n')$
1	2	3	4	5	6
10	54	60,55	— 6,55	7,78	0,84
11	25	29,40	— 4,40	5,42	0,81
12	4	14,27	—10,27	3,78	2,72
13	0	6,94	— 6,94	2,63	2,63
14	0	3,36	— 3,36	1,83	1,83

Das ungünstigste Ergebnis erhält man für $n = 12$, und zwar nach beiden Tabellen, d. h. ob man die Zahl sämtlicher einreihigen Iterationen zu 12 oder die Zahl der einreihig-vollständigen Iterationen zu 12 und mehr zum Gegenstand der Betrachtung macht. (Daß hierbei die einreihig-vollständigen Iterationen, die eine gegebene Länge überschreiten, zusammengefaßt werden, entspricht durchaus der Fragestellung.) Die hier zutage tretende Abweichung der wirklichen von der erwartungsmäßigen Zahl übertrifft ihrem absoluten Betrag nach den maßgebenden mittleren Fehler nach Tabelle 2 sogar noch um ein weniges stärker als nach Tabelle 1. Bei $n = 13$ und 14 ist die in Frage stehende Diskrepanz zwischen Theorie und Erfahrung vollends deutlicher ausgesprochen in Tabelle 2 als in Tabelle 1. Wie man sieht, wird, entgegen der von Grünbaum und Czuber vertretenen Ansicht, durch Betrachtung der vollständigen statt sämtlicher Iterationen die Sachlage keineswegs „verbessert"[17]).

---

[17]) Grünbaum und Czuber unterlassen es, die Marbeschen Ergebnisse zusammenfassend zu betrachten und nehmen auf die mittleren Fehler keine Rücksicht. Vgl. Fußnote 15.

Man wird also Marbe zugestehen müssen, daß seine Ergebnisse, betreffend das Roulettespiel, einen, vom stochastischen Standpunkte aus gesehen, auffallenden Fehlbetrag an längeren Iterationen aufweisen. Soviel bleibt von seinen am Eingang dieses Paragraphen angeführten beiden Schlußfolgerungen bestehen[18]).

Marbes „Naturphilosophische Untersuchungen zur Wahrscheinlichkeitslehre“ haben auch Bruns dazu veranlaßt, dem Problem der Iterationen näher zu treten. Seine sich hierauf beziehenden Darlegungen sind höchst allgemein gehalten: die Iterationen[19]) erscheinen hier als ein besonderer Fall verschiedener möglicher Anordnungen oder „Gruppen“ von Spielresultaten, und es wird nach der mathematischen Erwartung einer beliebigen Potenz der Zahl solcher „Gruppen“ gefragt. Was aber Bruns an greifbaren Ergebnissen, d. h. an Formeln, die eine unmittelbare numerische Auswertung zulassen, bietet, betrifft nur die beiden ersten Potenzen der in Frage stehenden Zahlen. Es werden sonach jeweils bestimmt: 1. die mathematische Erwartung der Zahl so oder anders charakterisierter „Gruppen“ und 2. die mathematische Erwartung des Quadrats dieser Zahl bzw. des Quadrats der Differenz zwischen dieser Zahl und ihrer mathematischen Erwartung oder, anders ausgedrückt, das Quadrat des mittleren Fehlers der betreffenden Zahl[20]).

Im einzelnen findet sich bei Bruns, was speziell die einreihigen Iterationen anlangt, zunächst eine vollständig wiedergegebene (sehr umständliche) Ableitung der Ausdrücke von $\mathfrak{E}(j_{k,\,n})$ und $\mathfrak{M}^2(j_{k,\,n})$ für den Fall, wo $n = 2$ und $\nu = 2$. Die betreffenden Brunsschen

---

[18]) Über die gänzliche Unhaltbarkeit dieser Schlußfolgerungen, so wie sie von Marbe formuliert sind, habe ich mich bereits in meinem in Fußnote 1 genannten Aufsatz (S. 76—77 und S. 78, Fußnote) ausgesprochen.

[19]) Bruns (S. 216) bezeichnet die Iterationen als „die sogenannten Sequenzen“. In Wirklichkeit ist unter „Sequenz“ weder in der Praxis, noch in der mathematischen Theorie der Glücksspiele jemals die Wiederholung eines bestimmten Resultats, sondern stets eine solche Aufeinanderfolge von Resultaten (Elementen), die einer vorgegebenen Ordnung entspricht, verstanden worden. Vgl. L. Euler, Sur la probabilité des séquences dans la lotterie Génoise (Histoire de l'Académie royale des sciences et belles-lettres, année 1765, Berlin 1767), S. 191: „Or on nomme séquence quand deux ou plusieurs des cinq nombres qu'on tire chaque fois, se suivent immédiatement selon l'ordre naturel des nombres.“

[20]) Den mittleren Fehler bezeichnet Bruns als „Streuung“, und meinem „$\mathfrak{M}$“ entspricht sein „str.“. „Streuung“ ist eine Verdeutschung des Lexisschen Terminus „Dispersion“. Aber Lexis zufolge ist der mittlere Fehler nur ein summarischer Ausdruck der Dispersion, niemals die Dispersion selbst. Nebenbei bemerkt, ist die Definition des Lexisschen Begriffs der „normalen Dispersion“, die sich bei Marbe (Untersuchungen, S. 4) findet, und von H. Brömse (Zeitschrift für Philosophie und philosophische Kritik, Bd. 118, 1901, S. 146) unvorsichtigerweise übernommen worden ist, grundverkehrt.

Ausdrücke stellen sich unter Anwendung der Bezeichnungen des § 1 des 4. Kapitels wie folgt dar[21]):

$$(28) \qquad \mathfrak{E}(j_{k,\,2}) = (N - 1)\, p_k^2\,,$$

$$(29) \qquad \mathfrak{M}^2(j_{k,\,2}) = (N - 1)\, p_k^2(1 - p_k^2) + 2(N - 2)\, p_k^3(1 - p_k)\,.$$

Diese beiden Formeln ergeben sich aus den Formeln (57) und (61) des § 1 des 4. Kapitels, wenn man darin $n = 2$ setzt. Das leuchtet hinsichtlich der Formel (28) unmittelbar ein; was aber Formel (29) betrifft, so erhält man aus (61):

$$(30) \qquad \mathfrak{M}^2(j_{k,\,2}) = (N - 1)\, p_k^2 + 2(N - 2)\, p_k^3 - (3\,N - 5)\, p_k^4$$

und sieht leicht ein, daß sich (29) und (30) decken.

Bruns leitet sodann für das im 3. Kapitel dieser Schrift betrachtete Schema die Formeln:

$$(31) \qquad \mathfrak{E}(j_2) = (N - 1)(1 - 2\,p\,q)\,,$$

$$(32) \qquad \mathfrak{M}^2(j_2) = 2(N - 1)\,p\,q(1 - 2\,p\,q) + 2(N - 2)\,p\,q(p - q)^2$$

ab[22]), von denen die erstere als Spezialfall der Formel (3) des § 2 des 3. Kapitels erscheint und die letztere sich vermöge der Substitution $(p - q)^2 = 1 - 4\,p\,q$ in Formel (20) desselben Paragraphen verwandelt.

Schließlich teilt Bruns für den Fall eines beliebigen n die beiden in der Bezeichnungsweise des § 1 des 4. Kapitels als

$$(33) \qquad \mathfrak{E}(j_{k,\,n}) = (N - n + 1)\, p_k^n$$

und

$$(34) \quad \left\{ \begin{aligned} \mathfrak{M}^2(j_{k,\,n}) &= (N - n + 1)\, p_k^n(1 - p_k^n) + 2(N - n)\, p_k^{n+1} \\ &\quad + 2(N - n - 1)\, p_k^{n+2} + \ldots + 2(N - 2\,n + 2)\, p_k^{2n-1} \\ &\quad - (n - 1)(2\,N - 3\,n + 2)\, p_k^{2n} \end{aligned} \right.$$

zu schreibenden Formeln mit, jedoch nur als Resultate, ohne den „beschwerlichen Weg", auf dem er sie gewonnen hat, genau anzugeben[23]).

Formel (33) ist im § 1 des 4. Kapitels unter (57) angeführt, und sie ergab sich dort — was übrigens auf alle Formeln, welche die mathematische Erwartung der Zahl irgendwelcher Iterationen von bestimmter Länge ausdrücken, zutrifft — einfach aus dem für beliebige Wahrscheinlichkeiten geltenden Multiplikationssatz und dem für beliebige mathematische Erwartungen geltenden Additionssatz.

Was aber Formel (34) anbelangt, so braucht man nur die darin

---

[21]) Bruns, S. 227, unter I.
[22]) Ebendaselbst, unter III.
[23]) Bruns, S. 228.

angedeutete Summierung auszuführen, um sie in die Formel (62) des
4. Kapitels überzuleiten. Setzt man nämlich

$$(35) \qquad \sum_{1}^{n-1}{}_m 2(N - n + 1 - m)\, p_k^{n+m} = A,$$

so nimmt (34) die Form

$$(36) \quad \mathfrak{M}^2(j_{k,n}) = (N - n + 1)\, p_k^n (1 - p_k^n) + A - (n-1)(2N - 3n + 2)\, p_k^{2n}$$

an. Man erhält aber aus (35):

$$(37) \qquad A = \frac{2(N - n + 1)(p_k^{n+1} - p_k^{2n})}{1 - p_k} - 2\, p_k^n \sum_{1}^{n-1}{}_m m\, p_k^m,$$

und vermöge der Substitution $m = n - 1 + t$ findet man:

$$\sum_{1}^{n-1}{}_m m\, p_k^m = \frac{p_k}{(1 - p_k)^2} - \sum_{1}^{\infty}{}_t (n - 1 + t)\, p_k^{n-1+t},$$

$$\sum_{1}^{\infty}{}_t (n - 1 + t)\, p_k^{n-1+t} = \frac{(n-1)\, p_k^n}{1 - p_k} + \frac{p_k^n}{(1 - p_k)^2},$$

$$\sum_{1}^{n-1}{}_m m\, p_k^m = \frac{p_k - p_k^n}{(1 - p_k)^2} - \frac{(n-1)\, p_k^n}{1 - p_k},$$

so daß Formel (37) in

$$(38) \quad A = \frac{2(N - n + 1)(p_k^{n+1} - p_k^{2n})}{1 - p_k} - \frac{2(p_k^{n+1} - p_k^{2n})}{(1 - p_k)^2} + \frac{2(n-1)p_k^{2n}}{1 - p_k}$$

und hiermit Formel (36), also auch Formel (34) in der Tat in Formel (62)
des § 1 des 4. Kapitels übergeht.

Außer den einreihigen Iterationen betrachtet Bruns die Iterationen
schlechthin und gelangt an der Hand eines etwas umgemodelten, aber
noch immer reichlich komplizierten analytischen Apparates zu den
Formeln (46) und (48) des § 1 des 4. Kapitels [24].

----

[24] Bruns, Gruppenschema, S. 622, Formelpaar (79). In der Brunsschen
Ausdrucksweise (ebendaselbst, S. 579—581) sind die Iterationen schlechthin
„zyklische Gruppen“ (im Gegensatz zu den einreihigen Iterationen, die unter
den Brunsschen Begriff der „linearen Gruppen“ fallen). Der Ausdruck „zyklisch“
nimmt darauf Bezug, daß wenn man sich die gegebenen N Elemente, aus denen
die Gruppen gebildet werden, auf einem Kreis eingetragen denkt, die beiden Elemente Nr. 1 und Nr. N nebeneinander zu liegen kommen und so das eine dem
anderen als vorgeordnet bzw. nachgeordnet erscheint (vgl. den Text, S. 5—6),
und dieser Ausdruck ist bereits von anderer Seite in demselben Sinne gebraucht
worden (Czuber, Entwicklung, S. 41; vgl. E. Netto in M. Cantors Vorlesungen
über Geschichte der Mathematik, IV, Leipzig 1908, S. 235). Jedoch dürfte die

Diese beiden Formeln sind dem Fall des Roulettespiels angepaßt und werden von Bruns zu einer Prüfung der betreffenden Ergebnisse Marbes verwendet. Für $n = 13$ erhält Bruns bei Zusammenfassung dieser Ergebnisse als Verhältnis der Differenz zwischen der erwartungsmäßigen und der wirklichen Zahl der Iterationen zu dem maßgebenden mittleren Fehler 2,18[25]) und bemerkt hierzu, „daß man eine solche Abweichung auf sich beruhen lassen muß, wenn sie bei einer ganz isolierten Beobachtungsreihe vorgekommen ist". Ohne sich diese Einschätzung der in Frage stehenden Abweichung zu eigen machen zu wollen — jede derartige Einschätzung ist ja mehr oder minder subjektiv —, wird man anerkennen müssen, daß Bruns hier einen einwandfreien Maßstab an die Marbeschen Ergebnisse angelegt hat.

Hingegen war seine ursprüngliche Beurteilung derselben Ergebnisse[26]) nicht stichhaltig, denn sie beruhte auf einer Verwechslung der Zahlen j_n' mit den Zahlen $a_{h,n}'$ (von denen oben, bei Besprechung der Lexisschen Ausführungen, die Rede war). Diese Verwechslung brachte es mit sich, daß Bruns z. B. als erwartungsmäßige Zahl der Iterationen zu 12 statt 28,18[27]) die 12mal kleinere Größe 2,34 erhielt. Da die entsprechende wirkliche Zahl sich auf 4 stellt (siehe Tabelle 1), so verwandelte sich auf diese etwas gewaltsame Weise die negative Abweichung

---

Art, wie Bruns die zyklischen den linearen Gruppen gegenüberstellt, insofern nicht sehr zweckmäßig sein, als sie den wichtigen Umstand nicht zum Ausdruck kommen läßt, daß ja alle linearen Gruppen einer bestimmten Art sich unter den zyklischen Gruppen derselben Art wiederfinden. (Anders ist in dieser Beziehung das gegenseitige Verhältnis der beiden Begriffe der vollständigen und der einreihig-vollständigen Iterationen, wie im Text, S. 25—26 gezeigt worden ist, aber Bruns beschäftigt sich mit keiner dieser beiden Arten von Iterationen.) Als unzweckmäßig erscheint mir auch das Brunssche System der Numerierung, demzufolge jedes Element mit unendlich vielen Nummern versehen wird (a. a. O., S. 580). Über die Brunssche Abhandlung „Das Gruppenschema für zufällige Ereignisse" sagt Czuber (I, S. 166): „Eine allgemeine Theorie der Untersuchung von beobachteten Reihen zufälliger Ereignisse nach übergreifenden Gruppen [d. h. nach teilweise miteinander inhaltsverwandten Gruppen], die sich weittragender Methoden bedient, hat H. Bruns gegeben." Nun berechnet aber Bruns in der genannten Abhandlung die erwartungsmäßigen Zahlen der Iterationen, wie aus meinen Darlegungen im Text zu ersehen ist, nicht anders als Marbe. Demnach hätte man erwarten können, daß Czuber seine Kritik auf Bruns ausdehnt. Statt dessen zitiert er ihn ohne jeden Vorbehalt. Eine ähnliche Unausgeglichenheit des Standpunktes dem „Fall Marbe" gegenüber bekundet Tschuprow (S. 365—366, Fußnote): er nennt als Kritiker Marbes Lexis, Bruns, mich und Grünbaum und stimmt allen vieren gleichmäßig zu.

[25]) Bruns, Gruppenschema, S. 623—624. Wenn sich hierbei ein kleiner Unterschied von dem entsprechenden Zahlenwert (2,16) in der 6. Spalte meiner Tabelle 1 ergibt, so erklärt es sich dadurch, daß Bruns die in Betracht kommende Zahl der Elemente (N), die 78 821 beträgt, auf 80 000 abgerundet hat.

[26]) Bruns, S. 218—219.

[27]) Der korrekte Wert ist 27,75 (siehe Tabelle 1). Vgl. Fußnote 25.

— 24,18 bzw. — 23,75 (wie sie Marbe festgestellt hatte) in eine positive Abweichung + 1,66[28]).

Lexis, Grünbaum, Czuber und Bruns stimmen darin miteinander überein, daß sie die von Marbe zutage geförderten Ergebnisse in Einklang mit den Vorausberechnungen der Wahrscheinlichkeitstheorie zu bringen bestrebt sind. Andere Kritiker Marbes sehen, abweichend davon, von einer rechnerischen Nachprüfung seiner Ergebnisse gänzlich ab und wenden sich ausschließlich dagegen, daß Marbe den Unstimmigkeiten, die er festgestellt zu haben glaubte, eine grundsätzliche Bedeutung beimaß: solche Unstimmigkeiten würden vielmehr nur darauf hindeuten, daß das ideale Schema, welches man den betreffenden Vorausberechnungen zugrunde legt, auf die untersuchten Fälle nicht passe[29]).

---

[28]) Bruns hat es nicht für nötig gehalten, jene älteren Darlegungen, denen zufolge sich, nebenbei bemerkt, für $n = 13$ statt des Quotienten 2,18 der Quotient 1,03 ergibt, in seiner späteren Schrift ausdrücklich zu revozieren. Auch sonst hat niemand — Marbe selbst nicht ausgeschlossen! — auf das direkt Fehlerhafte der in Frage stehenden Darlegungen aufmerksam gemacht. Ja, W. Wundt (Logik, I, 3. Aufl., Stuttgart 1906, S. 432, Fußnote) meint sogar im Gegenteil, gerade aus diesen Brunsschen Darlegungen gehe die „Erfolglosigkeit" des Marbeschen Versuchs, Unstimmigkeiten zwischen Wahrscheinlichkeitstheorie und Erfahrung nachzuweisen, hervor.

[29]) So meint Eduard von Hartmann („Die Grundlage des Wahrscheinlichkeitsurteils" in der Vierteljahrsschrift f. wiss. Philosophie u. Soziologie, Bd. 28, 1904, S. 315—317), daß die von Marbe behaupteten Unstimmigkeiten zwischen Wahrscheinlichkeitsrechnung und Erfahrung auf „die in den idealen Voraussetzungen steckende Ungenauigkeit" zurückzuführen seien, ähnlich wie z. B. analoge Unstimmigkeiten bei Würfelversuchen in der exzentrischen Lage des Schwerpunkts des betreffenden Würfels ihre Erklärung finden. (Was v. Hartmann in diesem Zusammenhang über den „wahrscheinlichen Fehler" und ähnliches mehr ausführt, zeugt davon, daß er die Wahrscheinlichkeitstheorie nicht in dem Maße beherrschte, um sich auf Einzelheiten gefahrlos einlassen zu können.) Vgl. Chr. Sigwart, Logik, 4. Aufl., besorgt von Heinrich Maier, 2. Bd., Tübingen 1911, S. 336—337, Fußnote, und H. E. Timerding, Die Analyse des Zufalls, Braunschweig 1915, S. 53. Nebenbei bemerkt, können die Ausführungen auf S. 52 Marbe in keiner Weise treffen, weil sie auf einer mißverständlichen Auffassung des Grundgedankens seiner Schrift beruhen. Timerding schließt diese Ausführungen mit den Worten: „Es ist also hiernach zu erwarten, daß derselbe Erfolg häufiger mehrere Male hintereinander eintritt, daß sich also eine gewisse ,Knäuelung' zeigt." Aber Marbe zufolge kommen größere „reine Gruppen" (längere Iterationen), die gerade als „Knäuelung" im Sinne Timerdings erscheinen, nicht häufiger, sondern seltener vor, als es den Erwartungen entspricht! Die „Knäuelungstheorie", wie sie von O. Sterzinger (Zur Logik und Naturphilosophie der Wahrscheinlichkeitslehre, Leipzig 1911) vertreten wird, lehrt, daß vollständige Iterationen von mittlerer Länge auf Kosten sowohl der längsten wie der kürzesten vollständigen Iterationen öfter auftreten, als sie von der Wahrscheinlichkeitsrechnung erwartet werden (a. a. O., S. 226). Sterzinger sucht wie Marbe nachzuweisen, daß „die gegenwärtige Wahrscheinlichkeitstheorie" (a. a. O., S. 237) als Mittel zur Erfassung der Wirklichkeit versage und deshalb einer neuen, „naturphilosophischen",

Diesen „bequemen" Standpunkt kann man nicht gelten lassen. Liegen doch, namentlich beim Roulettespiel, die Verhältnisse so, daß

Betrachtungsweise Platz machen müsse. Darum begrüßt auch Marbe (Gleichförmigkeit, S. 273) in der Person Sterzingers seinen (einzigen) Gesinnungsgenossen. Es möge hier nur an einem Fall gezeigt werden, wie wenig sich Sterzinger zum „Reformator" eignet. Dieser Fall betrifft zwei Beispiele. In dem einen handelt es sich um 153 Würfe mit je 8 Münzen. Sterzinger unterscheidet fünf Erfolge, je nachdem Kopf und Wappen bzw. Wappen und Kopf 0 und 8, 1 und 7, 2 und 6, 3 und 5, 4 und 4 Male erscheinen. Richtig berechnet, sind die diesen 5 verschiedenen Erfolgen zukommenden Wahrscheinlichkeiten $^1/_{128}$, $^1/_{16}$, $^7/_{32}$, $^7/_{16}$ und $^{35}/_{128}$. Multipliziert man sie mit 153 (Sterzinger gibt 155 als Zahl der ausgeführten Würfe an, aber die Summe seiner Ereigniszahlen ist 153!), so erhält man 1,20, 9,56, 33,47, 66,94 und 41,84. Die entsprechenden wirklichen Zahlen sind: 1, 13, 30, 73, 36. Man findet hier nach Formel (32) des § 3 des 2. Kapitels: $\chi^2 = 3{,}01$ und nach den Formeln (33) und (42) desselben Paragraphen: $\mathfrak{E}(\chi^2) = 4$, $\mathfrak{M}(\chi^2) = 2{,}97$. Die Differenz $3{,}01 - 4 = -0{,}99$ macht demnach ihrem absoluten Betrag nach nur 33% des maßgebenden mittleren Fehlers aus. In dem anderen Beispiel sind es 203 Würfe mit je 12 Münzen (203 ist die Summe der Ereigniszahlen, während Sterzinger die Zahl der Versuche mit 200 angibt!). Hier ergeben sich in analoger Weise 7 verschiedene Erfolge (0 und 12, 1 und 11 usw. bis 6 und 6), denen die erwartungsmäßigen Ereigniszahlen 0,10, 1,19, 6,54, 21,81, 49,07, 78,51, 45,79 und die wirklichen Ereigniszahlen 0, 3, 8, 28, 53, 70, 41 entsprechen. Man findet: $\chi^2 = 6{,}68$, $\mathfrak{E}(\chi^2) = 6$, $\mathfrak{M}(\chi^2) = 4{,}78$, $0{,}68 : 4{,}78 = 14\%$. Wie es scheint, kann man mit den Resultaten zufrieden sein. Sterzinger (a. a. O., S. 209—210) meint aber, daß in diesen beiden Beispielen die empirischen Ereigniszahlen weder mit denen übereinstimmen, die nach der Wahrscheinlichkeitstheorie zu erwarten sind, noch genau mit denen, die er auf Grund induktiver Überlegungen für die wahrscheinlichsten hielt. Dies wird des näheren wie folgt erläutert: „Nach dem Multiplikationssatz der Wahrscheinlichkeitstheorie, dem 3. Prinzip, erhalte ich für alle Wurfverhältnisse die gleiche Wahrscheinlichkeit, die ich auch erhalte, wenn ich alle Wurfverhältnisse auf Grund des Prinzips vom mangelnden Grunde für gleich möglich ansche; nach dem Additionssatz steigt die Wahrscheinlichkeit bis zu jenem, das die Null enthält. Ich vermutete, wie im 1. Kapitel ausgeführt, die größte Wahrscheinlichkeit für das Verhältnis der Gleichheit. Die Erfahrung indessen erklärt im 1. Falle das Verhältnis 3 : 5 für das wahrscheinlichste, das Verhältnis 4 : 4 für das nächstwahrscheinliche … Im 2. Falle ist das Verhältnis 5 : 7 das wahrscheinlichste, das nächste das Verhältnis 4 : 8 … Betrachtet man die Zahlen, so möchte man bei einer noch größeren Anzahl Münzen einen noch weiter von $\frac{r}{2}$ ($r =$ Anzahl der Münzen) entfernten Verteilungswert für den wahrscheinlichsten halten. Für diese Erscheinung habe ich noch keine Erklärung, es sieht fast so aus, als ob die sonderbare Unregelmäßigkeit des Zufalls und seine Abneigung gegen scharfe Zahlen sich auch hier ausdrücken müßte." Konsequenterweise kann hier nur von einer Abneigung Sterzingers gegen die Anfangsgründe der Wahrscheinlichkeitsrechnung die Rede sein. Und doch werden diese und ähnliche Absurditäten — vielleicht weil sie Sterzinger selbst euphemistisch als „Naturphilosophie" bezeichnet — auch von anderen ernst genommen, so z. B. von Timerding (a. a. O., S. 53) und von Meinong (Über Möglichkeit und Wahrscheinlichkeit, Leipzig 1915, S. 597—598). Auch Czuber (I, S. 155, Fußnote) beurteilt Sterzinger m. E. noch viel zu milde, wenn er von ihm behauptet, „die Grenzen des wissenschaftlichen Bodens überschritten" zu haben.

man aus der Kenntnis dieser Verhältnisse heraus gerade hier am ehesten eine Realisierung des (Bernoullischen) Schemas einer konstanten Wahrscheinlichkeit zu erwarten berechtigt ist[30]). Man wäre sonach, wenn sich zeigen ließe, daß diese Erwartung nicht in Erfüllung geht, in Ermangelung eines anderen annehmbaren Schemas, dem sich die Ergebnisse der Erfahrung besser anpaßten, dazu veranlaßt, es in Zweifel zu ziehen, ob überhaupt wahrscheinlichkeitstheoretische Konstruktionen auf das Roulettespiel bzw. auf die Glücksspiele im allgemeinen anwendbar sind. Diese Anwendbarkeit als außer Frage stehend betrachten und von hier aus die über das „zulässige“ Maß hinausgehenden Differenzen zwischen den wirklichen und den erwartungsmäßigen Ereigniszahlen als verursacht durch irgendwelche Abweichungen der gegebenen Bedingungen des Experiments von dem idealen Schema erklären wollen, wobei nicht einmal angedeutet wird, worin diese Abweichungen bestehen mögen, läuft auf eine petitio principii hinaus. Es wäre also dem Nachweis, daß beim Roulettespiel Wahrscheinlichkeitstheorie und Erfahrung voneinander divergieren, wie ihn Marbe zu führen versucht hat, ein prinzipielles Interesse nicht abzusprechen.

Nur kommt es bei solch einem Nachweis, abgesehen davon, daß das betreffende statistische Material mathematisch korrekt verarbeitet werden muß, selbstverständlich darauf an, daß dieses Material auf verläßlichen Aufzeichnungen beruht; da hat es sich nachträglich gezeigt, daß das von Marbe benutzte Material nichts weniger als unbedingtes Vertrauen verdient[31]). Das ist allerdings ein Umstand, der

---

Das Gebiet der Wissenschaft, die sich Wahrscheinlichkeitsrechnung nennt, scheint mir Sterzinger überhaupt gar nicht erst richtig betreten zu haben. Wie sollte er da die Grenzen dieses Gebiets überschreiten können?

[30]) Siehe z. B. Multatuli, die in Fußnote 15 genannte Schrift, S. 153.

[31]) Das auf das Roulettespiel sich beziehende statistische Material, mit dem Marbe in seinen „Naturphilosophischen Untersuchungen“ operiert, ist zu 34, 14 und 52% aus den drei folgenden Quellen geschöpft: 1. einer ungenannten Quelle (Spielort: Spa), 2. der Zeitschrift „Le Pointeur“ von M. Henri (Spielort: Monte Carlo) und 3. der Zeitung „Le Monaco“ (Spielort: teils Monte Carlo, teils Dinant). Über die Zuverlässigkeit von 1 sagt Marbe nichts aus. Über 2 bemerkt er (Gleichförmigkeit, S. 354—355): „Natürlich liegt es mir fern, mich für die Authentizität der Henrischen Publikationen irgendwie zu verbürgen.“ Und was 3 anlangt, so glaubt Marbe auf Grund von Recherchen, bei denen ihm zwei Detektivbureaus behilflich waren, „die Behauptung wagen zu dürfen“, daß es sich da „um einen groben Schwindel handelt“, wenigstens sofern diejenigen Nummern der genannten Zeitung in Frage kommen, aus denen K. Pearson das Material zu seinen Untersuchungen über das Roulettespiel entnommen hat (ebendaselbst, S. 354). Mit dieser Einschränkung will aber Marbe die anderen Nummern des „Monaco“, somit auch diejenigen, die er selbst benützt hat, von der Zensur „grober Schwindel“ nicht ausdrücklich ausgenommen wissen. Den Pearsonschen Tabellen räumt er vielmehr nur deshalb eine gewisse Sonderstellung ein, weil sie allzu große Wider-

danach angetan ist, die wissenschaftliche Bedeutung der Marbeschen Ergebnisse erheblich zu beeinträchtigen, wenn nicht gänzlich
illusorisch zu machen.

§ 2. Marbes „Gleichförmigkeit in der Welt", vorzugsweise vom Standpunkte der Iteratorik aus betrachtet.

Marbe hat in seiner vor kurzem erschienenen Schrift „Die Gleichförmigkeit in der Welt" dem Problem der Iterationen wiederum ein-
gehende Erörterungen gewidmet und hierbei der an seinen „Naturphilosophischen Untersuchungen zur Wahrscheinlichkeitslehre" von verschiedener Seite geübten Kritik insofern Rechnung getragen, als er
diesmal nicht mehr sämtliche einreihige Iterationen, sondern die einreihig-vollständigen Iterationen zum Gegenstand der Betrachtung gemacht hat.

Es sollen zunächst die von ihm aufgestellten Formeln der mathematischen Erwartung[1]) und des mittleren Fehlers der Zahl der einreihig-vollständigen Iterationen zu n wiedergegeben und geprüft werden.
Um Mißverständnisse auszuschließen, möge der Index M den Zeichen $\mathfrak{E}$
und $\mathfrak{M}$ angehängt werden, wenn es sich um Marbesche Formeln
handelt. Im übrigen werden die im vorstehenden benützten Bezeichnungen auch hier zur Anwendung kommen.

---

sprüche mit der Wahrscheinlichkeitsrechnung aufweisen. Diese Widersprüche bestehen darin, daß vollständige Iterationen zu 1 und zu 6 und mehr viel zu stark
und solche zu 2 bis 4 viel zu schwach vertreten sind. Pearson selbst (The Chances
of Death etc., London 1897, I, S. 56) charakterisiert diesen Sachverhalt mit den
Worten: „Superabundance of intermittences and deficiency of small permanences"
und meint im Anschluß daran (a. a. O., S. 61—62): „Monte Carlo roulette, if
judged by returns which are published without apparently being repudiated by
the Société, is, if the laws of chance rule, from the standpoint of exact science
the most prodigious miracle of the nineteenth century ... Science must recon-
struct its theories to suit these inconvenient facts." Marbe zufolge würde sich
das große Rätsel ziemlich einfach auflösen. Erdichtete Zahlen sind keine Wunder.
Der Pearsonschen Untersuchung schreibt Tschuprow (S. 257) „das größte
wissenschaftliche Interesse" in der Reihe ähnlicher Untersuchungen zu. Vielleicht
ändert er seine Meinung nach den Aufklärungen Marbes. Darüber, daß Pearsons
Studie über das Roulettespiel in methodologischer Beziehung nichts Bemerkens-
wertes darbietet, siehe Fußnote 15. Vgl. Fußnote 14 des § 2 dieses Kapitels.

[1]) Marbe spricht allerdings nie von mathematischen Erwartungen bzw. von
den erwartungsmäßigen Zahlen, sondern stets von den „wahrscheinlichsten Zahlen"
(und ist über das gegenseitige Verhältnis dieser beiden Begriffe ganz im unklaren,
wie namentlich der letzte Absatz auf S. 284 zeigt). Da er aber diese Zahlen nach
Maßgabe der Formel (13) des § 2 des 2. Kapitels, d. h. durch Multiplizierung
der betreffenden Versuchszahl durch die in Betracht kommende Wahrscheinlichkeit bestimmt, so kann sie die Kritik nicht anders denn als mathematische Erwartungen deuten, wenn sie sich mit ihnen näher befassen soll.

Marbe zufolge ist in dem im 3. Kapitel behandelten Fall die Wahrscheinlichkeit, daß eine einreihig-vollständige Iteration aus n Elementen besteht, durch $p^n q + q^n p$ oder $p q (p^{n-1} + q^{n-1})$ gegeben. Demnach hätte man zunächst:

$$(1) \qquad \mathfrak{E}_M (w_n) : \mathfrak{E}_M (W) = p q (p^{n-1} + q^{n-1}) : 1 .$$

Hierauf bestimmt Marbe die Beziehung zwischen $\mathfrak{E}(W)$ und N, und zwar aus Formel

$$(2) \qquad \sum_{1}^{\infty} n \, \mathfrak{E}_M (w_n) = N ,$$

die sich mit Rücksicht auf (1) als

$$(3) \qquad \mathfrak{E}_M (W) \sum_{1}^{\infty} n \, p \, q \, (p^{n-1} + q^{n-1}) = N$$

darstellen läßt. Weil aber

$$\sum_{1}^{\infty} n \, p^{n-1} + \sum_{1}^{\infty} n \, q^{n-1} = \frac{1}{q^2} + \frac{1}{p^2} = \frac{p^2 + q^2}{p^2 q^2} ,$$

so geht (3) in

$$(4) \qquad \frac{p^2 + q^2}{p \, q} \, \mathfrak{E}_M (W) = N$$

über, woraus

$$(5) \qquad \mathfrak{E}_M (W) = \frac{N p q}{p^2 + q^2}$$

folgt. Schließlich erhält man aus (1) und (5)

$$(6) \qquad \mathfrak{E}_M (w_n) = \frac{N p^2 q^2 (p^{n-1} + q^{n-1})}{p^2 + q^2} \; {}^2) .$$

Die dieser Ableitung zugrunde liegende Formel, wonach die Wahrscheinlichkeit, daß eine einreihig-vollständige Iteration aus n Elementen besteht, gleich $p^n q + q^n p$ gesetzt wird, trifft auf das hier in Frage stehende Schema nicht zu. Diesem Schema zufolge bilden sämtliche vollständige Iterationen eine geschlossene Kette und sämtliche einreihig-vollständige Iterationen eine Kette mit freiliegenden Enden. Sowohl die vollständigen wie die einreihig-vollständigen Iterationen sind also miteinander ver kettet, und hieraus folgt, daß die Zahlen der A-Iterationen und der B-Iterationen einander gleich bzw. — im Fall der einreihig-vollständigen Iterationen — höchstens um 1 voneinander verschieden sind. Dementsprechend ist (den Fall, wo alle N Elemente von derselben Art sind, ausgeschlossen) die Wahrscheinlichkeit, daß eine vollständige Iteration der einen oder der anderen

---

²) Marbe, Gleichförmigkeit, S. 281—283. Ich habe im Text die Ableitung Marbes ohne die Weitläufigkeiten seiner Darstellung wiedergegeben.

der beiden Arten A und B angehört, durch $\frac{1}{2}$ gegeben. Das gilt auch für die einreihig-vollständigen Iterationen, und zwar in aller Strenge, wenn W gerade ist, und näherungsweise, wenn W ungerade, aber hinreichend groß ist. Es liegt ferner im Begriff einer A-Iteration, daß sie mindestens ein Element der Art A enthält, oder auch, daß ihr erstes bzw. Einzelelement von der Art A ist; eine A-Iteration zu n kommt aber dadurch zustande, daß zu diesem einen $n - 1$ weitere A-Elemente hinzutreten und darauf ein B-Element folgt. Daher ist die Wahrscheinlichkeit, daß eine A-Iteration aus n Elementen besteht, durch $p^{n-1}q$ ausgedrückt. In derselben Weise findet man $q^{n-1}p$ als Ausdruck der Wahrscheinlichkeit, daß eine B-Iteration aus n Elementen besteht. Somit ergibt sich als Wahrscheinlichkeit, daß eine vollständige bzw. einreihig-vollständige Iteration von unbestimmter Art aus n Elementen besteht, der Ausdruck $\frac{1}{2}(p^{n-1}q + q^{n-1}p)$ oder $\dfrac{pq(p^{n-2} + q^{n-2})}{2}$.

Der hiervon abweichende Marbesche Ausdruck $p^n q + q^n p$ wäre zutreffend, wenn es sich nicht um verkettete, sondern um lose Iterationen handelte, d. h. wenn man die vollständigen Iterationen in der Weise zählen würde, daß man die ablösenden Elemente (siehe oben, S. 22) herausfallen ließe. Bezeichnet man die Zahl der auf diese Weise sich ergebenden vollständigen Iterationen zu n mit l_n und setzt man $\sum_{1}^{N} l_n = L$, so findet man, daß die Zahlen l_n und L mit den Zahlen w_n und W nicht übereinzustimmen brauchen. Ein Beispiel möge dies illustrieren. Man nehme an, daß sich bei $N = 16$ folgendes Bild zeigt:

Nr.	1	2	3	4	5	6	7	8	9	10	11	12	13	14	15	16
Art	B	B	A	B	B	B	A	A	B	B	B	B	B	A	B	A

Als verkettete vollständige Iterationen erscheinen: [1, 2], [3], [4, 5, 6], [7, 8], [9, 10, 11, 12, 13], [14], [15], [16]; man hat also: $w_1 = 4$, $w_2 = 2$, $w_3 = 1$, $w_4 = 0$, $w_5 = 1$, $W = 8$. Die losen vollständigen Iterationen sind: [1, 2], [4, 5, 6], [8], [10, 11, 12, 13], [15]; man hat also: $l_1 = 2$, $l_2 = 1$, $l_3 = 1$, $l_4 = 1$, $L = 5$. Dabei entfallen von den 8 verketteten Iterationen 4 auf die Art A und 4 auf die Art B, von den 5 losen Iterationen 1 auf die Art A und 4 auf die Art B. Es handelt sich bei den losen vollständigen Iterationen gleichsam um L voneinander unabhängige Versuche, die über die Länge einer vollständigen Iteration angestellt werden, so daß neben der Beziehung

$$(7) \qquad \mathfrak{E}(l_n) = L\, p\, q\, r_{n-1}$$

die Beziehung

$$(8) \qquad \mathfrak{M}^2(l_n) = L\, p\, q\, r_{n-1}(1 - p\, q\, r_{n-1})$$

besteht.

Nach dem Vorstehenden liegt das $\pi\varrho\tilde{\omega}\tau o\nu\ \psi\varepsilon\tilde{v}\delta o\varsigma$ der von Marbe versuchten Bestimmung der erwartungsmäßigen Zahl der einreihig-vollständigen Iterationen von gegebener Länge darin, daß er die Wahrscheinlichkeit der Länge n, statt durch $\dfrac{p\,q\,(p^{n-2}+q^{n-2})}{2}$, wofür laut Formel (4) des § 5 des 3. Kapitels π_n geschrieben worden ist, durch $p\,q\,(p^{n-1}+q^{n-1})$, wofür π_n' gesetzt werden möge, ausdrückt. Vermittels der Substitutionen $2\,p-1=p-q$ und $2\,q-1=-(p-q)$ findet man:

$$(8) \qquad \pi_n'-\pi_n=\frac{p\,q\,(p-q)\,(p^{n-2}-q^{n-2})}{2}\,,$$

woraus zu ersehen ist, daß der Marbesche Ausdruck π_n' nur bei $p=q=\frac{1}{2}$ für jedes n zutrifft, im übrigen aber nur für $n=2$ richtige, hingegen für $n=1$ zu niedrige und für $n>2$ zu hohe Werte liefert.

Wenn man nun in (1) bis (6) π_n' durch π_n ersetzt und dementsprechend den Index M bei $\mathfrak{E}$ wegläßt, so erhält man:

$$(9) \qquad \mathfrak{E}\,(w_n):\mathfrak{E}\,(W)=\frac{p\,q\,(p^{n-2}+q^{n-2})}{2}:1\,,$$

$$(10) \qquad \sum_{1}^{\infty}{}_n\, n\,\mathfrak{E}\,(w_n)=N\,,$$

$$(11) \qquad \tfrac{1}{2}\mathfrak{E}\,(W)\sum_{1}^{\infty}{}_n\, n\,p\,q\,(p^{n-2}+q^{n-2})=N\,,$$

$$\sum_{1}^{\infty}{}_n\, n\,p^{n-2}+\sum_{1}^{\infty}{}_n\, n\,q^{n-2}=\frac{1}{p\,q^2}+\frac{1}{q\,p^2}=\frac{1}{p^2\,q^2}\,,$$

$$(12) \qquad \frac{1}{2\,p\,q}\,\mathfrak{E}\,(W)=N\,,$$

$$(13) \qquad \mathfrak{E}\,(W)=2\,N\,p\,q\,,$$

$$(14) \qquad \mathfrak{E}\,(w_n)=N\,p^2\,q^2\,(p^{n-2}+q^{n-2})\,,$$

welch letztere Formel sich mit Formel (46) des § 3 des 3. Kapitels deckt. So sieht man, daß Marbe ein korrektes Ergebnis erzielt hätte, wenn er nicht von dem falschen Ausdruck π_n' ausgegangen wäre[3]).

Zieht man nunmehr (14) von (6) ab, so findet man leicht:

$$(15) \qquad \mathfrak{E}_M\,(w_n)-\mathfrak{E}\,(w_n)=\frac{N\,p^3\,q^3\,(p-q)\,(p^{n-3}-q^{n-3})}{p^2+q^2}\,.$$

---

[3]) Von dem Umstand, daß Formel (14) bzw. Formel (46) des § 3 des 3. Kapitels eine Näherungsformel ist, kann abgesehen werden, weil der Unterschied zwischen dieser Formel und der entsprechenden genauen Formel (41) des genannten Paragraphen keine Bedeutung hat, wenn N eine große Zahl ist, was in den Fällen, auf die Marbe seine Formeln anwendet, ausnahmslos zutrifft.

Hieraus folgt, daß Formel (6) nur bei $p = q = \frac{1}{2}$ für jedes n zutrifft, im übrigen aber nur für $n = 3$ richtige, hingegen für $n = 1$ und 2 zu niedrige und für $n > 3$ zu hohe Werte liefert.

In dem ersten Beispiel des § 1 des 5. Kapitels ergäben sich nach Formel (6) die Werte: $\mathfrak{E}_M(w_1) = 74{,}74$, $\mathfrak{E}_M(w_2) = 37{,}37$, $\mathfrak{E}_M(\mathfrak{w}_6) = 220{,}66$ $\mathfrak{E}_M(W) = 415{,}21$ statt der Werte: $\mathfrak{E}(w_1) = 340{,}47$, $\mathfrak{E}(w_2) = 61{,}28$, $\mathfrak{E}(\mathfrak{w}_6) = 201{,}05$, $\mathfrak{E}(W) = 680{,}89$, die der Formel (14) entsprechen und mit den in der 2. Spalte der Tabelle 2 des genannten Paragraphen enthaltenen Werten übereinstimmen. Demnach führt die von Marbe zur Bestimmung der erwartungsmäßigen Zahlen der vollständigen Iterationen empfohlene Methode in diesem Fall zu Ergebnissen, die nicht etwa bloß ungenau, sondern von Grund aus verkehrt sind. Ähnliches muß sich auch in anderen Fällen herausstellen, in denen p und q erheblich voneinander abweichen.

In einer Broschüre, die Marbe nach drei Monaten auf sein Buch hat folgen lassen, stellt er der Formel (6) die beiden Formeln (38) und (41) des § 3 des 3. Kapitels gegenüber[4]) und macht von Formel (41) — Formel (38) kommt praktisch nicht in Betracht — in denjenigen Fällen, wo er früher mit Formel (6) operiert hatte, Gebrauch.

Marbe kann sich aber nicht entschließen, Formel (6) glatt preiszugeben: er unterscheidet zwar zwischen den verketteten und den losen vollständigen Iterationen (den „verbundenen" und „nicht verbundenen" „reinen Gruppen" in seiner Ausdrucksweise) und gesteht ein, daß seine ursprüngliche Formel, nämlich Formel (6), dem Schema der losen Iterationen angepaßt war, stellt jedoch den Sachverhalt so dar, als ob es gleichsam nur eine Ungenauigkeit bedeuten würde, wenn man verkettete wie lose Iterationen behandelt. Er ist eben im unklaren darüber, daß falls auf eine Kette von N Elementen das Schema der losen Iterationen angewendet werden soll, dies die Entfernung gewisser Glieder aus der Kette erfordert und daß dementsprechend die Umwandlung bzw. Rückverwandlung einer Reihe loser Iterationen in eine Reihe verketteter Iterationen das Einsetzen bzw. Wiedereinsetzen von Zwischengliedern nötig macht. Marbe stellt sich vielmehr diese Umwandlung als ein unvermitteltes Aneinanderreihen der losen Iterationen vor und bemerkt in diesem Zusammenhang, daß dabei „allerdings" aus mehreren gleichartigen Iterationen, die nebeneiander zu liegen kämen, jeweils eine einzige längere Iteration entstehen würde[5]). Aber auch das wäre, möchte man meinen, keine „Kleinigkeit", über die

---

[4]) Marbe, Bemerkungen, S. 7—9. Hier findet sich auch Formel (21) des § 4 des 3. Kapitels; zu deren Ableitung braucht aber Marbe eigentümlicherweise „mehrfache Umformungen".

[5]) Ebendaselbst, S. 8. Auf eine Reihe vollständiger Iterationen, die auf diese Weise zustande käme, ist weder Formel (14) noch Formel (7) anwendbar.

man hinwegsehen kann. Würde doch gerade solch ein Zusammenwachsen benachbarter Iterationen es mit sich bringen, daß man auch hier gleiche oder höchstens um 1 voneinander verschiedene Zahlen von Iterationen der Art A und der Art B erhielte, während unter den losen Iterationen die beiden Arten erwartungsgemäß im Verhältnis von p zu q vertreten sind.

Wenn Marbe schließlich darauf aufmerksam macht, daß durch die in Frage stehende Richtigstellung der Formel (6) die numerischen Ergebnisse, die er auf der Grundlage dieser Formel gewonnen hatte, keine bzw. keine wesentliche Änderung erfahren, weil in den betreffenden Beispielen p genau bzw. nahezu gleich q ist[6]), so entspricht das durchaus einer Bemerkung, die vorhin im Anschluß an Formel (15) gemacht worden ist. Aber auch dieser Umstand, daß nämlich Formel (6) in bestimmten Fällen richtige bzw. annähernd richtige numerische Werte liefert, kann ihr keinerlei bedingte oder relative Gültigkeit verleihen.

Den mittleren Fehler der Zahl der einreihig-vollständigen Iterationen bestimmt Marbe unter Hinweis auf den für das Bernoullische Schema geltenden Ausdruck des mittleren Fehlers[7]), aus

$$(16) \qquad \mathfrak{M}_M^2(w_n) = \mathfrak{E}_M(W)\, \pi_n'\, (1 - \pi_n') \,.$$

Diese Formel geht mit Rücksicht auf Formel (5), sowie mit Rücksicht darauf, daß $\pi_n' = p\, q\, r_{n-1}$, in

$$(17) \qquad \mathfrak{M}_M^2(w_n) = \frac{N\, p^2\, q^2\, r_{n-1}\, (1 - p\, q\, r_{n-1})}{p^2 + q^2}$$

über, woraus bei $p = q = \tfrac{1}{2}$

$$(18) \qquad \mathfrak{M}_M^2(w_n) = \frac{N\, (2^n - 1)}{2^{2n+1}}$$

folgt[8]).

Hierzu ist vor allem zu bemerken, daß es der üblichen Formel des mittleren Fehlers, auf die sich Marbe beruft, allein entsprochen hätte, wenn er in (16) W an Stelle von $\mathfrak{E}_M(W)$ gesetzt hätte. Dann würde es sich aber bei dem Übergang von (16) zu (17) um ein Hinübergleiten aus dem V- bzw. W-Verfahren in das N-Verfahren, somit um eine Methode handeln, die bereits im § 5 des 3. Kapitels (S. 97—98) zur Sprache gebracht worden ist. Dort ist auch gezeigt worden, daß diese Methode, auf den mittleren Fehler angewandt, nur als Näherungsmethode, und zwar bei entsprechend großen Werten von n, brauchbar, im übrigen aber unzulässig ist[9]). Ihre Fehlerhaftigkeit ist darauf

<hr>

[6]) Ebendaselbst, S. 11 und 13—19.

[7]) Siehe 2. Kapitel, § 2, Formel (14).

[8]) Marbe, Gleichförmigkeit, S. 346—347.

[9]) Dieselbe Methode ergibt aber zutreffende Resultate, wenn man sie zur Bestimmung der mathematischen Erwartung der Zahl der Iterationen von gegebener Länge benützt, wie aus Formel (57) des § 5 des 3. Kapitels hervorgeht. Im

zurückzuführen, daß von einer zwischen W (bzw. V) und N bestehenden stochastischen Beziehung in einer Weise, nämlich durch Substitution des von N abhängenden erwartungsmäßigen für den wirklichen Wert von W (bzw. V), Gebrauch gemacht wird, als ob diese Beziehung eine sylleptische (syntagmatische) wäre.

Bei der von Marbe gegebenen Ableitung der Formel (17) kommt noch hinzu, daß er auch hier mit dem falschen Ausdruck π_n' rechnet, wodurch das Resultat sowohl direkt wie indirekt in Mitleidenschaft gezogen wird: letzteres insofern, als Marbe die Substitution, auf die soeben Bezug genommen worden ist, nach Maßgabe nicht der Formel (13), sondern der Formel (5) ausführt. Es ist zugleich zu beachten, daß es nicht genügen würde, in Formel (16) $\mathfrak{E}_M(W)$ durch W und π_n' durch π_n zu ersetzen, um sie vom Standpunkte des W-Verfahrens aus annehmbar zu machen. Denn hier verbietet sich die Anwendung der üblichen, auf das Bernoullische Schema berechneten Formel des mittleren Fehlers aus dem Grunde, weil π_n eine konstant zusammengesetzte Wahrscheinlichkeit ist[10]).

In dem besonderen Fall, wo $p = q = \frac{1}{2}$, ist, wie oben gezeigt worden ist, $\pi_n' = \pi_n$, und macht sich der Charakter von π_n als konstant zusammengesetzte Wahrscheinlichkeit nicht geltend. Was also speziell Formel (18) anlangt, so muß an ihr der Einfluß jener Verwechslung des V- bzw. W-Verfahrens mit dem N-Verfahren oder, anders formuliert, jener Umdeutung einer stochastischen in eine sylleptische Beziehung sozusagen ungetrübt in die Erscheinung treten. Bei einigermaßen großem N kann man getrost $\mathfrak{M}^2(w_n) = \mathfrak{M}^2(v_n)$ setzen, und stellt man Formel (18) der Formel (33) des § 3 des 3. Kapitels gegenüber, so findet man:

$$(19) \qquad \mathfrak{M}_M^2(w_n) - \mathfrak{M}^2(w_n) = \frac{(2n-5)N}{2^{2n+2}},$$

$$(20) \qquad \mathfrak{M}_M^2(w_n) : \mathfrak{M}^2(w_n) = \frac{2^{n+1}-2}{2^{n+1}-2n+3}.$$

Sonach liefert Formel (18) bei $n < 3$ zu niedrige und bei $n \geqq 3$ zu hohe Werte des mittleren Fehlers der Zahl der einreihig-vollständigen Iterationen zu n. Bei $n = 1$ erhält man:

$$(21) \qquad \mathfrak{M}_M(w_1) : \mathfrak{M}(w_1) = \sqrt{\tfrac{2}{5}} = 0{,}63;$$

Grunde genommen, läuft die Marbesche Ableitung der Formel (6) auf die Anwendung der in Frage stehenden Methode hinaus, und so ist denn auch das Irrtümliche der Formel (6), wie ich im Text nachweise, nur dadurch bedingt, daß Marbe von π_n' statt von π_n ausgeht.

[10]) Vgl. 3. Kapitel, S. 93.

hier bleibt also der nach der Marbeschen Formel berechnete mittlere Fehler um 37% hinter seinem wahren Wert zurück[11]).

Auch den Ausdruck des mittleren Fehlers von w_n hat Marbe einer Revision unterzogen. Bezeichnet man den mittleren Fehler von w_n, wie ihn Marbe jetzt zu berechnen empfiehlt, mit $\mathfrak{M}_R(w_n)$, so ist

$$(22) \qquad \mathfrak{M}_R^2(w_n) = \frac{\mathfrak{E}(w_n)\{N - \mathfrak{E}(w_n)\}}{N},$$

was der im Bernoullischen Schema bestehenden Beziehung

$$(23) \qquad \mathfrak{M}^2(x) = \frac{\mathfrak{E}(x)\{s - \mathfrak{E}(x)\}}{s},$$

die sich aus den Formeln (13) und (14) des § 2 des 2. Kapitels ergibt, genau entspricht[12]).

Marbe hat, wie man sieht, nicht bedacht, daß das Bernoullische Schema die gegenseitige Unabhängigkeit der Versuche voraussetzt und daß diese Voraussetzung im vorliegenden Fall nicht erfüllt ist. Da der Unterschied zwischen der genauen Formel (41) des § 3 des 3. Kapitels, deren sich Marbe zur Bestimmung von $\mathfrak{E}(w_n)$ bedient, und der Näherungsformel (46) desselben Paragraphen bei einigermaßen großem N belanglos ist, so läßt sich (22) als

$$(24) \qquad \mathfrak{M}_R^2(w_n) = N\,p^2\,q^2\,r_{n-2}\,(1 - p^2\,q^2\,r_{n-2})$$

darstellen. Somit findet man der Formel (21) des § 3 des 3. Kapitels zufolge: $\mathfrak{M}_R^2(w_n) = \mathfrak{M}_f^2(v_n)$, und setzt man wiederum $\mathfrak{M}^2(w_n) = \mathfrak{M}^2(v_n)$, so erhält man laut Formel (24) des genannten Paragraphen

$$(25) \qquad \mathfrak{M}_R(w_1) : \mathfrak{M}(w_1) = \sqrt{\frac{1 - p\,q}{1 + p\,q}}.$$

Bei $n = 1$ ergibt also die neue Marbesche Formel stets einen zu kleinen Wert. Das gilt auch nach Formel (28) des § 3 des 3. Kapitels für $n = 2$, sofern $p \gtrless q$.

Was aber den besonderen Fall, wo $p = q = \frac{1}{2}$, betrifft, so entspricht hier der alten Formel (18) die neue Formel

$$(26) \qquad \mathfrak{M}_R^2(w_n) = \frac{N(2^{n+1} - 1)}{2^{2n+2}},$$

und man erhält an Stelle von (19) und (20):

$$(27) \qquad \mathfrak{M}_R^2(w_n) - \mathfrak{M}^2(w_n) = \frac{(n - 2)\,N}{2^{2n+1}},$$

$$(28) \qquad \mathfrak{M}_R^2(w_n) : \mathfrak{M}^2(w_n) = \frac{2^{n+1} - 1}{2^{n+1} - 2n + 3}.$$

---

[11]) Vgl. 3. Kapitel, § 5, Formeln (70), (71), (72).
[12]) Marbe, Bemerkungen, S. 12.

Sonach trifft Formel (26) nur für $n = 2$ zu; bei $n = 1$ liefert sie einen zu kleinen, und zwar einen um 23% zu kleinen Wert des betreffenden, mittleren Fehlers, denn man hat hier:

$$(29) \qquad \mathfrak{M}_R(w_1) : \mathfrak{M}(w_1) = \sqrt{\tfrac{3}{5}} = 0{,}77 \; ;$$

bei $n \geqq 3$ ergeben sich umgekehrt zu große Werte, wobei, wie ein Vergleich zwischen (19) und (27) bzw. zwischen (20) und (28) zeigt, die neue Formel sogar noch im Nachteil gegenüber der alten ist.

Die betreffenden numerischen Unterschiede sind indessen bei $n \geqq 3$ ganz gering, und daher bedeutet der Ersatz der Formel (18) durch (26) — sowie der Formel (17) durch (24), wenn p wenig von q verschieden ist (was in den Marbeschen Beispielen zutrifft) — vom praktischen Standpunkte aus gesehen, immerhin eine Verbesserung: ist doch die in Frage stehende Differenz gerade in dem Fall, wo sie ins Gewicht fällt, von 37% auf 23% reduziert worden[13]). Als theoretischer Fortschritt erscheint aber die von Marbe vorgenommene Umänderung seines ursprünglichen Ausdrucks des mittleren Fehlers der Zahl der vollständigen Iterationen von gegebener Länge keineswegs. Denn war jener Ausdruck deshalb falsch, weil er auf einer Verwechslung der verketteten mit den losen Iterationen und des V-Verfahrens mit dem N-Verfahren, somit auf solchen Fehlern beruhte, die sozusagen in den Lehrbüchern der Wahrscheinlichkeitsrechnung nicht direkt vorgesehen sind, so handelt es sich bei Marbes modifizierter Methode der Bestimmung des in Frage stehenden mittleren Fehlers um eine rein mechanische Anwendung einer bekannten Formel der Wahrscheinlichkeitsrechnung auf einen Fall, dem man auf den ersten Blick ansieht, daß er dem dieser Formel zugrunde liegenden Schema nicht entspricht[14]).

---

[13]) Von einer Untersuchung darüber, welche von den beiden (falschen) Formeln (17) und (24) den Vorzug verdient, wenn p und q mehr oder weniger erheblich voneinander abweichen, kann wohl Abstand genommen werden.

[14]) Gemeint ist natürlich Formel (14) des § 2 des 2. Kapitels. Kein Lehrbuch der Wahrscheinlichkeitsrechnung läßt den geringsten Zweifel darüber aufkommen, daß diese Formel nur für das Bernoullische Schema gilt, demzufolge die betreffenden Versuche unabhängig voneinander sein müssen. Wie ist es nur möglich, im Fall der vollständigen Iterationen zu n anzunehmen, daß N unabhängige Versuche vorliegen? Marbe kann übrigens auf seine Formel (22) bzw. (24) keinen Prioritätsanspruch erheben. Von dieser Formel, und zwar gerade in einem Fall, wo sie zu einer beträchtlichen Unterschätzung des mittleren Fehlers führt, nämlich bei $n = 1$ und $p = q = \tfrac{1}{2}$, hat bereits Pearson einmal Gebrauch gemacht (The Chances of Death etc. I, S. 57—58, Fußnote). Hier ist $N = 30575$, $w_1 = 7917$, $\mathfrak{E}(w_1) = 7644$, und den mittleren Fehler von w_1 berechnet Pearson (offenbar aus $\sqrt{N \cdot \tfrac{1}{4} \cdot \tfrac{3}{4}}$) zu 75,71, woraus er folgert, daß die Differenz $w_1 - \mathfrak{E}(w_1)$, die sich auf 273 stellt, das 3,6fache des maßgebenden mittleren Fehlers ausmacht. Der korrekte Ausdruck des in Frage stehenden mittleren Fehlers ist aber nach Formel (33) des § 3 des 3. Kapitels durch $\sqrt{5\,N : 16} = 97{,}75$ gegeben, so daß sich an Stelle des Quotienten 3,6 der Quotient 2,8 ergibt. Dieser Fall zeigt recht drastisch,

Vom theoretischen Standpunkte aus kann also in der Tat keine Rede davon sein, daß Marbe, was die Bestimmung des mittleren Fehlers der Zahl der vollständigen Iterationen von gegebener Länge betrifft, nachträglich der Wahrheit näher gekommen wäre.

Die mathematische Theorie der Iterationen ist für Marbe nicht Selbstzweck. Es kommt ihm vielmehr darauf an, an der Hand von Beispielen zu untersuchen, ob sich die Statistik der Iterationen mit den Vorausberechnungen der Wahrscheinlichkeitstheorie im Einklang befindet, und er legt die Ergebnisse seiner Untersuchung in dem Sinne aus, daß dies nicht der Fall sei: im allgemeinen, meint Marbe, kommen (einreihig-) vollständige Iterationen, die eine gegebene Länge n überschreiten, von einer bestimmten (kritischen) Länge g an, seltener vor, während dafür Iterationen von anderer Länge häufiger auftreten, als es die Wahrscheinlichkeitstheorie erwarten läßt **(These A)**, und bleibt, von $n = g$ an, die wirkliche Zahl der die Länge n überschreitenden vollständigen Iterationen hinter der erwartungsmäßigen mit zunehmendem n relativ immer mehr zurück **(These B)** [15]). In diesen beiden Thesen gipfelt Marbes „Lehre vom statistischen Ausgleich“, die er als „naturphilosophische“ der „mathematischen“, d. h. wahrscheinlichkeitstheoretischen Betrachtungsweise entgegensetzt [16]).

Die Beispiele nun, mit denen Marbe seine beiden Thesen zu belegen sucht [17]), beziehen sich: 1. auf „Wappen- und Schrift-Versuche“, 2. auf

---

daß Pearson gelegentlich auch in rein mathematischer Hinsicht höchst unkritisch verfährt. (Daß Pearson und seine Schule, vom Standpunkte der statistischen Wissenschaft aus gesehen, unkritisch $\varkappa \alpha \tau' \ \dot{\varepsilon} \xi o \chi \acute{\eta} \nu$ sind, habe ich an einem besonderen Fall in dem auf S. 69 zitierten Aufsatz nachzuweisen versucht.) Marbe nimmt auf dieses Pearsonsche Beispiel (das die Roulette betrifft) Bezug (Gleichförmigkeit, S. 348) und bemerkt, daß der Wert des betreffenden mittleren Fehlers „bei Pearson irrtümlich mit 75,71 angegeben“ sei. Marbe findet 61,8, wodurch sich der Quotient 3,6 auf 4,4 erhöht. Dies entspricht der Formel (18). In den „Bemerkungen“ S. 21, wo an Stelle dieser Formel Formel (22) bzw. (26) tritt, erklärt Marbe 75,7 für den richtigen Wert und meint, daß auch Pearson nach Formel (22) „gerechnet zu haben scheint“. Gewiß hat er so gerechnet. Hier ist jeder Zweifel ausgeschlossen. Also nicht einmal den Vorzug der Neuheit hat die so unglücklich korrigierte Marbesche Formel des mittleren Fehlers.

[15]) Marbe, Gleichförmigkeit, S. 298.

[16]) Ebendaselbst, S. 251—277. Im wesentlichen handelt es sich hierbei, worauf Marbe selbst (S. 269, 272—273) hinweist, um den von ihm bereits in seiner Schrift aus dem Jahr 1899 vertretenen Standpunkt. Eine gewisse „Milderung“ dieses Standpunkts liegt darin, daß Marbe das gänzliche Ausbleiben von Iterationen, die eine bestimmte Länge überschreiten, nicht mehr behauptet. Abgesehen davon, ist nicht außer acht zu lassen, daß Marbe, worauf im Text hingewiesen worden ist, jetzt mit den Zahlen w_n und $\mathfrak{w}_n$ operiert, während er sich früher an die Zahlen j_n gehalten hat.

[17]) Die allgemeinen Überlegungen, aus denen heraus Marbe zu der Lehre vom statistischen Ausgleich gelangt, sollen hier nicht erörtert werden, weil solch

das Roulettespiel und 3. auf die Reihenfolge der männlichen und weiblichen Geburten in Standesamtsregistern.

Zu 1 ist zu bemerken, daß die betreffende Pearsonsche Versuchsreihe, die Marbe als einzige dieser Art vorbringt, vom Standpunkte der Wahrscheinlichkeitsrechnung aus betrachtet, insofern eine gewisse Anomalie darbietet, als sie unverhältnismäßig große Zahlen vollständiger Iterationen überhaupt und vollständiger Iterationen zu 1, sonst aber nur solche Abweichungen von der Theorie aufweist, die an und für sich sehr wohl für zufällige gehalten werden können[18]). Abgesehen davon, bieten die Wappen- und Schriftversuche schon deswegen nur geringes Interesse, weil hier der „Zufallsmechanismus" — womit Vorkehrungen zur Erzielung rein zufälliger Resultate gemeint sind — allzu primitiv ist, um volle Gewähr dafür zu bieten, daß er seinen Zweck auch wirklich erfüllt.

Was sodann 2 anbelangt, so ist die Kritik wohl berechtigt, die hierher gehörenden Beispiele als Beweismittel abzulehnen, da sie von Marbe selbst darüber belehrt wird, daß die Verläßlichkeit des einschlägigen statistischen Materials eine sehr bedingte ist[19]). Übrigens ist Marbe der Meinung, daß sich für die Glücksspiele (wozu er auch die Wappen- und Schriftversuche rechnet) auf Grund des ihm zur Verfügung stehenden Materials nur die These A, nicht aber die These B verifizieren lasse, weil dieses Material nicht umfangreich genug sei[20]).

---

eine Erörterung aus dem Rahmen dieser Schrift herausfallen würde. Sie sind übrigens nur ausführlicher, aber nicht stichhaltiger als seine gleichgerichteten Überlegungen aus dem Jahr 1899. Vgl. § 1, Fußnote 1.

[18]) Man erhält — ich sehe von dem Unterschied zwischen v_n und w_n bzw. V und W ab —: $V = 4191$ (bei $N = 8178$), $\mathfrak{E}(V) = 4089$, $\mathfrak{M}(V) = 45{,}2$, $V - \mathfrak{E}(V) = 102$, $102 : 45{,}2 = 2{,}3$; $v_1 = 2163$, $\mathfrak{E}(v_1) = 2044$, $\mathfrak{M}(v_1) = 50{,}6$, $v_1 - \mathfrak{E}(v_1) = 119$, $119 : 50{,}6 = 2{,}3$ (nicht 3,7 bzw. 3,0, wie bei Marbe, Gleichförmigkeit, S. 350, Bemerkungen, S. 22). Von den analogen Quotienten, die sich für $n = 2$ bis 12 ergeben, übersteigt (nach Marbe) kein einziger den Wert 1,5. Das V-Verfahren, welches Pearson (The Chances of Death etc. I, S. 56) anwendet, liefert die Werte: $\lambda = 1{,}9513$, $\mathfrak{E}_1(\lambda) = 2$, $\mathfrak{M}_1(\lambda) = 0{,}0218$, $\lambda - \mathfrak{E}_1(\lambda) = -0{,}0487$, $0{,}0487 : 0{,}0218 = 2{,}2$; $v_1 = 2163$, $\mathfrak{E}_1(v_1) = 2096$, $\mathfrak{M}_1(v_1) = 32{,}3$, $v_1 - \mathfrak{E}_1(v_1) = 67$, $67 : 32{,}3 = 2{,}1$. Pearson selbst berücksichtigt die Größe λ nicht.

[19]) Siehe § 1, Fußnote 31. Die geringe Vertrauenswürdigkeit des auf das Roulettespiel sich beziehenden Materials hindert Marbe nicht daran, dieses Material nicht nur für eine Stütze seiner Lehre vom statistischen Ausgleich auszugeben, sondern auch als Grundlage von Ratschlägen für Hasardspieler zu verwenden, deren Befolgung unter der Bedingung, daß sich ein kapitalkräftiges Konsortium von Spielern bildet, eine Roulette-Bank unweigerlich „lahmlegen" würde. In diesem Zusammenhange macht Marbe mit besonderer Bezugnahme auf die Verhältnisse von Monte Carlo eine Rechnung auf, die mit einem Reingewinn von „jährlich immerhin durchschnittlich mehr als 16 Millionen Franken" bilanziert (S. 361—374).

[20]) Gleichförmigkeit, S. 341—342. In Wirklichkeit geht auch die Richtigkeit der These A aus den betreffenden Daten keineswegs deutlich hervor.

Es verbleiben somit die Beispiele unter 3, die auch als ein einziges
— viergliederiges — Beispiel aufgefaßt werden können. Über das
diesem Beispiel zugrunde liegende Material ist im § 2 des 5. Kapitels
berichtet worden [21]). Die Art und Weise, wie Marbe dieses Material
verarbeitet hat, weicht von den im genannten Paragraphen angewandten
Methoden in mancher Beziehung ab. Was aber die erwartungsmäßigen
Zahlen der vollständigen Iterationen von verschiedener Länge betrifft,
auf deren Bestimmung es in erster Linie ankommt, so ergeben sich
bei Zusammenfassung der vier Städte numerische Unterschiede nur
deswegen, weil Marbe die Zwillingsgeburten nicht berücksichtigt hat [22]).
Die von ihm berechneten erwartungsmäßigen Zahlen der vollständigen
Iterationen sind in der 3. Spalte der nachstehenden Tabelle 1 unter
$\mathfrak{E}(v_n)$ wiedergegeben [23]). Aus einem Vergleich dieser Zahlen mit den-

---

[21]) Marbe meint, dieses Beispiel sei dem Gebiet der „Bevölkerungslehre“
entnommen (a. a. O., S. 278 und passim). Mit der richtig verstandenen Bevölkerungslehre (siehe S. 2, Fußnote 1) haben Untersuchungen über die Reihenfolge
der männlichen und weiblichen Geburten ebensowenig zu tun wie z. B. ähnliche,
nämlich wahrscheinlichkeitstheoretische, Untersuchungen über die Nummern,
die bei Staatslotterien herauskommen, etwas mit der Finanzwissenschaft gemein
haben. Auch den Ausdruck „volkswirtschaftliche Statistik“ wendet Marbe verkehrt an (Gleichförmigkeit, S. 205, 240). Er sagt z. B.: „Sehr viele Untersuchungen
der volkswirtschaftlichen Statistik führen auf übernormale Dispersionen, während
unternormale meines Wissens bisher nicht nachgewiesen wurden.“ Meines
Wissens sind bisher nur bevölkerungs- und moralstatistische, niemals aber wirt-
schaftsstatistische Zahlenwerte auf ihre Dispersion hin untersucht worden. Noch
charakteristischer für die etwas unklaren Vorstellungen Marbes von der Abgrenzung der einzelnen Wissenszweige gegeneinander ist es, daß er das Kausalitäts-
problem, in der (unzweideutig gemeinten) Behandlung, die ihm in verschiedenen
Gebieten der dogmatischen Jurisprudenz zuteil wird, der Rechtsphilosophie zuweist (S. 263). Marbe preist es in der Vorrede zu seinem Buch als Glück, daß er
sich des Rates und der Hilfe seiner Kollegen erfreuen konnte. Aber über die
Grenzen seiner Fakultät hinaus scheint er niemanden konsultiert zu haben. Was
übrigens die Rechtsphilosophie betrifft, so geht sie ja nicht nur die Juristen an.

[22]) Bei gesonderter Betrachtung der vier Städte kommen weitere — aber ganz
geringfügige — Unterschiede hinzu, die dadurch bedingt sind, daß Marbe (S. 285
bis 286) für jede der vier Städte aus den auf die betreffende Stadt sich beziehenden
Daten das p (die Wahrscheinlichkeit, daß der Geborene männlich ist) bestimmt,
um den so ermittelten Wert von p in den Ausdruck von $\mathfrak{E}(w_n)$ einzusetzen, während
ich mit einem allen vier Städten gemeinsamen Wert von p gerechnet habe. Siehe
S. 139. Marbes Verfahrungsweise ist nicht unzulässig, aber sie hängt offenbar
damit zusammen, daß er sich der Ungenauigkeit gar nicht bewußt geworden ist,
die in der Substituierung eines aposteriorischen für einen apriorischen Wert von
p liegt.

[23]) Von dem Umstand, daß Marbe nicht die vollständigen, sondern die
einreihig-vollständigen Iterationen gezählt hat, ist auch hier abgesehen worden.
Siehe S. 138, Text und Fußnote 2. Sofern man das Material der vier Städte zusammenfaßt und hierbei so verfährt, wie es Marbe getan hat, kann es sich übrigens
höchstens um eine zweireihige vollständige Iteration handeln, an deren Stelle
zwei einreihig-vollständige Iterationen treten. Da sich im gegebenen Fall für

jenigen der 2. Spalte der Tabelle 2 im § 2 des 5. Kapitels ersieht man, daß sich nur bei $n = 1$ und 2 nicht ganz unbeträchtliche Differenzen ergeben. Die 4. Spalte der Tabelle 2 bringt unter $\mathfrak{A}$ die Abweichungen der in der 2. Spalte stehenden wirklichen von den entsprechenden erwartungsmäßigen Zahlen, und in der 5. Spalte finden sich unter $(\mathfrak{A})$ die von Marbe eigens berechneten arithmetischen Durchschnitte der Werte $\mathfrak{A}$.

Tabelle 1[24].

n	v_n	$\mathfrak{E}(v_n)$	$\mathfrak{A}$	$(\mathfrak{A})$
1	2	3	4	5
1	48 619	49 128,7	− 509,7	−509,7
2	24 282	24 552,4	− 270,4	
3	12 551	12 276,1	+ 274,9	
4	6 169	6 141,0	+ 28,0	
5	3 088	3 073,4	+ 14,6	+ 9,8
6	1 534	1 538,9	− 4,9	
7	772	771,0	+ 1,0	
8	412	386,4	+ 25,6	
9	183	193,8	− 10,8	
10	97	97,2	− 0,2	
11	50	48,8	+ 1,2	
12	26	24,5	+ 1,5	
13	14	12,3	+ 1,7	−1,5
14	1	6,2	− 5,2	
15	4	3,1	+ 0,9	
16	0	1,6	− 1,6	
17	1	1,6[25]	− 0,6	

Zweierlei ist nach Marbe an Tabelle 1 bemerkenswert: 1. daß die wirkliche Zahl der Iterationen zu 1 hinter der erwartungsmäßigen zurückbleibt und 2. daß die Iterationen zu 2, 3 … 8 durchschnittlich häufiger, die längeren Iterationen seltener sind als man nach der Wahrscheinlichkeitsrechnung erwarten sollte.

Was 1 betrifft, so ist es begreiflich, daß der festgestellte Fehlbetrag Zweifel an seinem zufälligen Charakter bei Marbe erweckt hat. Denn nach Formel (18) bzw. (26) berechnet sich der betreffende mittlere Fehler zu 156,8 bzw. 192,0 [26]), und die absolute Größe der in Frage stehenden Abweichung (509,7) verhält sich zu diesem mittleren Fehler wie 3,25

W eine ungerade Zahl ergibt, so befinden sich denn auch unter den von Marbe gezählten Iterationen zwei, die als eine vollständige Iteration zu gelten hätten. Selbstverständlich ist das praktisch ohne Bedeutung.

[24]) Marbe, Bemerkungen, S. 14—15. Vgl. Gleichförmigkeit, S. 285.

[25]) Es handelt sich hierbei um den Wert nicht von $\mathfrak{E}(v_{17})$, sondern von $\mathfrak{E}(\mathfrak{v}_{17})$; in diesem Fall ist $v_{17} = \mathfrak{v}_{17}$.

[26]) Von dem Unterschied zwischen v_1 und w_1 wird hierbei abgesehen. Siehe Fußnote 23.

bzw. 2,65 zu 1 [27]). Aber auch wenn man zur Bestimmung des mittleren Fehlers die richtige Formel, nämlich Formel (33) des § 3 des 3. Kapitels, benützt, erhält man 247,9, somit 509,7 : 247,9 = 2,06. Mag daher die negative Abweichung bei den Iterationen zu 1 als Anomalie erscheinen[28]), so ist es zugleich klar, daß diese Anomalie nicht für, sondern nur gegen die „Lehre vom statistischen Ausgleich" sprechen kann. Denn letzterer zufolge begünstigt das Eintreten eines bestimmten Erfolges bei irgendeinem Versuch das Eintreten des entgegengesetzten Erfolges beim nächsten Versuch[29]); darum müßte Marbe von seinem Standpunkt aus nicht weniger, sondern mehr Iterationen zu 1 erwarten als es den Vorausberechnungen der Wahrscheinlichkeitstheorie entspricht.

In bezug auf 2 erhebt sich die Frage, aus welchen Erwägungen heraus Marbe die vorliegende Zahlenreihe zwischen $n = 8$ und $n = 9$ und nicht an einer anderen Stelle zerschneidet. Verlegt man den Schnitt

---

[27]) Marbe selbst (Gleichförmigkeit, S. 351, Bemerkungen, S. 22) führt solch eine Berechnung für jede einzelne der vier Städte, nicht aber für die vier Städte zusammengenommen aus.

[28]) Allerdings zeigt Marbe gelegentlich die Neigung, Abweichungen, deren absoluter Betrag, am mittleren Fehler gemessen, noch erheblich größer ist, dem Zufall zuzuschreiben, so z. B. in einem Fall, der sich auf das Roulettespiel bezieht (Gleichförmigkeit, S. 348—349). Es handelt sich da (auch bei Iterationen zu 1) um eine positive Abweichung, die nach Marbe (siehe Fußnote 14) das 4,4fache des maßgebenden mittleren Fehlers ausmacht. So, wie Marbe letzteren bestimmt, muß er im gegebenen Fall den Laplaceschen Ausdruck $\Phi(\gamma)$ (siehe S. 44) für anwendbar halten. Demgemäß hätte man: $\gamma = 4,4 : \sqrt{2} = 3,1$, und wäre die Wahrscheinlichkeit einer so großen oder noch größeren zufälligen Abweichung gleich 0,000012 (Czuber I, S. 439). Es geht auch nicht an, bei Einschätzung der Quotienten $|\mathfrak{A}| : \mathfrak{M}$, wie es Marbe tut, mit dem Begriff der „Größenordnung" (a. a. O., S. 349) zu operieren. Vielleicht ist Marbe durch Bruns (S. 219) dazu verleitet worden, der in ebenso unzulässiger Weise $|\mathfrak{A}|$ mit $\mathfrak{M}$ in bezug auf ihre „Größenordnung" miteinander vergleicht. Sowohl Marbe wie Bruns gegenüber wäre die Frage angebracht: wo fängt hier überhaupt die höhere Größenordnung an? Es möge in diesem Zusammenhang noch darauf hingewiesen werden, daß Marbe, sofern er es mit einer Reihe der Quotienten $|\mathfrak{A}| : \mathfrak{M}$ (das sind seine „V-Werte") zu tun hat, aus ihnen das arithmetische Mittel bildet und den Grad der Übereinstimmung zwischen Wahrscheinlichkeitstheorie und Erfahrung danach beurteilt, ob das so berechnete Mittel mehr oder weniger von 1 abweicht (Gleichförmigkeit, S. 345—351, 357—360). Dies ist um so auffallender, als sich Marbe wiederholt auf die Lexissche Dispersionstheorie bezieht, die es doch unzweideutig zum Ausdruck bringt, daß es auf die Abweichung nicht des arithmetischen, sondern des quadratischen Mittels der Quotienten $|\mathfrak{A}| : \mathfrak{M}$ von der Einheit ankommt. Anstatt des quadratischen Mittels der Quotienten $|\mathfrak{A}| : \mathfrak{M}$ kann man, wie ich es im 5. Kapitel tue, das arithmetische Mittel der Quotienten $\mathfrak{A}^2 : \mathfrak{M}^2$ benützen, was insofern den Vorzug verdient, als die mathematische Erwartung jenes quadratischen Mittels, der Formel (46) des § 1 des 2. Kapitels zufolge, hinter 1 zurückbleibt (wenn auch nicht beträchtlich, sofern das betreffende Mittel aus hinreichend vielen Einzelwerten gebildet ist), während die mathematische Erwartung jedes einzelnen der Quotienten $\mathfrak{A}^2 : \mathfrak{M}^2$ sowie ihres arithmetischen Mittels genau 1 ist.

[29]) Marbe, Gleichförmigkeit, S. 266—267.

um „eine Teilung" aufwärts, so erhält man anstatt $+9{,}8$ und $-1{,}5$ die Werte: $+7{,}2$ (für $n = 2$ bis 7) und $+3{,}9$ (für $n = 8$ bis 17), und es müßte heißen, daß sowohl die Iterationen zu 2, 3 ... 7, wie auch die längeren Iterationen häufiger auftreten als es den Erwartungen der Wahrscheinlichkeitsrechnung entspricht. Ja, man könnte geneigt sein, die Durchschnittsabweichung $+3{,}9$ für schwererwiegend als die Durchschnittsabweichung $+7{,}2$ zu halten, da sich erstere auf viel schwächer besetzte Gruppen als letztere bezieht. Man möchte zugleich fragen, wodurch die Aussonderung der Iterationen zu 1 bzw. nicht auch der Iterationen zu 2 motiviert wird. Kurz, es handelt sich da, wie man sieht, um eine Gruppierung der Daten ex eventu, zu dem Zweck, um nach Möglichkeit der Lehre vom statistischen Ausgleich zum Siege über die Wahrscheinlichkeitstheorie zu verhelfen. Dieser Zweck erklärt es auch, warum von der auffälligen Überzahl der Iterationen zu 3 gar keine Notiz genommen wird. In der Tat: bei einer (erwartungsmäßigen und wirklichen) durchschnittlichen Länge der Iterationen von nahezu 2 müßte doch das „Ausgleichsprinzip" eher dazu führen, daß Iterationen zu 3, da sie von überdurchschnittlicher Länge sind, einen Fehlbetrag gegenüber einem auf dem „Zufallsprinzip" beruhenden Voranschlag aufweisen. Es zeigt sich aber das Gegenteil davon, und über diese Tatsache verlautet bei Marbe nichts.

Obschon Marbe es für möglich hält, Tabelle 1 für eine Bestätigung seiner Lehre vom statistischen Ausgleich auszugeben, macht er kein Hehl daraus, daß ihn diese Tabelle doch nicht ganz befriedigt. Um „bessere Resultate" zu erzielen, stellt er dieselben Daten noch in einer anderen Form zusammen, indem er nämlich anstatt der Zahlen v_n (bzw. w_n) die Zahlen $\mathfrak{v}_n$ (bzw. $\mathfrak{w}_n$) und ihre mathematischen Erwartungen zum Gegenstand der Betrachtung macht.

Die Zahlen $\mathfrak{v}_n$ bzw. $\mathfrak{w}_n$, wie sie durch Formel (1) bzw. (29) des § 6 des 3. Kapitels definiert sind, sind in der 2. Spalte der nachstehenden Tabelle 2 enthalten. Die 3. Spalte der Tabelle bringt die Zahlen $\mathfrak{E}(\mathfrak{v}_n)$ bzw. $\mathfrak{E}(\mathfrak{w}_n)$. Marbe hat sie an der Hand der Formeln $\mathfrak{E}(\mathfrak{w}_1) = 2(N - 1)pq + 1$, die mit Formel (21) des § 4 des 3. Kapitels identisch ist, und der Formel $\mathfrak{E}(\mathfrak{w}_{n+1}) = \mathfrak{E}(\mathfrak{w}_n) - \mathfrak{E}(w_n)$ bestimmt, wobei für $\mathfrak{E}(w_n)$ die in der 3. Spalte der Tabelle 1 angegebenen Werte einzusetzen waren[30]). Es folgen in der 4. Spalte unter $\mathfrak{A}$ die Differenzen zwischen den Zahlen der 2. und 3. Spalte, in der 5. Spalte unter ($\mathfrak{A}$) die aus den Werten $\mathfrak{A}$ gebildeten arithmetischen Mittel, in der 6. Spalte unter $100\,\mathfrak{d}_n$ die prozentual ausgedrückten Relationen zwischen $\mathfrak{A}$ und $\mathfrak{E}(\mathfrak{v}_n)$ und schließlich in der 7. Spalte unter $(100\,\mathfrak{d}_n)$ die aus den Werten $100\,\mathfrak{d}_n$ gebildeten arithmetischen Mittel.

---

[30]) Über die Identifizierung von w_n mit v_n siehe Fußnote 23.

Tabelle 2[31]).

n	$\mathfrak{v}_n$	$\mathfrak{E}(\mathfrak{v}_n)$	$\mathfrak{A}$	$(\mathfrak{A})$	$100\,\mathfrak{v}_n$	$(100\,\mathfrak{v}_n)$
1	2	3	4	5	6	7
1	97 803	98 257,0	—454,0	—454,0	— 0,5	— 0,50
2	49 184	49 128,2	+ 55,8		+ 0,1	} + 0,70
3	24 902	24 575,9	+326,1		+ 1,3	
4	12 351	12 299,7	+ 51,3		+ 0,4	} + 0,40
5	6 182	6 158,7	+ 23,3	} +70,2	+ 0,4	
6	3 094	3 085,3	+ 8,7		+ 0,3	} + 0,60
7	1 560	1 546,4	+ 13,6		+ 0,9	
8	788	775,4	+ 12,6		+ 1,6	} — 0,85
9	376	389,0	— 13,0		— 3,3	
10	193	195,2	— 2,2		— 1,1	} — 1,55
11	96	98,0	— 2,0		— 2,0	
12	46	49,3	— 3,3		— 6,7	} —13,05
13	20	24,8	— 4,8	} — 4,0	—19,4	
14	6	12,4	— 6,4		—51,6	} —36,10
15	5	6,3	— 1,3		—20,6	
16	1	3,2	— 2,2		—68,8	} — 53,15
17	1	1,6	— 0,6		—37,5	

An dem Zahlenbild, das Tabelle 2 darbietet, hebt Marbe hervor: 1. daß die Zahl $\mathfrak{v}_1$ oder, was dasselbe ist, V hinter ihrer mathematischen Erwartung zurückbleibt; 2. daß die Zahlen $\mathfrak{v}_n$ von $n = 2$ an bis $n = 8$ sämtlich höher und von $n = 9$ an sämtlich niedriger sind als ihre mathematischen Erwartungen; 3. daß von $n = 9$ an die Zahlen $\mathfrak{v}_n$ mit wachsendem n verhältnismäßig immer mehr hinter ihren mathematischen Erwartungen zurückbleiben. Hierzu ist folgendes zu bemerken:

Zu 1. Die negative Abweichung —454,0 bei $\mathfrak{v}_1$ oder, was dasselbe ist, bei V erregt in der Tat den Verdacht, daß sie nicht zufälligen Ursprungs ist, da sich der mittlere Fehler von V, nach Formel (10) des § 4 des 3. Kapitels, zu 222 berechnet und man demnach 454 : 222 = 2,05 erhält[32]). Nun entspricht aber einer negativen Abweichung bei V eine positive Abweichung bei λ, d. h. bei der mittleren Länge der vollständigen Iterationen, und da fragt es sich, wieso die Tatsache, daß die Iterationen erfahrungsgemäß durchschnittlich länger sind, als es nach der Wahrscheinlichkeitsrechnung zu erwarten ist, ein Argument zugunsten des Ausgleichsprinzips abgeben soll.

Zu 2. Die Art, wie sich die Abweichungen $\mathfrak{A}$ (4. Spalte) in bezug auf ihr Vorzeichen verhalten, betrachtet Marbe als etwas Gesetz-

---

[31]) Marbe, Bemerkungen, S. 16 und 19—20. Vgl. Gleichförmigkeit, S. 289 und 296.

[32]) Vgl. Tabelle 2 auf S. 140, wo der betreffende Quotient nur noch 0,76 beträgt, weil dort bei Bestimmung von $\mathfrak{E}(V)$ auf die Zwillingsgeburten Rücksicht genommen worden ist.

mäßiges — im Gegensatz zu dem Verhalten der analogen Zahlenwerte der 4. Spalte in Tabelle 1 — und führt dieses Verhalten darauf zurück, daß sich in Tabelle 2 die Untersuchung, wie er sagt, naturgemäß auf mehr Einzelfälle als in Tabelle 1 bezieht, „wodurch Zufälligkeiten mehr ausgeglichen werden"[33]. Richtig ist, daß jeder der Werte $\mathfrak{v}_n$, für sich genommen, erwartungsgemäß mit einem relativ kleineren zufälligen Fehler behaftet ist, als der entsprechende Wert v_n. Was aber die Werte $\mathfrak{v}_n$ im ganzen und insbesondere ihren Verlauf mit steigendem n anbelangt, so macht sich hier der störende Umstand geltend, daß diese Werte — und zwar im Unterschied von den Werten v_n — auf partiell gemeinsamer Grundlage beruhen. Während nämlich die Zahlenreihe v_n in der Weise zustande kommt, daß die betreffenden Einzelfälle, als welche die einzelnen vollständigen Iterationen erscheinen, je einmal gezählt werden, gehen bei der Zahlenreihe $\mathfrak{v}_n$ die Iterationen zu 1 je einmal, die Iterationen zu 2 je zweimal, die Iterationen zu 3 je dreimal usw. in das Gesamtresultat ein. Darum sind die Abweichungen $\mathfrak{A}$ in Tabelle 2 nicht unabhängig voneinander. Man kann sie sich als entstanden durch „Hinaufsummierung" der Abweichungen $\mathfrak{A}$ der Tabelle 1 denken[34], und da sieht man sofort ein, daß es nicht zuletzt die ausnehmend starke negative Abweichung $-5{,}2$ bei $n = 14$ ist, welche, da sie nicht nur für die Zahl $\mathfrak{v}_{14}$, sondern auch für die Zahlen $\mathfrak{v}_{13}$, $\mathfrak{v}_{12}$ usw. mitbestimmend ist, jenen Eindruck von Gesetzmäßigkeit hervorruft. Es ist eben aus mathematischen Gründen zu erwarten, daß die den Zahlen $\mathfrak{v}_n$ anhaftenden zufälligen Abweichungen, nach n geordnet, seltener ihr Vorzeichen ändern als die den Zahlen v_n anhaftenden zufälligen Abweichungen[35].

Zu 3. Die Größen $\mathfrak{d}_n$ sind ebensowenig unabhängig voneinander wie die Größen $\mathfrak{A}$ und daher auch ebensowenig wie diese zur Aufdeckung irgendwelcher gesetzmäßiger Zusammenhänge zwischen Länge und Häufigkeit der Iterationen geeignet. Man hat:

$$(30) \qquad \mathfrak{d}_n = \frac{\mathfrak{v}_n - \mathfrak{E}\,(\mathfrak{v}_n)}{\mathfrak{E}\,(\mathfrak{v}_n)},$$

und bildet man den analogen Quotienten

$$(31) \qquad d_n = \frac{v_n - \mathfrak{E}\,(v_n)}{\mathfrak{E}\,(v_n)},$$

---

[33] Marbe, Gleichförmigkeit, S. 289.

[34] Wenn man auf diesem Wege Zahlenwerte erhält, die mit denjenigen der Tabelle 2 nicht genau übereinstimmen, so liegt es an den Abrundungen.

[35] Siehe z. B. S. 126, Tabelle 2. Berechnet man hier die Zahlen $\mathfrak{v}_n$, so findet man, daß sich von $n = 1$ an bis $n = 16$ durchweg negative und für $\mathfrak{v}_{21}$, $\mathfrak{v}_{26}$ usw. durchweg positive Abweichungen ergeben. Möge doch Marbe versuchen, dieses „Beispiel aus der Bevölkerungslehre" (siehe Fußnote 21) mit seiner Lehre vom statistischen Ausgleich in Einklang zu bringen.

so findet man leicht die Beziehungen

$$(32) \qquad \mathfrak{d}_{n+1} = \frac{\sum\limits_{1}^{N-n} {}_k \mathfrak{E}\,(v_{n+k})\,d_{n+k}}{\sum\limits_{1}^{N-n} {}_k \mathfrak{E}\,(v_{n+k})}$$

und

$$(33) \qquad \mathfrak{d}_{n+1} - \mathfrak{d}_n = \frac{\mathfrak{E}\,(v_n)\,(\mathfrak{d}_{n+1} - d_n)}{\mathfrak{E}\,(\mathfrak{v}_n)}\,.$$

Formel (32) bringt zum Ausdruck, daß $\mathfrak{d}_{n+1}$ das gewogene arithmetische Mittel der Werte d_{n+1}, d_{n+2} usw. ist, und Formel (33) besagt, daß das Vorzeichen der Differenz $\mathfrak{d}_{n+1} - \mathfrak{d}_n$ mit dem Vorzeichen der Differenz $\mathfrak{d}_{n+1} - d_n$ zusammenfällt. Soll also, wie Marbe mit Bezugnahme auf die 7. Spalte der Tabelle 2 behauptet, den Größen $\mathfrak{d}_n$ von $n = 9$ an eine sinkende Tendenz innewohnen, so müßte die gleiche Tendenz für die Größen d_n nachweisbar sein. Man findet aber im gegebenen Fall, daß von den 8 Differenzen $d_{n+1} - d_n$, die sich für $n = 9$ bis $n = 16$ ergeben, 6 positiv und nur 2 negativ sind! Abgesehen davon, ist es nur dann angezeigt, Abweichungen zwischen irgendwelchen empirischen und theoretischen Zahlenwerten auf die letzteren zu beziehen, d. h. in Prozenten der letzteren auszudrücken, wenn an den betreffenden Abweichungen der Zufall keinen allzu großen Anteil hat: diese Bedingung muß erfüllt sein, damit man in den festgestellten Abweichungen ein Abbild gewisser „systematischer Fehler“ zu sehen berechtigt ist, von denen man vermuten könnte, daß sie in einem bestimmten, möglicherweise auch gesetzmäßig abgestuften, Verhältnis zu den betreffenden theoretischen Zahlenwerten stehen. Von diesem Gesichtspunkte aus gesehen, sind die Marbeschen Prozentsätze bzw. die Größen $\mathfrak{d}_n$ und $(\mathfrak{d}_n)$ offenbar nichtssagend. Das Maximum (0,688) erreicht $\mathfrak{d}_n$ bei $n = 16$; nun ist aber bei einer erwartungsmäßigen Ereigniszahl 3,2 die Wahrscheinlichkeit einer wirklichen Ereigniszahl 0 oder 1 gleich etwa $\frac{1}{6}$, somit noch lange nicht klein genug, um ignoriert werden zu können[36].

Auf Grund der vorstehenden Ausführungen über die Tabellen

---

[36] Siehe K. Pearson, Tables for statisticians and biometricians, Cambridge 1914, S. 114. Die Anwendung der üblichen Berechnungsweise ist hier gestattet, weil es sich um einen so hohen Wert von n handelt, daß der Unterschied zwischen dem N-Verfahren und dem V-Verfahren praktisch belanglos ist. Vgl. meine Tabellen 2 und 4 auf S. 140 und 142. Es ist auch ohne Bedeutung, daß in diesem Fall p (etwas) größer als q ist. Die Abweichung $-6,4$ (bei $n = 14$) erregt eher Bedenken (obschon ihr ein kleinerer Wert von $|\mathfrak{d}_n|$ entspricht!). Denn bei einer erwartungsmäßigen Ereigniszahl 12,4 beträgt die Wahrscheinlichkeit einer wirklichen Ereigniszahl, die hinter 7 zurückbleibt, nur noch 0,037. Siehe Pearson, a. a. O., S. 119.

1 und 2 und insbesondere auf Grund der zu 2 und 3 gemachten Bemerkungen gelangt man zu dem Schluß, daß die Marbeschen Thesen A und B, die sich von seinen unter 2 und 3 wiedergegebenen Behauptungen nur durch eine vorsichtigere Formulierung (nämlich durch Weglassung einer zahlenmäßigen Bestimmung von g sowie einer näheren Angabe darüber, welches die relativ schwach besetzten Gruppen von Iterationen seien) unterscheiden, nicht einmal in specie, d. h. für die Frage der Reihenfolge der männlichen und weiblichen Geburten in den vier Städten Würzburg, Fürth, Augsburg und Freiburg i. B., unzweifelhaft zutreffen. Schier unbegreiflich ist es aber, wenn Marbe von diesen Thesen behauptet, sie seien „für das Gebiet standesamtlich registrierter Geburten" überhaupt „unbedingt sichergestellt", und im Anschluß daran erklärt, es hätte sich gezeigt, daß auf diesem Gebiet „nicht die mathematische, sondern die naturphilosophische Betrachtung den Tatsachen entspricht"[37]).

Mit einer Ablehnung des Kommentars Marbes zu den von ihm zutage geförderten und verarbeiteten Daten, betreffend die Reihenfolge standesamtlich registrierter männlicher und weiblicher Geburten, ist noch nicht gesagt, diese Daten stimmten mit den Vorausberechnungen der Wahrscheinlichkeitstheorie vollkommen überein. Bedenken vom wahrscheinlichkeitstheoretischen Standpunkte aus erregen namentlich die Fehlbeträge bei den Zahlen der vollständigen Iterationen zu 1 und zu 2 und der ihnen gegenüberstehende Überschuß bei der Zahl der vollständigen Iterationen zu 3, der aber allein nicht ausreicht, um jene Fehlbeträge aufzuwiegen; hierzu, sowie zur Deckung der Fehlbeträge, welche die längsten Iterationen aufweisen, müssen vielmehr die Iterationen von „mittlerer" Länge mit beitragen. Der so charakterisierte Sachverhalt verschiebt sich etwas, wenn man in der Weise, wie es im § 2 des 5. Kapitels geschehen ist, Korrekturen wegen der Zwillingsgeburten an den erwartungsmäßigen Zahlen der Iterationen anbringt.

Einen genauen Aufschluß über diese Verhältnisse erteilt Tabelle 3. Der Sinn der Größen D_n und $\mathfrak{D}_n$, deren numerische Werte die Tabelle angibt, geht aus den Formeln

$$(34) \qquad D_n = n \left\{ v_n - \mathfrak{E}(v_n) \right\}$$

und

$$(35) \qquad \mathfrak{D}_n = \sum_{0}^{N-n}{}_k (n + k) \left\{ v_{n+k} - \mathfrak{E}(v_{n+k}) \right\}$$

hervor.

---

[37]) Marbe, Gleichförmigkeit, S. 298; vgl. S. 287 und 297 sowie Bemerkungen, S. 15—16 und 19.

Tabelle 3.

| 1 | Ohne Berücksichtigung der Zwillingsgeburten | | Mit Berücksichtigung der Zwillingsgeburten | |
	+	—	+	—
	2	2	4	5
D_1		510		223
D_2		541		399
D_3	825		822 [38]	
D_4	212		42	
D_5	73			11
D_6		29		115
D_7	7			55
D_8	205		161	
D_9		97		127
$\mathfrak{D}_{10}$		45		95
Summe . .	1222	1222	1025	1025

Der Tabelle 3 zufolge hat für die „Ökonomie“ der Verteilung der 196 608 Geburten auf die Iterationen von verschiedener Länge die Tatsache, daß die Zahl der längsten Iterationen hinter der Erwartung zurückbleibt, keine entscheidende Bedeutung. Bei weitem schwerer fällt nach der Tabelle diejenige Diskrepanz zwischen dem „Ist“ und dem „Soll“ ins Gewicht, welche die Iterationen zu 1, zu 2 und zu 3 betrifft. Isoliert betrachtet, sind ja diejenigen negativen Abweichungen bei den Zahlen der Iterationen zu 1 und zu 2, welche man erhält, wenn man dem mutmaßlichen Einfluß der Zwillingsgeburten Rechnung trägt, nicht suspekt [39]; aber dieselben Abweichungen erscheinen in einem anderen Licht, wenn man sie mit der „unzulässig“ hohen positiven Abweichung bei der Zahl der Iterationen zu 3 in einen sozusagen „bilanzmäßigen“ Zusammenhang bringt. Was also in erster Linie einer Erklärung bedarf, ist das zu seltene Auftreten der Iterationen zu 1 und zu 2 und das zu häufige Auftreten der Iterationen zu 3. Erst in zweiter Linie lenkt das Zurückbleiben der Zahlen der längsten Iterationen hinter der Erwartung (welches bei Berücksichtigung der Zwillingsgeburten deutlicher zutage tritt) die Aufmerksamkeit auf sich.

Es ist im § 2 des 5. Kapitels die Vermutung ausgesprochen worden, daß die in Frage stehenden Unstimmigkeiten zwischen Wahrscheinlichkeitstheorie und Erfahrung durch gewisse Eigentümlichkeiten der Registrierung der Geburten herbeigeführt werden. Hier möge ergänzungsweise mit einigen Worten auf eine andere, an sich viel näher liegende, Hypothese eingegangen werden, wonach die Ursache der betreffenden Unstimmigkeiten darin zu suchen wäre, daß das (Bernoullische)

---

[38] Siehe S. 138, Fußnote 2.
[39] Siehe S. 140, Tabelle 2, 5. Spalte und S. 142, Tabelle 4, 5. Spalte.

Schema einer **konstanten** Wahrscheinlichkeit, welches der ganzen Untersuchung zugrunde gelegt wird, auf den gegebenen Fall nicht passe.

Mit dem Hinweis auf die notorische Stabilität des sog. Geschlechtsverhältnisses der Geborenen wäre dieser Erklärungsversuch noch nicht abgetan, da sich zahlreiche Beispiele anführen lassen, in denen das Geschlechtsverhältnis der Geborenen im Laufe eines gegebenen Zeitraums (nicht bloß zufällig) geschwankt oder gar sich in einer bestimmten Richtung entwickelt hat[40]). Aber das Ausmaß der betreffenden Veränderungen, mit welchem vernünftigerweise gerechnet werden kann, würde nicht ausreichen, um die Differenzen zwischen den erwartungsmäßigen und den wirklichen Zahlen der Iterationen von verschiedener Länge merklich zu beeinflussen. Und was insbesondere die längsten Iterationen anlangt, die ja im ganzen etwas zu schwach vertreten sind, so erweist sich hier die in Frage stehende Hypothese schon aus dem Grunde als hinfällig, weil die Annahme, daß die Wahrscheinlichkeit einer Knabengeburt (p) im Laufe des in Betracht kommenden Zeitraums variiert hat, die erwartungsmäßigen Zahlen der längsten Iterationen nicht herabdrückt, sondern im Gegenteil erhöht. Dies dürfte ohne Rechnung einleuchten und wird durch nachfolgende Betrachtung erhärtet.

Die Wahrscheinlichkeit, daß der Geborene männlich ist, sei p_1 für die erste (ältere) und p_2 für die zweite (jüngere) Hälfte der gegebenen Geburtenmenge (N). Wenn nun die erwartungsmäßige Zahl der Iterationen zu n in der Weise bestimmt wird, daß man in die Formel von $\mathfrak{E}(v_n)$ für p die tatsächliche Quote der Knabengeburten unter den N Geburten einsetzt, so bedeutet es in diesem Fall, daß man, statt mit den beiden Wahrscheinlichkeiten p_1 und p_2, mit einer einzigen Wahrscheinlichkeit $p = \frac{1}{2}(p_1 + p_2)$ rechnet. Drückt man den dadurch bedingten Fehler als Produkt der Geburtenzahl N und eines zu bestimmenden Faktors f_n aus, so muß man, um f_n zu finden, von dem der Formel (3) des § 3 des 3. Kapitels entsprechenden Ausdruck $p^n q^2 + q^n p^2$ den Ausdruck $\frac{1}{2}(p_1^n q_1^2 + q_1^n p_1^2 + p_2^n q_2^2 + q_2^n p_2^2)$, wo $q_1 = 1 - p_1$ und $q_2 = 1 - p_2$, in Abzug bringen[41]). Setzt man noch $p_1 - p = \alpha$, woraus sich $p_2 - p = -\alpha$ ergibt, und benützt man die Zerlegung $p^n q^2 = p^n - 2p^{n+1} + p^{n+2}$, sowie die analogen Zerlegungen, die für

---

[40]) Siehe A. A. Tschuprow, Zur Frage des sinkenden Knabenüberschusses unter den ehelich Geborenen, im Bulletin de l'Institut international de statistique, XX_2, S. 378 ff., insbesondere S. 383—384, und XX_1, S. 63—64. Vgl. hierzu meine Bemerkungen, ebendaselbst, S. 71.

[41]) Das gilt, streng genommen, allerdings nur unter der Voraussetzung, daß die Zählung der vollständigen Iterationen zu n für jede der beiden Hälften der Geburtenmenge N getrennt erfolgt. Aber bei einigermaßen großem N ist es offenbar belanglos, ob solch eine Trennung stattfindet oder nicht.

die anderen in den betreffenden Formeln auftretenden Produkte gelten, so erhält man:

$$2 f_n = 2 p^n - (p + \alpha)^n - (p - \alpha)^n - 4 p^{n+1} + 2 \{(p + \alpha)^{n+1} + (p - \alpha)^{n+1}\}$$
$$+ 2 p^{n+2} - (p + \alpha)^{n+2} - (p - \alpha)^{n+2} + 2 q^n - (q + \alpha)^n - (q - \alpha)^n$$
$$- 4 q^{n+1} + 2 \{(q + \alpha)^{n+1} + (q - \alpha)^{n+1}\} + 2 q^{n+2} - (q + \alpha)^{n+2}$$
$$- (q - \alpha)^{n+2} .$$

Hieraus ergibt sich unter Vernachlässiging der dritten und höheren Potenzen von α und unter Berücksichtigung der Formeln (2), (3) und (9) des § 1 des 3. Kapitels die Näherungsformel

$$(36) \qquad f_n = - \frac{\alpha^2}{2} \{n^2 p^2 q^2 r_{n-4} - n p q (r_{n-3} + 3 r_{n-2}) + 2 r_n\} ,$$

und es läßt sich leicht zeigen[42]), daß, wie es der Problemstellung entspricht,

$$(37) \qquad \sum_{1}^{\infty} n f_n = 0 .$$

Man ersieht aus (36), daß es bei jedem Wert von p einen Wert von n gibt, von dem an die Fehler f_n bzw. $N f_n$ negativ werden. Bei $p = q = \frac{1}{2}$ geht Formel (36) in

$$(38) \qquad f_n = - \frac{(n^2 - 5 n + 2) \alpha^2}{2}$$

über, so daß hier die betreffenden Fehler bei den Zahlen der vollständigen Iterationen zu 1, 2, 3 und 4 positiv und bei den längeren vollständigen Iterationen negativ ausfallen.

Da nun aber die Wahrscheinlichkeit einer Knabengeburt nur wenig von $\frac{1}{2}$ verschieden ist, so wäre man wohl berechtigt, wenn diese Wahrscheinlichkeit sich im Laufe des betrachteten Zeitraumes in der angenommenen Weise ändern würde, etwas niedrigere Zahlen der Iterationen zu 1 bis 4 und etwas höhere Zahlen der Iterationen zu 5 und mehr zu erwarten, als in der Voraussetzung der Konstanz dieser Wahrscheinlichkeit. Die auffälligste von allen festgestellten Abweichungen, nämlich die positive Abweichung bei $n = 3$, und ebenso die (viel weniger auffälligen) negativen Abweichungen bei $n > 13$ würden sich daher ihrem absoluten Betrag nach nicht verringern, sondern vergrößern. Es drängt sich die Überzeugung auf, daß ein ähnliches Ergebnis herausgekommen wäre, wenn man der obigen Betrachtung nicht mehr jene einfache, sondern irgendeine andere (verständige) Annahme bezüglich der Variationen von p zugrunde gelegt hätte. Und auch abgesehen davon, dürfte, schon mit Rücksicht auf die einschlägigen Maßverhältnisse, auf die vorhin Bezug genommen worden ist, die Substituierung

---

[42]) Vgl. den Beweis der Formel (14) auf S. 117.

einer in der Zeit wechselnden für eine in der Zeit sich gleichbleibende Wahrscheinlichkeit p nicht der Weg sein, welcher zur Aufklärung der in Frage stehenden Unstimmigkeiten zwischen Wahrscheinlichkeitstheorie und Statistik führt[43]).

Aber Unstimmigkeiten hin, Unstimmigkeiten her: im ganzen verlaufen im gegebenen Fall die wirklichen und die erwartungsmäßigen Zahlen der vollständigen Iterationen von verschiedener Länge konform, und wenn man unvoreingenommen die betreffenden Zahlen-

---

[43]) In einer Besprechung von Marbes „Gleichförmigkeit in der Welt" (Deutsches statistisches Zentralblatt, 1916, S. 215—218) erwähnt F. Böhm „die geringe Inkonstanz des Geschlechtsverhältnisses" als einen Faktor, der, seiner Meinung nach, wenn auch relativ wenig, zu den Anomalien, die Marbe festgestellt zu haben glaubt, beigetragen haben mag. Böhm macht in diesem Zusammenhang darauf aufmerksam, daß das Geschlechtsverhältnis der Geborenen in den betreffenden vier Städten „immerhin um $^1/_{40}$ seines Wertes schwankt". Letztere Bemerkung läßt erkennen, daß Böhm hierbei nicht die zeitlichen Änderungen von p, an die man beim Worte „Inkonstanz" in erster Linie denkt, sondern die Verschiedenheiten im Auge hat, die zwischen den vier Städten in bezug auf den Wert von p bestehen. Diese Verschiedenheiten können jedoch diejenigen Marbeschen Ergebnisse, welche sich auf die vier Städte im einzelnen beziehen, überhaupt nicht berühren. Siehe Fußnote 22. Und was die Ergebnisse betrifft, zu denen Marbe für die vier Städte zusammen gelangt, so erhält man hier genau oder fast genau die gleichen Werte von $\mathfrak{E}(v_n)$ bzw. $\mathfrak{E}(\mathfrak{v}_n)$, ob man diese Werte direkt, d. h. ohne Trennung des Materials nach Städten, berechnet, oder sie durch Summierung der entsprechenden Werte, die sich für die einzelnen Städte ergeben, gewinnt. Die zweite Methode liefert z. B. an Stelle der in der 3. Spalte der Tabelle 2 enthaltenen Werte $\mathfrak{E}(\mathfrak{v}_9) = 389{,}0$, $\mathfrak{E}(\mathfrak{v}_{10}) = 195{,}2$, $\mathfrak{E}(\mathfrak{v}_{11}) = 98{,}0$ die Werte: $\mathfrak{E}(\mathfrak{v}_9) = 389{,}1$, $\mathfrak{E}(\mathfrak{v}_{10}) = 195{,}3$, $\mathfrak{E}(\mathfrak{v}_{11}) = 98{,}1$. Die Berücksichtigung der zwischen den vier Städten bestehenden Verschiedenheiten des Geschlechtsverhältnisses der Geborenen würde also (im Einklang mit den Ausführungen im Text) eine (minimale) Erhöhung der erwartungsmäßigen Zahlen der längsten Iterationen, somit auch der Fehlbeträge, welche die Zahlen dieser Iterationen aufweisen, mit sich bringen und folglich, Böhms Meinung entgegen, nichts „nützen". Der Wert $\frac{1}{40}$ bei Böhm verdankt übrigens seine Entstehung, wie es scheint, einem Rechenfehler. Nach Marbe (Gleichförmigkeit, S. 299) stellt sich nämlich das Geschlechtsverhältnis der Geborenen in Freiburg i. B. auf 105,2 zu 100 (maximum) und in Augsburg auf 103,6 zu 100 (minimum). Die Differenz zwischen 105,2 und 103,6 beträgt 1,6, und es ist: $1{,}6 : 103{,}6 = 1 : 65$; berechnet man aber diese Differenz zu 2,6, so findet man in der Tat: $2{,}6 : 103{,}6 = 1 : 40$. Ich führe dies nur an, um dem möglichen Zweifel zu begegnen, Böhm hätte doch die zeitlichen Schwankungen gemeint. Wenn Böhm sodann in polemischer Absicht sagt: „Die Hauptsache ist, daß die Geburten in einer Stadt nicht als unabhängig voneinander angesehen werden dürfen", so kann ihm Marbe mit gutem Recht erwidern: das ist ja gerade das, was ich behaupte. Böhm hätte zum mindesten andeuten müssen, wie er sich in concreto die Abhängigkeit vorstellt und daß er sie anders als Marbe auffaßt. Böhm nimmt auch auf eine mögliche Beeinflussung der Resultate durch die Mehrlingsgeburten Bezug. In Wirklichkeit verhält es sich aber damit so, daß eine Mitberücksichtigung der Mehrlings- bzw. Zwillingsgeburten gerade diejenige Anomalie, auf welche Marbe das Hauptgewicht legt, wie im Text gezeigt worden ist, nicht kleiner, sondern größer erscheinen läßt.

reihen[43a]) miteinander vergleicht, wird man sich unmöglich dem Eindruck entziehen können, daß hier die Wahrscheinlichkeitstheorie im wesentlichen jedenfalls das Richtige trifft.

Vollends unannehmbar ist der Gedanke, als ob es einen gänzlich anders, als die Wahrscheinlichkeitstheorie es ist, orientierten Komplex von Vorstellungen gäbe, aus dem heraus man in der Lage wäre, den Gang der in Frage stehenden empirischen Zahlen in befriedigenderer Weise zu erklären bzw. (auf Grund der alleinigen Kenntnis des Geschlechtsverhältnisses der Geborenen) genauer vorauszubestimmen, als es die Wahrscheinlichkeitstheorie vermag.

Was die Marbesche Doktrin vom statistischen Ausgleich betrifft, die „im schärfsten Gegensatz zu den herrschenden Grundanschauungen in der Wahrscheinlichkeitslehre und der theoretischen Statistik" stehen soll[44]), so sagt sie ja gar nicht: so und so viele Iterationen zu 1, zu 2 usw. sind zu erwarten, sondern sie beschränkt sich auf die Behauptung, daß sich der wahrscheinlichkeitstheoretische Voranschlag als unzutreffend erweisen wird, und zwar nach der Richtung hin, daß von einer bestimmten Länge der Iteration an die wirklichen Zahlen der Iterationen hinter den von der Wahrscheinlichkeitstheorie vorausberechneten zurückbleiben werden, wobei nicht einmal diese kritische Länge angegeben, geschweige denn das Ausmaß der betreffenden Fehlbeträge irgendwie präzisiert wird. Auf das Problem der Iterationen angewandt, erscheint somit die Marbesche Lehre vom statistischen Ausgleich als im wesentlichen negativ orientiert, und zwar orientiert an der Wahrscheinlichkeitstheorie, die sie im Sinne ihres Schöpfers abzulösen berufen ist.

Gäbe es ein auf sich selbst gestelltes und daher im Gegensatz zum „Zufallsprinzip" stehendes „Ausgleichsprinzip" — wie es Marbe, wenn nicht wörtlich, so doch dem Sinne nach behauptet —, so müßte angesichts der Tatsache, daß es sich bei den betreffenden Zahlenergebnissen nur um Deviationen von den durch die Wahrscheinlichkeitstheorie vorgezeichneten Gestaltungen handelt, die Zaghaftigkeit auffallen, mit der sich dieses Prinzip offenbart. Man könnte — um im Bilde zu bleiben — sagen, daß das Ausgleichsprinzip dem Zufallsprinzip den Vortritt läßt, und man wäre geneigt, von diesem Subordinationsverhältnis die Rangordnung der beiden Betrachtungsarten, nämlich der „mathematischen", die sich auf das Zufallsprinzip, und der „naturphilosophischen", die sich auf das Ausgleichsprinzip stützt, abhängig zu machen, sofern man letztere Betrachtungsweise nicht a limine abweist.

Obige Bemerkungen über die Lehre vom statistischen Ausgleich sind hier nur um des Zusammenhanges willen eingeflochten worden.

[43a]) Tabelle 1 dieses Paragraphen (2. und 3. Spalte), sowie Tabelle 1 (2. bis 5. bzw. 6. Spalte) und Tabelle 2 (6. bzw. 2. Spalte) des § 2 des 5. Kapitels.

[44]) Marbe, Gleichförmigkeit, S. 274.

Den eigentlichen Gegenstand der Diskussion bildet in dieser Schrift nicht die Marbesche Lehre als solche[45]), sondern die Frage, ob sie statistisch fundamentiert ist. Gerade deshalb empfiehlt es sich, ergänzungsweise noch eine statistische Untersuchung Marbes zur Sprache zu bringen, die sich auf dasselbe Material bezieht, wie seine im vor-

---

[45]) Noch weniger kann im Rahmen des hier zu Bietenden auf die bei Marbe sich findenden Nutzanwendungen der Lehre vom statistischen Ausgleich näher eingegangen werden. Nur ein einziges Beispiel solcher Nutzanwendungen möge an dieser Stelle zur Kennzeichnung der übertriebenen Vorstellungen Marbes von der praktischen Bedeutung seiner Doktrin angeführt werden. Dieses Beispiel betrifft die Unfallstatistik und Unfallversicherung. Marbe ist „der Meinung, daß in allen Gebieten der Unfallstatistik die Wahrscheinlichkeit, daß jemand, der n Unfälle erlitten hat, einen weiteren Unfall erleidet, größer ist, als man im Sinne des Multiplikationssatzes [d. h. des Satzes, demzufolge die Wahrscheinlichkeit des Zusammentreffens von zwei Ereignissen gleich dem Produkt der beiden Wahrscheinlichkeiten ist, die diesen Ereignissen zukommen] erwarten müßte", und er teilt in diesem Zusammenhang mit, daß es ihm schon in der Volksschule aufgefallen sei, daß einzelne seiner Mitschüler „immer wieder kleine Unfälle erlitten, während andere von solchen gänzlich verschont blieben" (S. 384). Es sei auch noch zu berücksichtigen, daß die Art der Beschäftigung eines Menschen für die „Disposition zu Unfällen" mitbestimmend ist. „Ein Seiltänzer, ein Akrobat, ein Krieger, ein Berufsjäger wird bei gleicher Veranlagung eher Unfälle erleiden als ein Stubengelehrter oder Verwaltungsbeamter" (S. 385). „Die Folgerungen," sagt Marbe, „die sich für die Versicherungsgesellschaften aus diesen Tatsachen ergeben, sind naheliegend. Es muß bei den verschiedenen Unfallstatistiken großer Wert auf die Feststellung gelegt werden, wie oft jede Person die Gesellschaft in Anspruch nimmt, und es muß für die verschiedenen Zweige der Unfallversicherung festgelegt werden, wie die Geldbeiträge zu erhöhen sind für die Personen, die einmal, zweimal ... n-mal die Gesellschaft in Anspruch nehmen, ein Verfahren, das freilich viel Arbeit und Überlegung erfordert. Radikaler, aber unbillig und sozial nicht zu rechtfertigen ist freilich das gelegentlich geübte Mittel, Personen, die sehr oft Anspruch an die Gesellschaft machen, einfach den Laufpaß zu geben" (S. 386). In Wirklichkeit sind die Versicherungsgesellschaften noch hartherziger, indem sie sich nämlich das Recht der Kündigung des Versicherungsvertrags im Schadenfalle ausbedingen und von diesem Recht, wenn es ihnen als angezeigt erscheint, auch Gebrauch machen, ohne erst abzuwarten, daß der Betreffende eine Serie von Unfällen erleidet. Und es handelt sich hierbei nicht zuletzt darum, daß man auf diesem Wege „schlechte Risiken" auszuscheiden beabsichtigt. Siehe z. B. P. Hiestand, Grundzüge der privaten Unfallversicherung, Stuttgart 1900, S. 85, Fußnote. Auch wird die Versicherungsprämie in erster Linie nach Berufsarten abgestuft. Siehe ebendaselbst, S. 16—18. Sollte aber keine Unfallstatistik existieren, welche die Versicherten nach der Zahl der erlittenen Unfälle klassifiziert (das kann ein Außenstehender nicht wissen, weil die Unfallstatistik der Versicherungsgesellschaften Geschäftsgeheimnis ist), so hat es sicherlich andere Gründe als mangelndes Verständnis dafür, „daß die Wahrscheinlichkeit für eine Person, einen Unfall zu erleiden, nach den früheren Unfällen zu bemessen ist" (Marbe, S. 386). Kurz, Marbes „Ideen (sic!) zur Unfallstatistik und Unfallversicherung" sind schlechterdings nicht originell; ja, in der naiven Form, wie er sie vorbringt, rufen sie den Eindruck von Trivialitäten hervor, und wenn sie als Ausfluß der „Lehre vom statistischen Ausgleich" hingestellt werden, so klingt es beinahe wie eine Verspottung dieser Lehre.

stehenden besprochene Untersuchung über die Iterationen, die aber nicht mehr die Iterationen betrifft.

Die 49 152 Geburtsfälle, die Marbe für jede der vier Städte den Standesamtsregistern entnommen hat, zerlegt er in 4096 (inhaltsfremde) Sequenzen zu 12 und stellt die Zahlen der sich darunter befindenden Sequenzen mit 0 Knaben und 12 Mädchen, 1 Knaben und 11 Mädchen, ... 12 Knaben und 0 Mädchen fest. Schreibt man x für die betreffende Zahl der Knaben in einer Sequenz, und l_x für die Zahl der Sequenzen mit x Knaben, so hat man, den Formeln (25) und (26) des § 3 des 2. Kapitels entsprechend:

$$(39) \qquad \sum_0^{12} x\, l_x = 4096 \qquad \text{und}$$

$$(40) \qquad \mathfrak{E}(l_x) = 4096\, \pi_x , \qquad \text{wo man}$$

$$(41) \qquad \pi_x = \binom{12}{x} p^x\, q^{12-x}$$

setzen muß, wenn man mit p und q wiederum die Wahrscheinlichkeiten einer Knaben- bzw. Mädchengeburt bezeichnet. In Tabelle 4 sind die von Marbe für Würzburg ermittelten Zahlen l_x, $\mathfrak{E}(l_x)$ und $\mathfrak{A} = l_x - \mathfrak{E}(l_x)$ wiedergegeben (2., 3. und 4. Spalte)[46]. Außerdem enthält die Tabelle unter $\mathfrak{M}$ die nach Maßgabe der Formel (27) des § 3 des 2. Kapitels berechneten mittleren Fehler der Werte l_x bzw. der Summen der drei obersten und der drei untersten Werte l_x (5. Spalte), sodann die Quotienten $|\mathfrak{A}| : \mathfrak{M}$ (6. Spalte) und schließlich die Quotienten $\mathfrak{A}^2 : \mathfrak{E}(l_x)$ (7. Spalte), deren Summe, der Formel (32) des genannten Paragraphen entsprechend, χ^2 ergibt.

Tabelle 4.

x	l_x	$\mathfrak{E}(l_x)$	$\mathfrak{A}$	$\mathfrak{M}$	$|\mathfrak{A}| : \mathfrak{M}$	$\mathfrak{A}^2 : \mathfrak{E}(l_x)$
1	2	3	4	5	6	7
0	0 ⎫	0,8 ⎫	— 0,8 ⎫			
1	9 ⎬ 47	9,6 ⎬ 65,5	— 0,6 ⎬ —18,5	8,0	2,30	5,23
2	38 ⎭	55,1 ⎭	—17,1 ⎭			
3	179	192,1	—13,1	13,5	0,97	0,89
4	444	451,7	— 7,7	20,0	0,38	0,13
5	788	755,5	+32,5	24,8	1,31	1,40
6	942	921,3	+20,7	26,7	0,78	0,47
7	871	825,4	+45,6	25,7	1,77	2,52
8	494	539,2	—45,2	21,6	2,09	3,79
9	242	250,5	— 8,5	15,3	0,56	0,29
10	76 ⎫	78,6 ⎫	— 2,6 ⎫			
11	13 ⎬ 89	14,9 ⎬ 94,8	— 1,9 ⎬ — 5,8	9,6	0,60	0,35
12	0 ⎭	1,3 ⎭	— 1,3 ⎭			
						$\chi^2 = 15,07$

---

[46] Marbe, Gleichförmigkeit, S. 306.

Marbe macht darauf aufmerksam, daß der Tabelle 4 zufolge diejenigen Sequenzen („Gruppen" in seiner Ausdrucksweise), bei denen sich die Knabenquote (5 : 12, 6 : 12 und 7 : 12) von der Wahrscheinlichkeit p (die sich im gegebenen Fall auf 0,51107 stellt) am wenigsten entfernt, häufiger, während alle anderen Sequenzen seltener auftreten, als es die Wahrscheinlichkeitsrechnung verlangt, und deutet diese Erscheinung, die er als „Prävalenz der Normalgruppen" bezeichnet, im Sinne seiner Lehre vom statistischen Ausgleich.

Die Häufung der positiven Abweichungen ($\mathfrak{A}$) bei $x = 5$ bis 7 ist in der Tat auffällig. Auch der hohe Wert von χ^2 erregt Bedenken. Man erhält hier nach den Formeln (33) und (46) des § 3 des 2. Kapitels: $\mathfrak{E}(\chi^2) = 8$ und $\mathfrak{M}(\chi^2) = 4$ [47]), somit 7,07 : 4 = 1,77 als Verhältnis der betreffenden Abweichung zu dem maßgebenden mittleren Fehler. Zugleich stellt sich das arithmetische Mittel der Quadrate der Quotienten $|\mathfrak{A}| : \mathfrak{M}$ auf 1,87. Der zugehörige mittlere Fehler läßt sich in etwas ungenauer Weise, nämlich ohne Rücksicht auf die gegenseitige Abhängigkeit der betreffenden Quotienten, nach Formel (24) des § 3 des 2. Kapitels bestimmen: man findet $\sqrt{2 : 9} = 0,47$, somit 0,87 : 0,47 = 1,85. Letztere Berechnung entspricht dem Schema A des genannten Paragraphen, während es sich bei der Berechnung von χ^2 um das Schema B desselben Paragraphen gehandelt hat.

Das Schema A kann noch in anderer, mehr direkter, Weise im gegebenen Fall zur Anwendung gebracht werden: man sehe zunächst von einer Gruppierung der vorliegenden 4096 Sequenzen nach den Werten von x ab und stelle sich vielmehr diese Sequenzen als ebenso viele Versuchsreihen vor, denen die Ereigniszahlen x_k entsprechen. In den Formeln des § 2 des 3. Kapitels hat man demnach $s_k = s = 12$, $p_k = p$, $q_k = q$, $n = 4096$ zu setzen. Es wäre also Q^2 aus

$$(42) \qquad Q^2 = \frac{1}{n\,p\,q\,s} \sum_{1}^{n}{}_k (x_k - s\,p)^2$$

zu berechnen. Diese Formel setzt indessen voraus, daß p ein apriorischer Wert der betreffenden Wahrscheinlichkeit ist; tritt aber an Stelle von p ein empirischer Wert derselben Wahrscheinlichkeit der mit y bezeichnet werden möge, wobei y aus

$$(43) \qquad y = \frac{1}{n\,s} \sum_{1}^{n}{}_k x_k$$

ermittelt wird, so ist (42) durch

$$(44) \qquad \check{Q}^2 = \frac{n\,s - 1}{n\,(n-1)\,s^2\,y\,(1-y)} \sum_{1}^{n}{}_k (x_k - s\,y)^2$$

---

[47]) Die genaue Formel (42) desselben Paragraphen führt zu: $\mathfrak{M}(\chi^2) = 4{,}002$.

zu ersetzen. Auf diese Weise erhält man einen Wert $\check{Q}^2$, welcher der Bedingung

$$(45) \qquad \mathfrak{E}(\check{Q}^2) = 1$$

Genüge leistet[48]).

Führt man die Bezeichnungen

$$(46) \qquad n\,s = S\,, \qquad \sum_{1}^{n}{}_{k}\, x_k = X\,, \qquad \sum_{1}^{n}{}_{k}\, x_k^2 = Z$$

ein, so lassen sich (43) und (44) auch als

$$(47) \qquad y = \frac{X}{S}$$

und

$$(48) \qquad \check{Q}^2 = \frac{S-1}{S} \cdot \frac{n\,Z - X^2}{(n-1)\,X\,(1-y)}$$

oder, sofern S eine große Zahl ist,

$$(49) \qquad \check{Q}^2 = \frac{n\,Z - X^2}{(n-1)\,X\,(1-y)}$$

darstellen. Außerdem ist zu bemerken, daß es sich zur Berechnung von Z empfiehlt, auf die Gruppierung der n Sequenzen nach den Werten von x zurückzugreifen. Man erhält nämlich auf diese Weise die handliche Formel

$$(50) \qquad Z = \sum_{0}^{12}{}_{x}\, l_x\, x^2\,.$$

Der mittlere Fehler von $\check{Q}^2$ ist durch

$$(51) \qquad \mathfrak{M}^2(\check{Q}^2) = \frac{2\,(s-1)\,S^2\,(S-X-1)\,(X-1)}{(S-2)\,(S-3)\,(S-s)\,(S-X)\,X}$$

gegeben[49]). Letztere Formel geht, sofern S, X und $S-X$ große Zahlen sind, in

$$(52) \qquad \mathfrak{M}^2(\check{Q}^2) = \frac{2\,(s-1)}{S-s}$$

oder

$$(53) \qquad \mathfrak{M}^2(\check{Q}^2) = \frac{s-1}{s} \cdot \frac{2}{n-1}$$

---

[48]) Formel (45) ist eine exakte Formel; sie setzt namentlich nicht voraus, daß s in (44) eine große Zahl ist, und läßt sich sehr einfach beweisen.

[49]) Wie die Formeln (44) und (45), gilt auch Formel (51) in aller Strenge. Ich habe sie auf etwas langwierigem, aber durchaus elementarem Wege abgeleitet. Diese Ableitung ist noch nicht veröffentlicht.

über. Stellt man diese Formel der Formel (24) des § 2 des 3. Kapitels gegenüber, so zeigt es sich, daß man berechtigt ist, bei Bestimmung des mittleren Fehlers von $\check{Q}^2$ von dem Unterschied zwischen Q^2 und $\check{Q}^2$ abzusehen, wenn nicht nur S, X und $S - X$ große Zahlen sind, sondern auch s und n nicht allzu klein sind[50]).

Im gegenwärtigen Beispiel führt die numerische Auswertung der beiden Formeln (49) und (52) zu $\check{Q}^2 = 0{,}9367$ und $\mathfrak{M}(\check{Q}^2) = 0{,}0212$. Die Abweichung $\check{Q}^2 - 1$ beträgt somit $-0{,}0633$ und macht, ihrem absoluten Betrag nach, das 2,99 fache des maßgebenden mittleren Fehlers aus. Die Wahrscheinlichkeit einer so großen oder noch größeren Abweichung berechnet sich unter Zugrundelegung des Gauß schen Fehlergesetzes, dessen approximative Gültigkeit hier mit Rücksicht darauf, daß n eine große Zahl ist, wohl postuliert werden darf, zu 0,0028. Man gelangt also, auch wenn man lege artis verfährt, zu der Schlußfolgerung, daß im gegebenen Fall die Dispersion der Ereigniszahlen x_k, somit auch die Dispersion der Häufigkeiten $\dfrac{x_k}{s}$, unternormal ist[51]).

Marbe nimmt von einer ähnlichen Prüfung der Ergebnisse, wie sie im obigen an der Hand der Größen χ^2 und $\check{Q}^2$ ausgeführt worden ist, gänzlich Abstand. Er sucht vielmehr den nichtzufälligen Charakter der Abweichungen $\mathfrak{A}$ in Tabelle 4 durch Heranziehung der analogen Ergebnisse, welche die anderen drei Städte liefern, zu erweisen. Bei Fürth und Freiburg i. B. ist aber die Prävalenz der Normalgruppen viel schwächer ausgesprochen als bei Würzburg, und bei Augsburg schlägt sie sogar in ihr Gegenteil um[52]). Die Kongruenz der Ergebnisse

---

[50]) Die Substituierung von $\check{Q}^2$ für Q^2 ist dadurch bedingt, daß an Stelle des theoretischen Wertes p der empirische Wert y tritt. Diesem Umstand ließe sich auch bei Bestimmung von $\mathfrak{E}(l_x)$ nach den Formeln (40) und (41) Rechnung tragen. Wenn aber, wie im vorliegenden Fall, die Zahl S sehr groß ist, kommt es auf die Ungenauigkeit, die darin liegt, daß man in (41) einfach p durch y und q durch $1 - y$ ersetzt, praktisch nicht an. Nach der genauen Methode erhält man z. B. $\mathfrak{E}(l_7) = 825{,}5$ statt $825{,}4$.

[51]) Es zeigt sich an diesem Beispiel, wie wichtig es ist, den mittleren Fehler des „Divergenzkoeffizienten“ bzw. des Quadrats des Divergenzkoeffizienten ($\check{Q}^2$) zu berücksichtigen. Täte man das nicht, so wäre man leicht geneigt, das Ergebnis $\check{Q}^2 = 0{,}9367$ bzw. $\check{Q} = 0{,}9678$ im Sinne einer normalen Dispersion auszulegen. Vgl. meine Aufsätze: „Über den Präzisionsgrad des Divergenzkoeffizienten“ (Mitteilungen des Verbandes der österr. u. ungar. Versicherungstechniker, Heft 5, Wien 1901) und „Der wahrscheinlichkeitstheoretische Standpunkt im Lebensversicherungswesen“ (Österreichische Revue, Organ für Assekuranz und Volkswirtschaft, 31. Jahrg., Nr. 24 bis 28, Wien 1906), sowie meine auf S. 45, Fußnote, zitierte Schrift.

[52]) Marbe, Gleichförmigkeit, S. 307. Die Summe der drei Abweichungen, die den Werten 5, 6 und 7 von x entsprechen, stellt sich für Würzburg (nach Tabelle 4) auf $+98{,}8$, in Fürth auf $+31{,}3$, in Freiburg i. B. auf $+37{,}5$ und in Augsburg auf $-7{,}3$.

läßt also in diesem Fall sehr viel zu wünschen übrig. Trotzdem spricht
Marbe hier von einer „allgemeinen Gesetzmäßigkeit“ und schließt
seine hierauf bezüglichen Ausführungen mit den Worten[53]): „Offenbar
gilt die Prävalenz der Normalgruppen auch für alle anderen Gebiete,
in denen der statistische Ausgleich stattfindet, wenn vielleicht auch
nicht für die Gruppen zu 12, so doch für Gruppen von mehr als 12 Elementen.“ Hiermit wird die unternormale Dispersion für das Typische
in der Statistik erklärt, wodurch gerade der Gegensatz der „naturphilosophischen“ Betrachtungsweise zu der herrschenden Auffassung
in möglichst prägnanter Weise zum Ausdruck gebracht werden soll.

Da steigen vor allem, wie im Fall der Iterationen, Zweifel hinsichtlich
des von Marbe benützten Materials auf. Wenn nämlich bei einem Teil
der in Betracht kommenden Geburtenmenge die Registrierung jene
Unvollkommenheit aufweist, von welcher in hypothetischer Form im
§ 2 des 5. Kapitels die Rede gewesen ist, so müßte dies, wie man leicht
einsieht, gerade das Zustandekommen von „Normalgruppen“ bei dem
betreffenden Teil des Materials begünstigen und daher das Gesamtbild
in der wahrgenommenen Richtung verschieben. Marbe verhält sich
aber zu seinem Material ganz unkritisch und zieht es demgemäß gar
nicht erst in Erwägung, ob die Reihenfolge der Eintragungen in das
Register der zeitlichen Reihenfolge der Geburten auch tatsächlich
immer genau entspricht.

Abgesehen davon, ist Marbe über das Verhältnis seiner hier zur
Diskussion stehenden Untersuchung zu den seitherigen wahrscheinlichkeitstheoretischen Untersuchungen über die zeitlichen Schwankungen
des Geschlechtsverhältnisses der Geborenen völlig im unklaren. Bisher
ist es üblich gewesen, bei solchen Untersuchungen eine gegebene Ge-
burtenreihe nach Zeitstrecken von gleicher Dauer in Teilreihen zu
zerlegen; Marbe hingegen bildet die Teilreihen aus gleichen Zahlen von
(nämlich aus je 12) Geburtsfällen. Dieser Unterschied ist offenbar kein
prinzipieller. Eine wesentliche Eigentümlichkeit der Marbeschen
Untersuchung könnte man daher höchstens in der Kleinheit der Ver-
suchs- und Ereigniszahlen sehen, mit denen er operiert[54]). Gesetzt
also, es wäre Marbe wirklich gelungen — was ja nicht im entferntesten
der Fall ist —, nachzuweisen, daß das Geschlechtsverhältnis der Geborenen oder, was auf dasselbe hinausläuft, die Knabenquote bei den

---

[53]) Ebendaselbst, S. 311.

[54]) In den bekannten Lexisschen Untersuchungen, die eine so gute Übereinstimmung zwischen Wahrscheinlichkeitstheorie und Erfahrung ergeben haben,
handelte es sich um monatliche Geburtenzahlen preußischer Regierungsbezirke.
Diese Zahlen betrugen mindestens einige Hundert, oft einige Tausend. Siehe
Lexis, Abhandlungen zur Theorie der Bevölkerungs- und Moralstatistik, Jena
1903, S. 141—142.

Geborenen als Regel unternormale Dispersion für Gruppen von je 12 Geborenen zeigt, so würde die Frage lauten: wie reimt sich dieses Ergebnis mit der Tatsache, daß für größere Gruppen niemals eine unternormale, sondern entweder eine normale oder — meist — eine übernormale Dispersion zutage tritt[55]? Aber nicht nur, daß Marbe diese doch naheliegende Frage gar nicht stellt; er schließt sogar noch, laut obigem Zitat, aus der für die Gruppen zu 12 konstatierten unternormalen Dispersion darauf, daß bei größeren Gruppen erst recht eine unternormale Dispersion zu erwarten sei. Ja, wie kommt es dann, daß eine solche bisher nie festgestellt worden ist? Aber freilich: hieße es nicht, vom Standpunkte Marbes aus gesehen, die ihm „sehr am Herzen liegende Lehre vom statistischen Ausgleich" [56] zur Bedeutungslosigkeit verurteilen, wollte man das Ausgleichsprinzip nur „im kleinen", nicht aber auch „im großen" wirken lassen[57]?

---

[55]) Selbstverständlich ist damit nicht gemeint, daß der Divergenzkoeffizient Q bzw. $\check{Q}$ sich stets über 1 hält. Er darf nur nicht über das „zulässige" Maß hinaus unter 1 herabsinken. Sowohl im Fall der Knabenquote bei den Geborenen, wie in anderen Beispielen, betreffend menschliche Massenerscheinungen, hat sich wiederholt $Q < 1$ ergeben. Den in Fußnote 54 zitierten Lexisschen Untersuchungen zufolge war in 36 Fällen aus 68 $Q > 1$, in weiteren 2 Fällen $Q = 1$ und in 30 Fällen $Q < 1$. Das Minimum (Marienwerder, 1868—1869) betrug 0,72. Czuber (II, S. 60—61) hat in einem Beispiel, das sich auf die Sterblichkeit von Versicherten bezieht, $Q = 0,758$ gefunden. Hier ist: $\mathfrak{M}(Q) = \sqrt{1 : 32} = 0,177$, somit $0,242 : 0,177 = 1,37$, so daß kein Anlaß vorliegt, an dem zufälligen Charakter der betreffenden negativen Abweichung ($-0,242$) zu zweifeln. Wenn aber Czuber (II, S. 63) bei den tödlichen Unfällen nach den Daten der österreichischen Versicherungsanstalten für 1890—1906 $Q = 0,431$ findet, so beruht dieses Ergebnis darauf, daß er anstatt der wirklichen Zahl der versicherten „Vollarbeiter", welche sich im Jahresdurchschnitt auf 1,3 Millionen stellt, die als Reduktionsbasis in der offiziellen Statistik auftretende Zahl 100 000 in die betreffende Formel eingesetzt hat. Durch Richtigstellung der Rechnung kommt man auf $Q = 1,56$. Recht eigentümlich ist auch die Erklärung, die Czuber für sein Ergebnis vorschlägt; er sagt: „Die ausgesprochen unternormale Dispersion dürfte aus dem Umstande zu erklären sein, daß die tödlichen Unfälle häufig kumulativ sich ereignen." In Wirklichkeit beeinflußt dieser Umstand (die „akute Solidarität der Einzelfälle") die Dispersion in entgegengesetzter Richtung! Siehe mein „Gesetz der kleinen Zahlen", S. 45—48. Auf den doppelten Mißgriff Czubers hat bereits Tschuprow (S. 363—364, Fußnote) hingewiesen, wobei er es aber nur als höchstwahrscheinlich hinstellt, daß hier auf seiten Czubers eine Verwechslung der wirklichen mit einer rechnungsmäßigen Zahl von Versicherten vorliegt. Über die Zahlen der Arbeiter, die in Österreich gegen Unfall versichert sind, hätte sich Tschuprow aus einer allgemein zugänglichen Quelle unterrichten können, nämlich aus dem Handwörterbuch der Staatswissenschaften, 2. Aufl., 7. Band, S. 278 und S. 309; vgl. 3. Aufl., 8. Band, S. 60 und S. 88.

[56]) Marbe, Bemerkungen, S. 5.

[57]) Um die Auseinandersetzung mit Marbe nicht zu komplizieren, sehe ich im Text von zweierlei ab: 1. davon, daß die Ansicht, wonach unternormale Dispersion bei menschlichen Massenerscheinungen nicht vorkomme, oder, was das-

Seine für jede der vier Städte vorliegenden 4096 Sequenzen oder Gruppen zu 12 unterzieht Marbe noch einer anderen Betrachtung[58]). Er faßt die möglichen „Gruppenformen“ ins Auge, die man erhält, wenn man nicht mehr ausschließlich die Zahlen der Knaben und Mädchen in der Gruppe, sondern auch die Ordnung, in welcher sie aufeinander folgen, berücksichtigt. Dadurch kommen 2^{12} oder 4096 verschiedene Gruppenformen zustande, und Marbe stellt fest, wie viele von diesen möglichen Gruppenformen kein einziges Mal, wie viele einmal, wie viele zweimal usw. unter den gegebenen 4096 Gruppen vertreten sind. Bezeichnet man die betreffende Wiederholungszahl mit m und die Zahl der m-mal vertretenen Gruppenformen mit l_m, so kann man hier von einer erfahrungsmäßigen Bestimmung der Zahlen l_m sprechen.

Es läge nun nahe, die entsprechenden erwartungsmäßigen Zahlen, somit die Werte $\mathfrak{E}(l_m)$, zu berechnen, um sie mit den wirklichen Zahlen l_m zu vergleichen. Marbe hält dies aber deshalb für ausgeschlossen,

selbe ist, wonach die normale Stabilität zugleich die maximale sei, von Lexis, der diese These als erster aufgestellt hat, doch nicht ganz ohne Einschränkungen ausgesprochen wird (Zur Theorie der Massenerscheinungen, S. 30, Abhandlungen, S. 232; vgl. meinen auf S. 47, Fußnote 7, zitierten Artikel, S. 676—680); und 2. davon, daß diese Ansicht keineswegs Gemeingut der statistischen Wissenschaft ist (vgl. S. 55, Fußnote 18); hauptsächlich sind es vielmehr — abgesehen von einigen Schülern von Lexis, die seit ihrer Promotion nichts mehr über theoretische Statistik veröffentlicht haben und daher wohl kaum als Vertreter dieser Wissenschaft gelten können — Mathematiker, wie namentlich Czuber und Blaschke, die sie akzeptiert haben. Dagegen steht ihr z. B. ein so bedeutender theoretischer Statistiker wie Edgeworth fern; ebensowenig haben mit ihr die Fechnersche und die Pearsonsche Richtung etwas zu tun. Namentlich ist aber Tschuprow (S. 399—412) gegen die in Frage stehende Ansicht sehr entschieden aufgetreten. Ausführlich wiedergegeben sind seine hierauf sich beziehenden Darlegungen in Al. Kaufmanns „Theorie und Methoden der Statistik“, Tübingen 1913 (S. 176 bis 176), somit gerade in demjenigen Werk, auf welches Marbe als auf eine Quelle der Belehrung über die Lexissche Dispersionstheorie in erster Linie verweist (Gleichförmigkeit, S. 233, Fußnote). Demnach hätte Marbe seinen Lesern keinesfalls verschweigen dürfen, daß es auch solche Vertreter der theoretischen Statistik gibt, die sich mit der Tatsache der unternormalen Dispersion auf ihre Weise abfinden, ohne darum die Orientierung an der Wahrscheinlichkeitsrechnung preiszugeben. Um jedes Mißverständnis auszuschließen, möchte ich hier zum Ausdruck bringen, daß ich persönlich dem von Tschuprow in bezug auf die Frage der unternormalen Dispersion vertretenen Standpunkt, den ich in einer Besprechung der ersten Auflage seiner Schrift (siehe S. 57, Fußnote) zu widerlegen versucht hatte, auch heute, nach der mir von ihm zuteil gewordenen Antwort (2. Auflage, S. 412—414, Fußnote), nicht beizupflichten vermag. Ein weiteres Eingehen hierauf würde viel zu weit führen. Was aber Kaufmann betrifft, der in diesem Punkt Tschuprow zustimmt, so sprechen seine Hinweise auf Fälle, in denen sich gerade beim Geschlechtsverhältnis der Geborenen für Q Werte, wie 0,87, 0,89, 0,90, 0,95, ergeben (a. a. O., S. 177), an sich nicht im geringsten gegen die Lexissche Auffassung. Vgl. Fußnote 55, sowie Lexis in Schmollers Jahrbuch, 37. Jahrgang, 1913, S. 2092.

[58]) Marbe, Gleichförmigkeit, S. 312—331.

weil für 4096 Gruppen gar zu viele, nämlich 4096^{4096}, verschiedene mögliche Arten der Zusammensetzung aus den 4096 verschiedenen Gruppenformen in Betracht kommen. „In solchen Fällen", bemerkt er unter Bezugnahme auf Czuber, „versagt auch bei Benutzung von Näherungsformeln unsere Kraft schon aus rein physischen Gründen"[59]. Man sei nur in der Lage, und zwar auf Grund von Rechnungsergebnissen, zu denen man in analogen Fällen mit viel kleineren Zahlen von Gruppen bzw. Gruppenformen gelangt [60], einige allgemein gehaltene Sätze zu formulieren; und da findet Marbe, daß diese Sätze, die er gelegentlich auch als seine „Ansichten" bezeichnet, durch das Verhalten der empirischen Zahlen bestätigt werden: insbesondere stimmten seine Ansichten mit den statistischen Ergebnissen insofern überein, als es sich jeweils, d. h. für jede der vier Städte zeigt, daß sehr viele von den 4096 möglichen Gruppenformen gar nicht vorkommen[61].

---

[59]) Ebendaselbst, S. 326. Die Stelle aus Czuber, die Marbe zitiert, findet sich in der Enzyklopädie der mathematischen Wissenschaften, I, S. 755, und betrifft das Bernoullische Theorem. Czuber sagt, daß die im Text auf S. 43 in Formel (3) auftretende Summierung eine Aufgabe darstelle, „welche mit Rücksicht auf die Rechenarbeit, die ihre strenge Ausführung verlangen würde, nur mit Hilfe von Näherungsmethoden zu bewältigen ist". Bei Czuber ist, wie man sieht, von Näherungsformeln, die zum Ziele führen, die Rede; Marbe hingegen glaubt einen Fall vor sich zu haben, dem man nicht einmal mit Näherungsformeln beikommen kann. Was soll also das Zitat?

[60]) Die betreffenden mühsamen Berechnungen hätte sich Marbe schon aus dem Grunde sparen können, weil die Aufgaben, um die es sich hierbei handelt, längst in allgemeiner Form gelöst worden sind, und zwar als Lotterieaufgaben. Gerade auch in dem Czuberschen Beitrag zur Enzyklopädie der mathematischen Wissenschaften, den Marbe in diesem Zusammenhang zitiert, wird (auf S. 751) darauf hingewiesen. Vgl. Czuber, I, S. 41—43, und Czuber, Entwicklung, S. 42—44. Marbe versichert (Gleichförmigkeit, S. 382), daß es ihm fern liege, mit seiner Polemik gegen die wahrscheinlichkeitstheoretische Betrachtungsweise in der Statistik „die rein mathematische Wahrscheinlichkeitsrechnung als solche" treffen zu wollen. Da werde „alles beim alten bleiben können". Trotz dieser beruhigend-friedlichen Kundgebung möchte ich meinen, daß Marbe auch gegen die reine Wahrscheinlichkeitstheorie im Kampfe steht. In diesem Fall ist die Form des Kampfes der Boykott. Marbe boykottiert die Wahrscheinlichkeitsrechnung als mathematische Disziplin nicht nur insofern, als er sich weigert, den Lehrbüchern der Wahrscheinlichkeitsrechnung, was er braucht, zu entnehmen, sondern auch noch in dem weiteren Sinne, daß er sich sozusagen über die grundlegende Idee der Wahrscheinlichkeitsrechnung hinwegsetzt. Dieser Idee zufolge gilt es, von den Wahrscheinlichkeiten einfacher Ereignisse zu den Wahrscheinlichkeiten in dieser oder jener Weise aus ihnen zusammengesetzter Ereignisse nach bestimmten Regeln zu gelangen, welche es unnötig machen, die für das zusammengesetzte Ereignis direkt in Betracht kommenden möglichen und günstigen Fälle (Chancen) zu ermitteln. Und gerade mit letzterem gibt sich Marbe bei dem vorliegenden Problem ab. Es darf nicht wundernehmen, daß er da keinen Ausweg findet. Er bleibt eben in der Kombinatorik stecken. Die Wahrscheinlichkeitsrechnung dient aber dazu, die Kombinatorik zu überwinden.

[61]) Marbe, Gleichförmigkeit, S. 329.

Der wirkliche Sachverhalt ist nun der, daß die Bestimmung der Größen $\mathfrak{E}(l_m)$ nicht nur keine unüberwindlichen Schwierigkeiten bereitet, sondern mit der größten Leichtigkeit vor sich gehen kann, nämlich so: wenn man, wie es auch Marbe in den von ihm betrachteten Fällen tut, davon absieht, daß die Wahrscheinlichkeit einer Knabengeburt (p) etwas größer als die einer Mädchengeburt (q) ist, so erweisen sich alle 4096 Gruppenformen als gleichwahrscheinlich, und man erhält $\frac{1}{4096}$ als Wahrscheinlichkeit dafür, daß eine gegebene Gruppe zu 12 eine bestimmte unter den 4096 möglichen Formen annimmt; daher berechnet sich $\mathfrak{E}(l_m)$ nach Maßgabe der Formel (29) des § 2 des 3. Kapitels und des für die mathematischen Erwartungen geltenden Additionssatzes aus:

$$(54) \qquad \mathfrak{E}(l_m) = n \binom{s}{m} \left(\frac{1}{n}\right)^m \left(\frac{n-1}{n}\right)^{s-m},$$

wo unter n die Zahl der möglichen Gruppenformen und unter s die Zahl der wirklichen Gruppen zu verstehen ist. Im gegebenen Fall ist $n = s = 4096$, und die exakte Formel (54), obschon sie sich für kleine Werte von m — größere kommen praktisch nicht in Betracht — sehr wohl numerisch auswerten läßt, kann durch die vollständig genügende Näherungsformel

$$(55) \qquad \mathfrak{E}(l_m) = \frac{n \, e^{-1}}{m!}$$

ersetzt werden, wo e die Basis der natürlichen Logarithmen bedeutet[62]. Die für die vier Städte Würzburg (I), Fürth (II), Augsburg (III) und Freiburg i. B. (IV) von Marbe festgestellten Zahlen l_m bzw. $l_m : n$ [63] und die ihnen entsprechenden nach Formel (55) berechneten Zahlen $\mathfrak{E}(l_m)$ bzw. $\mathfrak{E}(l_m) : n$ finden sich in nachstehender Tabelle 5.

Tabelle 5.

m	l_m I	II	III	IV	$\mathfrak{E}(l_m)$	$l_m : n$ I	II	III	IV	$\mathfrak{E}(l_m) : n$
1	2	3	4	5	6	7	8	9	10	11
0	1512	1493	1519	1513	1506,8	0,369	0,365	0,371	0,369	0,368
1	1474	1511	1493	1517	1506,8	0,360	0,369	0,365	0,370	0,368
2	786	788	746	723	753,4	0,192	0,192	0,182	0,177	0,184
3	258	222	261	262	251,1	0,063	0,054	0,064	0,064	0,061
4	54	70	58	59	62,8					
5	12	9	18	21	12,6	0,016	0,020	0,019	0,020	0,019
6	0	3	1	1	1,8					
>6	0	0	0	0	0,7					

[62]) Siehe — auch für das Weitere — mein „Gesetz der kleinen Zahlen“, Leipzig 1898.

[63]) Marbe, Gleichförmigkeit, S. 329—330.

Wie man sieht, stimmen hier die empirischen mit den theoretischen Zahlen vorzüglich überein. Laut Formel (55) hat man:

$$(56) \qquad \mathfrak{E}(l_0) = \mathfrak{E}(l_1) = \frac{n}{e} \,.$$

Demnach läßt sich „ein empirischer Wert von e“ aus $e = n : l_0$ oder $e = n : l_1$ bestimmen; das arithmetische Mittel der 8 Zahlen l_0 und l_1, die in der Tabelle stehen (2. bis 5. Spalte), beträgt 1504, und man erhält $4096 : 1504 = 2{,}72$, somit einen Wert, der bis auf die zweite Dezimale mit dem wahren Wert von e übereinstimmt. Dieser mathematische Scherz möge als Gegenstück zu einer analogen Berechnung von π, die von Lexis herrührt, hingenommen werden. Dort hat es sich um die Ermittlung von π aus dem Verhältnis zwischen einer Summe der Quadrate der zufälligen Abweichungen des Geschlechtsverhältnisses der Geborenen und der Summe der absoluten Beträge derselben Abweichungen gehandelt, und es ergab sich $\pi = 3{,}14$, d. h. ebenfalls eine Übereinstimmung, die bis zur zweiten Dezimale reicht[64].

Recht günstig stellen sich in diesem Fall auch die Werte von χ^2, die durch Summierung der Quotienten $\{l_m - \mathfrak{E}(l_m)\}^2 : \mathfrak{E}(l_m)$ entstehen. Faßt man dabei die Fälle, in denen $m \geqq 5$, zusammen, so erhält man der Reihe nach: 4,20, 6,57, 2,04, 5,18 und im Durchschnitt 4,50 gegen $\mathfrak{E}(\chi^2) = 5$. Der mittlere Fehler des angegebenen Durchschnittswertes wird durch $\sqrt{10 : 4} = 1{,}58$ ausgedrückt, so daß man $0{,}50 : 1{,}58 = 0{,}32$ findet.

Man kann schließlich Q^2, und zwar entsprechend der Formel (49) des § 3 des 2. Kapitels aus

$$(56) \qquad Q^2 = \frac{1}{n-1} \sum_{m \atop 0}^{s} l_m (m-1)^2$$

berechnen, und erhält der Reihe nach 0,9788, 0,9812, 1,0061, 1,0198, somit im Durchschnitt 0,9965. Nach Formel (55) des § 3 des 2. Kapitels hat man hier: $\mathfrak{M}(Q^2) = \sqrt{2 : 4096} = 0{,}0220$; dementsprechend beträgt der mittlere Fehler des angegebenen Durchschnittswertes 0,0110, und es ist $0{,}0035 : 0{,}0110 = 0{,}32$ [65].

---

[64]) Lexis, Zur Theorie der Massenerscheinungen, S. 72.

[65]) Wenn für die m-Werte das Kriterium der normalen Dispersion nahezu genau zutrifft, ja Q^2 sogar noch unterhalb 1 bleibt, so erklärt es sich aus der Kleinheit der m-Werte, die bei dieser Betrachtungsweise als Ereigniszahlen erscheinen. Bei größeren Ereigniszahlen würde schon der Umstand, daß den einzelnen möglichen Gruppenformen nicht die gleiche Wahrscheinlichkeit zukommt (weil $p > q$), zu $Q^2 > 1$ führen müssen. Es möge bei dieser Gelegenheit noch auf einen anderen Fall hingewiesen werden, in welchem die aus der Theorie „des Fehlerexedenten“ (siehe mein „Gesetz der kleinen Zahlen“, 3. Kapitel und Anlage 2) entspringende Auffassung, daß kleine Ereigniszahlen weniger als große gegen

Marbe teilt noch die Zahlen l_m mit, die man erhält, wenn man die vier Städte zusammenfaßt, wodurch sich die Zahl der Gruppen vervierfacht, während die Zahl der Gruppenformen die alte bleibt. Dementsprechend hat man in (54) $s = 16384$, $n = 4096$ zu setzen, und an Stelle von (55) erhält man:

$$(57) \qquad \mathfrak{E}(l_m) = \frac{4^m \, e^{-4} \, n}{m!} \, .$$

Die Zahlen l_m und die nach Formel (57), worin $n = 4096$ zu setzen ist, berechneten Zahlen $\mathfrak{E}(l_m)$ sind in Tabelle 6 enthalten.

Tabelle 6.

m	l_m	$\mathfrak{E}(l_m)$	m	l_m	$\mathfrak{E}(l_m)$	m	l_m	$\mathfrak{E}(l_m)$
1	2	3	4	5	6	7	8	9
0	76	75,0	5	667	640,2	10	27	21,7
1	320	300,2	6	404	426,8	11	7	7,8
2	601	600,1	7	245	243,7	12	2	2,5
3	783	800,3	8	132	122,1	13	1	0,8
4	776	800,3	9	55	54,1	>13	0	0,4

Auch hier passen sich die empirischen Zahlen den theoretischen gut an. Bei Zusammenfassung der Fälle, in denen $x \geqq 10$, erhält man:

systematische Fehler empfindlich sind, durch die Marbesche Geburtenstatistik gut illustriert wird: nach Tabelle 2 des § 2 des 5. Kapitels entspricht dem Wert 2,74 in der 5. Spalte der Wert 1,52 in der 9. Spalte; auf Grund der Theorie des Fehlerexzedenten hätte man eine Reduktion des Wertes 2,74 auf $\sqrt{1 + \frac{1}{4} \cdot 6,51}$ $= 1,62$ zu erwarten (6,51 ist gleich dem um 1 verminderten Quadrat von 2,74); eine bessere Übereinstimmung als die zwischen 1,52 und 1,62 kann man sich hier gar nicht wünschen. Vgl. die analogen Zahlenwerte in Tabelle 4 desselben Paragraphen. Auch die von Marbe selbst (Gleichförmigkeit, S. 357—360) hervorgehobene Tatsache, daß sowohl bei den Glücksspielen wie in seinen Beispielen, betreffend die Reihenfolge der männlichen und weiblichen Geburten, die Werte $|\mathfrak{A}| : \mathfrak{M}$ (d. h. die Werte des Verhältnisses der absolut genommenen Abweichungen zu den maßgebenden mittleren Fehlern) in der Regel höher ausfallen bei den Zahlen der Iterationen zu 1, 2 und 3 als bei den Zahlen der längeren Iterationen, hängt (den störenden Einfluß der verkehrten Berechnung des mittleren Fehlers bei den Iterationen zu 1 abgerechnet) höchstwahrscheinlich damit zusammen, daß die Zahlen der kürzeren Iterationen größer als die der längeren sind. Es handelt sich also hierbei keineswegs um einen „neuen Widerspruch zwischen Theorie und Erfahrung“, sondern im Gegenteil um eine Bestätigung der Theorie, insbesondere der Theorie des Fehlerexzedenten, von der Marbe allerdings nicht die leiseste Ahnung zu haben scheint. Dies geht auch schon daraus hervor, daß er die von mir im „Gesetz der kleinen Zahlen“ vorgebrachten Beispiele, die durch diese Theorie ihre durchaus befriedigende Erklärung finden, in einem seiner Lehre vom statistischen Ausgleich günstigen Sinne zu deuten unternimmt (Gleichförmigkeit, S. 400—403).

$\chi^2 = 6,04$ gegen $\mathfrak{E}(\chi^2) = 10$. Man hat zugleich: $\mathfrak{M}(\chi^2) = \sqrt{20} = 4,47$, somit $3,96 : 4,47 = 0,89$.

Q^2 berechnet sich hier, wiederum auf der Grundlage der Formel (49) des § 3 des 2. Kapitels, aus

$$(58) \qquad Q^2 = \frac{1}{4\,(n-1)} \sum_{0}^{s}{}_m\, l_m\,(m-4)^2$$

zu 1,0245, und nach Formel (55) des § 3 des 2. Kapitels, worin $n = 4096$, $s = 16384$ zu setzen ist, findet man $\mathfrak{M}(Q^2) = 0,0221$, somit $0,0245 : 0,0221 = 1,11$ [66]).

Unter Bezugnahme auf eine Tabelle, welche die Zahlen l_m der Tabelle 6 — nicht aber zugleich die Zahlen $\mathfrak{E}(l_m)$, deren Berechnung ja nach Marbe „schon aus rein physischen Gründen" einem versagt ist — enthält, bemerkt er[67]): „Auch diese Tabelle zeigt, daß der in gewissem Sinne wahrscheinlichste Fall, daß alle $(2^{12} =)$ 4096 Gruppen gleich oft vorkommen, nicht im allerentferntesten erfüllt ist. Im Sinne des Bernoullischen Theorems wäre ja freilich auch erst dann mit diesem Fall zu rechnen, wenn ν [68]), das für die vorhergehende Tabelle gleich 4 ist, den Wert ∞ annimmt." Allerdings! Auf Ereigniszahlen, deren mathematische Erwartung 4 beträgt, läßt sich das Bernoullische Theorem in der Weise, wie es Marbe meint, nicht anwenden. Aber wenn die Zahlen l_m mit den Zahlen $\mathfrak{E}(l_m)$ bzw. die Häufigkeiten $l_m : n$ mit den im obigen als Quotienten $\mathfrak{E}(l_m) : n$ dargestellten Wahrscheinlichkeiten gut übereinstimmen, so liegt darin, möchte man meinen, nichts anderes als eine empirische Bestätigung des Bernoullischen Theorems[69]). Das gilt auch für den speziellen Fall, wo $m = 0$. Marbe erörtert diesen Fall an der Hand der Zahlen l_m in Tabelle 5, die auch bei ihm in einer besonderen Tabelle zusammengestellt sind, und meint, auf letztere hinweisend[70]): „Wer, ohne die Überlegungen, die wir in diesem Kapitel vorgetragen haben, zu berücksichtigen, die vorausgehende Tabelle betrachtet, wird sich vielleicht wundern, daß so sehr viele unter den 4096 möglichen Gruppenformen gar nicht vorkommen. Unsere Ausführungen sind aber sehr wohl geeignet, das Ausbleiben so vieler Gruppenformen keineswegs auffällig erscheinen zu lassen." Wie wenig man gerade hier auf Marbes „Überlegungen", „Ausführungen" und „An-

---

[66]) In diesem Fall, wo die Ereigniszahlen durchschnittlich 4 mal größer sind, als im vorhergehenden, kommt der übernormale Charakter der Dispersion der m-Werte bereits zum Ausdruck. Vgl. Fußnote 65.

[67]) Marbe, Gleichförmigkeit, S. 331. Vgl. S. 313.

[68]) Dem Marbeschen ν entspricht in obiger Darlegung der Quotient $s : n$.

[69]) Man hat es hier eben mit empirischen Vielheiten zu tun, die nicht aus großen Zahlen von Elementen bestehen, aber in großer Zahl auftreten. Vgl. Einleitung S. 2—3.

[70]) Marbe, Gleichförmigkeit, S. 329.

sichten“ angewiesen ist, das dürfte aus dem Vorstehenden mit aller Deutlichkeit hervorgehen.

Auf Grund der Darlegungen dieses Paragraphen kann man sagen: die Marbeschen Untersuchungen, ob sie sich auf die Iterationen beziehen oder andere Fragen betreffen, vermögen nicht — nach Material, Methode und Ergebnis — die wahrscheinlichkeitstheoretisch orientierte statistische Wissenschaft an ihren grundlegenden Auffassungen irre zu machen und bieten ihr auch sonst in keiner Hinsicht etwas wesentlich Neues.

Namenverzeichnis.

(Die Zahlen geben die Seiten an.)

Bachelier 32, 40, 51.
Bernoulli V, X, 3, 42—56, 154, 157, 159, 167, 173—176, 187, 200, 204.
Bertrand 55, 56.
Bienaymé 52—53, 55, 56.
Blaschke 48, 49, 199.
Bohlmann 39.
Böhm 190.
Borel 51.
Broggi 51, 53.
Brömse 161.
Bruns III, 9, 51, 53, 145, 147, 154, 159, 161—165, 181.
Bücher VIII.
Buffon 137.

Callet 136.
Cantor 163.
Charlier 49, 51, 53.
Cournot 49, 52, 137.
Czuber IV—V, 2, 8, 9, 32, 37, 42—57, 65, 69, 145, 156—167, 181, 198—200.

Edgeworth 57—58, 65, 199.
Elderton 65.
Elster 2.
Euler 161.

Fechner 9, 147, 199.
Forcher 48.

Gauß VIII, 57.
Grimsehl 154.
Grünbaum 154—160, 164.

v. Hartmann 165.
Hausdorff 147.
Haussner 43.
Helmert 65.
Henri 167.
Hiestand 192.

Kaufmann 199.
Klotz 5.
Knapp 2, 8.
v. Kries 55, 57, 147.

Laplace VIII, 44, 49, 51, 181.
Lexis 55, 145, 147—154, 161, 164, 165, 181, 197—199, 202.
Lipps 9, 146—147.
Lottin 56.

Maier 165.
Mansion 56.
Marbe IV—IX, 137—205.
Markoff V, 8, 9, 32, 36, 37, 42, 45, 51, 53—55.
v. Mayr 8.
Meinong 57, 137, 166.
Meitzen 8.
Meyer 44, 51, 53.
Multatuli 158, 167.

Netto 163.

Pearson 65, 158—159, 167—168, 176 bis 178, 185, 199.
Planck 4.
Poisson 42, 46—58.

Rost VIII.
Rümelin IX—X.

Schönberg IX.
Sigwart 165.
Sterzinger 165—167.
Stirling 148.

Timerding 165—166.
Tschebyscheff V, 36, 37, 44—46.
Tschuprow 52—54, 57—58, 164, 168, 188, 198, 199.

Urban 137.

Vega 133.

v. Weber VIII.
Westergaard 69.
Wundt 53, 165.